精品咖啡學 上

——韓懷宗・著

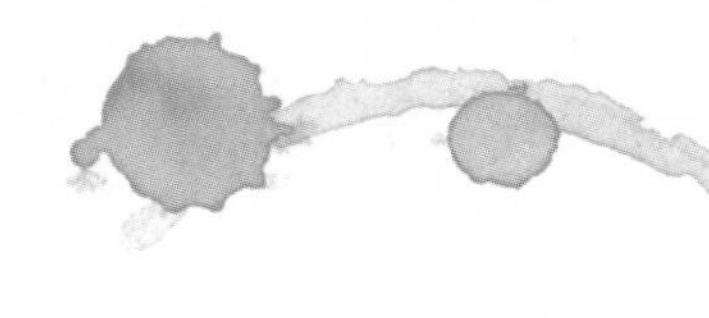

推薦序

咖啡的美學經濟時代終於來臨！

大約是在兩年多前，朋友帶著我走進陽明山菁山路一家不起眼咖啡廳，主人陳老闆不僅一眼認出我是誰，還熱情地為我上了一堂咖啡課，就從那一刻起，我從喝茶一族轉變為愛咖啡一族。

那天，陳老闆只告訴我如何分辨新鮮咖啡與不新鮮的咖啡，如何從口感、味蕾去感受咖啡的新鮮度，他告訴我，咖啡好壞不在價格高低，重要的是在新不新鮮，像花生氧化會分解出黃麴毒素這種有害人體的物質，他說咖啡更可怕，會分解出比花生更可怕的黃麴毒素。

我的咖啡學就從「新鮮」這一課出發，陳老闆要我把烘焙好的咖啡豆放在嘴巴裡和吃花生一樣咬，慢慢去感受其中的苦甘味。從這一刻起，我開始品嘗黑咖啡，不曾再喝加了很多牛奶的拿鐵，連卡布奇諾也很少喝了。

以前到辦公室前，我總會到7-11帶一杯拿鐵到辦公室，現在則是太太拿了陳老闆親自烘焙的新鮮咖啡豆，每天用保溫瓶帶一壺煮好的咖啡到辦公室來喝。為了體驗不同的咖啡文化，偶爾，我也會到湛盧或馬丁尼茲、黑湯咖啡……等咖啡專賣店，感覺不同的咖啡文化。

這些年來，咖啡文化就像紅酒一般愈來愈興旺，品味紅酒讓人的眼界不斷進階升值，進而尋訪更好年份的紅酒，喝咖啡也是如此，休閒的時候，找一處喝咖啡的好地方也是一大享受，若更有閒情逸致，一腳踩進咖啡殿堂，研究咖啡的歷史、沖泡細節和品味方式，也是很有趣的功課。

咖啡文化亦形成咖啡產業，美國的咖啡連鎖店星巴克在2011年歐債造成全球股災，全球股市整整縮水了六・三兆美元的災難中，星巴克股價居然創下四七・三五美元的歷史新天價，將市值推升到一千億台幣以上，而美國的綠山咖啡也順勢而起。大街小巷慢慢充滿了咖啡香。

在台灣的街頭，我們看到統一超商的CITY COFFEE大賣，一年產值是幾十億台幣，連帶著全家、萊爾富也賣起伯朗咖啡，而伯朗咖啡的李添財董事長亦開起了咖啡連鎖店。除了這些巨型咖啡連鎖店，許多咖啡達人的咖啡專賣店，也吸引眾多顧客來捧場。連阿里山咖啡或東山咖啡，這些在地種植的咖啡，也都身價非凡。

正如同作者韓懷宗先生所說的，全球的咖啡時尚，從天天都要喝咖啡的第一波咖啡速食化，到星巴克引領重焙潮流的第二波咖啡精品化，終於來了反璞歸真的第三波咖啡美學化，這話說得真好！真希望在第三波咖啡美學化的新浪潮中，台灣能誕生一場真正的咖啡新文化！

《財訊雙週刊》發行人

謝金河

推薦序

令人難以自拔的精品咖啡全書

彷彿紮紮實實上了一整學期精品咖啡課！四十萬字，上下厚厚兩大冊專書，原本以為會是艱深板硬、需得咬牙苦吞的閱讀工程，沒料到卻是一路讀得入迷，拍案點頭頻頻。

身為飲食寫作者與研究者，只要某個飲食類別，或項目本身擁有廣博的知識學問講究，從產區莊園、氣候節令、品種工法……任一環節的不同，而在樣貌、色澤、香氣、滋味、口感、層次、餘韻，展現或絕大或精微的差異，便常能讓我為之耽戀沈溺、流連忘返。

茶如此、酒如此，精品咖啡當然亦如此。

不得不說，精品咖啡的世界委實太過浩瀚，從前端的產地、品種、工法，到後端的烘焙、沖煮、賞析，處處都是學不盡、理不清的龐雜門道；越是深入此中，越是如墮五里霧中、昏頭轉向難辨東西。

於是，益發歡喜著，能與《精品咖啡學》相遇。

作者以無比的毅力與雄心，從第三波精品咖啡之發軔與繁衍脈絡談起，簡直可說無一遺漏地，將這恢宏大千世界的每一角落體系族譜悉數撿拾囊括，細細耙梳編纂闡述釋疑。讀畢宛如醍醐灌頂，各種積累多年、或零星散落、或窒塞未明的疑念困惑，竟就此一一相互連結貫通。通體舒暢，獲益良多。

飲食旅遊作家・《Yilan美食生活玩家》網站創辦人

葉怡蘭 Yilan

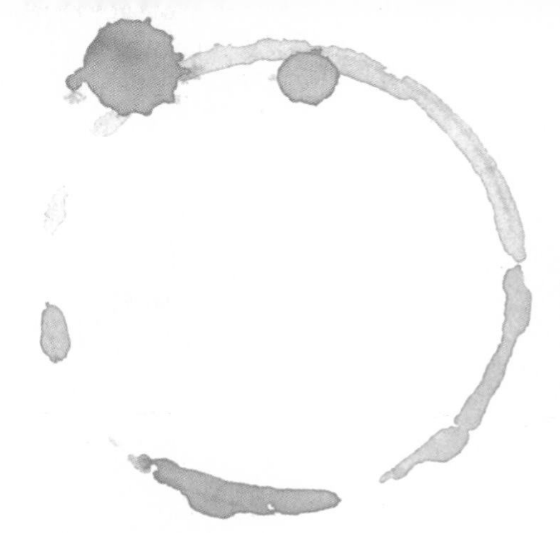

開卷隨筆

走進精品咖啡的世界

《精品咖啡學（上）：三波進化、產地尋奇與古今名種》，以及《精品咖啡學（下）：鑑賞、萃取與金杯準則》，是筆者繼1998年譯作《Starbucks：咖啡王國傳奇》、2000年譯作《咖啡萬歲》，以及2008年著作《咖啡學：秘史、精品豆與烘焙入門》之後，第四與第五本咖啡「雙胞胎」。

這兩本套書同時出版，實非吾所料。記得2009年5月，動筆寫Coffeeology二部曲的初衷，只想精簡為之，十萬字完書。孰料一發不可收拾，十萬字難以盡書精品咖啡新趨勢，索性追加到二十萬字，又不足以抒解內心對「第三波」咖啡美學的澎湃浪濤……

完稿日一延再延，直至2011年7月完成初稿，編輯幫我統計字數，竟然超出四十萬字，比我預期的字數多出三十多萬字，也比前作《咖啡學》厚了兩倍。

這麼「厚臉皮」的硬書怎麼辦？誰讀得動一本四十萬字的大部頭咖啡書？一般書籍約十萬字搞定，照理四十多萬字可分成四集出版，但我顧及整體性，又花不少時間整編為上下兩冊。

本套書的上冊，聚焦於精品咖啡的三波演化、產地尋奇與品種大觀。

我以兩章篇幅，盡數半世紀以來，全球精品咖啡的三大波演化，包括第一波的「咖啡速食化」、第二波的「咖啡精品化」以及第三波的「咖啡美學化」，並記述美國「第三波」的三大美學咖啡館與「第二波」龍頭星巴克，爾虞我詐的殊死戰。

另外，我以六章篇幅，詳述產地傳奇與最新資訊，包括扮豬吃老虎的台灣咖啡，以及搏命進亞齊的歷險記。我也參考葡萄酒的分類，將三大洲產地，區分為「精品咖啡溯源，舊世界古早味」、「新秀輩出，新世界改良味」、「藝伎雙嬌」和「量少質精，汪洋中海島味」，分層論述。

上冊的最後三章，獻給了我最感興趣的咖啡品種，包括「1300年的阿拉比卡大觀：族譜、品種、基因與遷徙歷史」、「鐵比卡、波旁，古今品種點將錄」以及「精品咖啡外一章，天然低因咖啡」。

我以地圖及編年紀事，鋪陳阿拉比卡底下最重要的兩大主幹品種：鐵比卡與波旁，如何在七世紀以後，從衣索匹亞擴散到葉門，進而移植到亞洲和中南美洲的傳播路徑。最後以點將錄來呈現古今名種的背景，並附錄全球十大最昂貴咖啡榜，以及全球十大風雲咖啡榜，為上冊譜下香醇句點。

本套書下冊，聚焦於鑑賞、萃取與金杯準則三大主題，我以十章逐一論述。

咖啡鑑賞部份，共有五章，以如何喝一杯咖啡開場，闡述香氣、滋味與口感的差異，如何運用鼻前嗅覺、鼻後嗅覺、味覺以及口腔的觸覺，鑑賞咖啡的千香萬味與滑順口感。第2章論述咖啡的魔鬼風味，以及如何辨認缺陷豆。第3章杯測概論，由我和考取SCAA「精品咖啡鑑定師」證照的黃緯綸，聯手合寫，探討如何以標準化流程為抽象的咖啡風味打分數。第4與第5章深入探討咖啡味譜圖，並提出我對咖啡風味輪的新解與詮釋。

第6章至第7章則詳述「金杯準則」的歷史與內容，探討咖啡風味的量化問題，並舉例如何換算濃度與萃出率。最佳濃度區間與最佳萃出率區間，交叉而成「金杯方矩」是為百味平衡的咖啡蜜點。

咖啡萃取實務則以長達三章的篇幅，詳述手沖、賽風等濾泡式咖啡的實用參數以及如何套用「金杯準則」的對照表，並輔以彩照，解析沖泡實務與流程，期使理論與實務相輔相成。

全書結語，回顧第三波的影響力，並前瞻第四波正在醞釀中。

咖啡美學，仰之彌高，鑽之彌堅。《精品咖啡學》上下冊，撰寫期間，遇到許多難題，本人由衷感謝海內外咖啡俊彥，鼎力相助，助吾早日完稿。

感謝碧利咖啡實業董事長黃重慶與總經理黃緯綸、印尼棉蘭Sidikaland咖啡出口公司總裁黃順成，總經理黃永鎮和保鏢阿龍，協助安排亞齊與曼特寧故鄉之旅。

感謝屏東咖啡園李松源牧師提供「醜得好美」的瑕疵豆照片，以及亘上實業李高明董事長招待的莊園巡訪。

感謝環球科技大學白如玲老師安排古坑莊園巡禮，感謝雲林農會總幹事謝淑亞的訪談，也恭禧她2011年高票當選斗六市市長。我還要感謝台大農藝學系研究所的郭重佑，提供咖啡學名寶貴意見。

更要感謝老婆容忍我日夜顛倒，熬了一千個夜，先苦後甘，完成四十多萬字的咖啡論述，但盼《精品咖啡學》上下冊，繼《咖啡學》之後，能為兩岸三地的咖啡文化，略盡棉薄。前作《咖啡學》簡體字版權，已於2011年簽給大陸的出版社。

最後以「咖啡萬歲，多喝無罪」，獻給天下以咖啡為志業的朋友，唯有熱情的喝，用心的喝，才能領悟豆言豆語，博大精深的天機！

謹誌於台北內湖　中華民國一〇〇年十二月十七日

目·錄

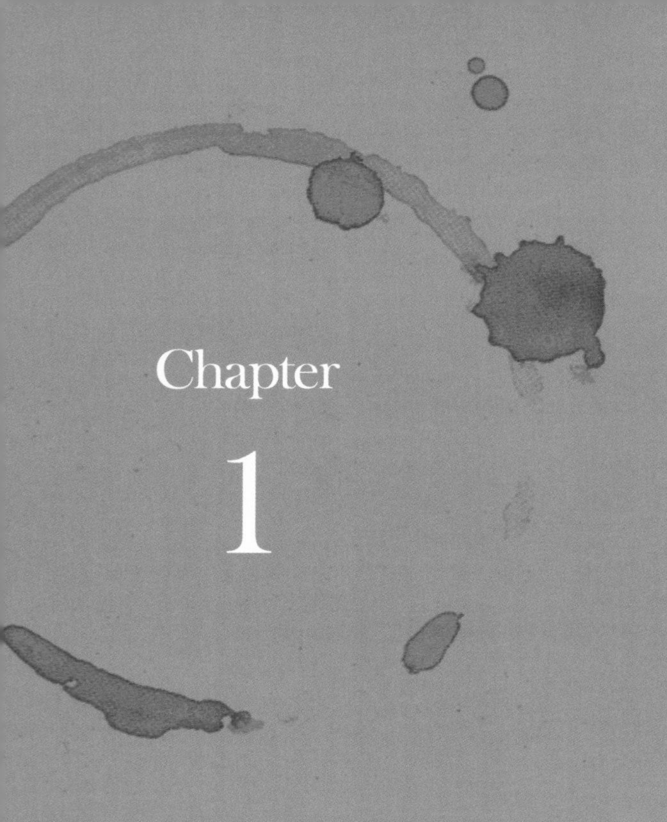

Chapter

1

第一、二波咖啡簡史
精品咖啡進化論（上）

本書開宗明義，先論述精品咖啡的「第三波」現象，以及孕育「第三波」長達六十載的「第一波」與「第二波」現象，謂之「第三波前傳」並不為過。第二章再詳述「第三波」的三位咖啡翹楚、三大美學咖啡館、經營理念，以及鎮店名豆。筆者以兩章篇幅，細數精品咖啡六十年演化與來龍去脈，協助業者掌握潮流，知所因應。

第三波咖啡席捲全球

台北、東京、紐約、波特蘭、洛杉磯、芝加哥、奧斯陸、倫敦、雪梨……愈來愈多大城市吹起無糖拒奶的黑咖啡美學風，咖啡館不再是濃縮咖啡與拿鐵獨尊。各大都會咖啡吧台的濃縮咖啡機旁，亮出喧賓奪主的手沖與賽風行頭，舉凡電熱鹵素燈、瓦斯噴燈、美式濾泡壺Chemex、日式手沖壺Hario Buono、日式錐狀濾杯Hario V60、日本壺王Kalita Copper 900、台製手沖壺Tiamo與台式聰明濾杯Clever Dripper，爭奇鬥豔，為全球「第三波咖啡」（Third Wave Coffee）熱潮，添增幾許無國界風情。

2007年贏得世界咖啡師錦標賽冠軍的英國濃縮咖啡大師詹姆士·霍夫曼（James Hoffmann）經營的平方英里咖啡烘焙坊（Square Mile Coffee Roasters），以Espresso配方聞名於世，並為各國參賽好手代工專用豆。 然而，2010年5月，他拋出一顆震撼彈，在倫敦市區開了實驗性質的「一分錢咖啡館」（Penny University，註1），為期3個月，專賣手沖、賽風黑咖啡和琳瑯滿目的濾泡器材，唯獨不見濃縮咖啡機、牛奶和糖。他要教育倫敦咖啡迷：簡單就是美。最能詮釋產地咖啡特質的萃取法，不是濃縮咖啡機，而是人人買得起的手沖和賽風。霍夫曼以濃縮咖啡桂冠頭銜，紆尊降貴推廣英國罕見的手沖與賽風。

德不孤必有鄰，曾訪問過台灣的2009年世界咖啡師錦標賽冠軍：威廉·戴維斯（Gwilym Davies）也拔刀相助，為「一分錢咖啡館」手沖獻技，兩位世界咖啡大賽的桂冠，不拉花吸客卻執壺賣起手沖咖啡，引起倫敦咖啡迷熱烈迴響。「一分錢咖啡館」於2010年07月30日結束實驗，在掌聲中圓滿落幕，誓言擇期擴大示範。

第三波現象：返璞歸真，重現原味

巧合的是，美國執業咖啡師史考特·拉奧（Scott Rao），2008年出版《專業咖啡師手冊》詳述濃縮咖啡實戰技巧，成為暢銷書，2010年見風轉舵，又出了一本《獨缺濃縮咖啡，濾泡咖啡大全》（Everything But Espresso）書名之怪，令人莞爾，無異突顯「後濃縮咖啡時代」的現實。

濾泡黑咖啡重出江湖

這就是「第三波」現象，傳統濾泡黑咖啡復興，義大利濃縮咖啡式微，其來有自；濃縮咖啡機以額外施加的九大氣壓，高效率萃取，對咖啡的香氣與滋味，不論優劣均有放大效果，且濃度太高，致使許多細膩精緻的味譜被掩蓋或抑制。

千禧年後，咖啡迷追求的不是濃到口麻、酸到噘嘴、苦到咬喉、澀到口乾的味譜，而是返璞歸真、慢工出細活，回歸更溫和自然、無外力干擾的濾泡式萃取法，讓咖啡細膩雅致的「地域之味」（Terroir）自吐芬芳，如同葡萄酒釀造業轉向更天然，無外力施加的釀造法，只求忠實呈現水土與氣候渾然天成的味譜。

註1：英國人早期稱咖啡館為「一文錢大學」，只要付一文錢即可進咖啡館喝一杯咖啡，更重要是可與學者、教授、醫生或政客交流意見，步出咖啡館後，自覺增長見聞，猶如上了大學一般。

「第三波」是全球化咖啡現象，亦是精品咖啡再進化的新里程，默默影響你我喝咖啡的習慣與品味，世人身處其境卻不自知，猶如蘇軾《題西林壁》所述「不識廬山真面目，只緣身在此山中」。對台灣和日本咖啡迷而言，手沖或賽風大流行並不稀奇，但對濃縮咖啡獨尊的歐美咖啡館，卻是石破天驚新體驗。

三波咖啡潮之演化始末

「第三波咖啡」如何形成？既然咖啡時尚已進化到「第三波」，那麼「第一波」與「第二波」如何界定？精品咖啡的三波演化論，是最近八年積漸而成，濫觴於歐洲，成論於美國。

挪威「第三波」抗衡全自動濃縮咖啡機

話說2002年12月，挪威奧斯陸頗負盛名的摩卡咖啡烘焙坊（Mocca Coffee Roaster）女烘焙師崔許・蘿絲格（Trish Rothgeb）發表「挪威與咖啡第三波」（Norway and Coffee's Third Wave），首度揭櫫精品咖啡的三波演化進程：

「第一波」在二次大戰前後，也就是即溶咖啡與羅巴斯塔盛行年代，品質不佳卻帶動咖啡消費量。

「第二波」在1966年後，美國的艾佛瑞・畢特（Alfred Peet）創立畢茲咖啡與茶（Peet's Coffee & Tea），推廣歐式重焙與現磨現泡的新鮮理念，採用百分百高海拔阿拉比卡，不添加低海拔羅巴斯塔，被譽為精品咖啡教父。而畢茲咖啡的徒弟星巴克則引進義大利卡布奇諾與拿鐵，包裝成時尚飲料，開設連鎖咖啡館，帶動全球「第二波」精品咖啡時尚。

根據蘿絲格看法，「第三波」肇始於歐洲。千禧年前後，瑞士雀巢全自動濃縮咖啡機問世，在挪威開了第一家自動化咖啡館，威脅傳統「第二波」咖啡館生計，一批挪威咖啡師不向全自動咖啡機低頭，以精湛拉花手藝和莊園咖啡，戰勝全自動咖啡機，他們就是蘿絲格筆下的「第三波咖啡」。這些咖啡師多半是世界咖啡師錦標賽的冠軍得主，包括羅勃·索瑞森以及提姆·溫鐸柏，專業度遠勝「第二波咖啡」。索瑞森與溫鐸柏皆參與挪威這場純手藝卯上全自動咖啡機的「第三波」聖戰。

溫鐸柏回憶這段往事說：「如果沒有自動咖啡機的挑戰與淬煉，我們不會有今日成就。全自動化咖啡機雖然方便好用，只需按鍵不需技巧，就可沖出咖啡，但味譜呆板，遠不如手工咖啡迷人。」

美國「第三波」抗衡星巴克

蘿絲格論述的「第一波」與「第二波」，頗吻合美國精品咖啡進化歷程，唯「第三波」手藝精湛咖啡師與全自動濃縮咖啡機的殊死戰，並不符合美國情況。因此「挪威與咖啡第三波」一文，2003年刊登在年美國咖啡烘焙者學會（The Roasters Guild）的春季新聞信「火焰守衛者」（The Flamekeeper），雖引起業界共鳴，但美國精品咖啡界，卻著手將「第三波」修正為「三大」(Big Three)與星巴克的戰爭，以符合美國實況。

Coffee Box

第三波的三大龍頭……

走一趟美國最火紅的「第三波」咖啡館── Intelligentsia Coffee & Tea（知識份子咖啡與茶，以下簡稱知識份子）、Stumptown Coffee Roasters（樹墩城咖啡烘焙坊，以下簡稱樹墩城）以及 Counter Culture Coffee（反文化咖啡，以下簡稱反文化）──肯定大吃一驚，除了原有的濃縮咖啡吧台外，還設立一個濾泡式專區，手沖壺多達 9 個，沒有一個閒著，全忙著為大排長龍的客人手沖三大洲莊園豆。有趣的是，壺具大半來自日本和台灣，大有東風西漸的痛快。

所謂的「三大」是指紅透半邊天的「知識份子」、「樹墩城」與「反文化」。換言之，美國版的「第三波咖啡」意指「三大」為了抗衡「第二波」龍頭星巴克，而創新的咖啡時尚與文化，諸如振興手沖、賽風的黑咖啡美學；重視杯測、產地、品種與地域之味；宣揚精品咖啡並非黃豆、玉米……等一般的大宗商品；提倡直接交易制（Direct Trade），嘉惠咖啡農；倡導咖啡科學詮釋咖啡美學；降低烘焙度，推廣淺焙、中焙與中深焙美學，反對「第二波」的重焙。**2003年也被公認為美國精品咖啡「第三波」元年。**

波波相扣，旗幟鮮明的咖啡演化潮

「三大」的咖啡美學，重塑美國乃至全球千禧年後的咖啡時尚，影響既深且廣。近年，重視品質與地域之味的新銳咖啡館，紛紛向「第三波」旗幟靠攏，俾和「第二波」的重焙咖啡，區隔市場。對「第三波」咖啡館而言，拿他們與「第二波」星巴克相比，如同拿星巴克與「第一波」雀巢或麥斯威爾即溶咖啡相較，根本就不是放在同一個基準點上。美國咖啡師錦標賽與世界咖啡師錦標賽的冠軍得主，皆標榜自己是「第三波」信徒，並不令人意外。

2008年，美國餐飲文化名作家蜜雪兒・維斯曼（Michaele Weissman）所著「杯中上帝」（God In A Cup）亦闡述精品咖啡「第三波」現象。這幾年，美國主流媒體《紐約時報》、《華盛頓郵報》、《洛杉磯時報》、《時代雜誌》和CNN，爭相報導「三大」與「第三波咖啡」，儼然成為精品咖啡新寵兒。

筆者詳考七十多年來，全球咖啡演化進程，歸納為以下旗幟鮮明的三大波：

・第一波（1940～1960）：咖啡速食化

・第二波（1966～2000）：咖啡精品化

・第三波（2003～迄今）：咖啡美學化

這三大波的前因後果，波波相扣，置身洪流沖刷洗禮的台灣咖啡迷與業者，不妨多加了解，掌握潮流，從中尋得定位、調整與願景，共享進化成果。

第一波：咖啡速食化，爛咖啡當道

根據蘿絲格與維斯曼的論述，「第一波」約莫在二次世界大戰（1939～1945）前後，筆者界定在1940～1960的二十年間。

戰爭造就咖啡癮君子

這段期間恰好是人類酗咖啡的年代，戰爭確實帶動咖啡龐大需求，因為歐美國防部的軍糧，皆配有研磨或即溶咖啡，提升阿兵哥精神與耐力，以美國為例，戰爭期間每月採購14萬袋咖啡，是平時的10倍，換算一下，這足供每名官兵每年14.7公斤的咖啡需求，原本不喝咖啡的阿兵哥，在戰場染上咖啡癮。另外，美國為了穩住戰爭期間拉丁美洲的經濟，不惜以較高價收購咖啡，並鼓勵老美多喝咖啡，1941年，美國人平均喝下7.5公斤咖啡，創下咖啡消費量紀錄。1946年大戰結束，老美每人平均咖啡消耗量更飆到9公斤的空前紀錄（台灣目前每人年均咖啡消費量約1公斤）。

然而，此時期的歐美咖啡工業看似花團錦簇，卻建築在有量無質的基礎上，咖啡被視為大宗商品，產量很大，不論誰生產，品質都一樣，亦無好壞之分，如同大豆、玉米、小麥、可可、棉花、石油和礦產一般。為了規避咖啡行情波動風險，咖啡期貨交易所早在十九世紀末就已運作，風味較溫和的阿拉比卡在紐約交易，風味較粗俗的羅巴斯塔在倫敦交易。

即溶咖啡戰後問世

早在一次世界大戰（1914～1918）後，歐美即出現咖啡消費量劇增的現象，但戰爭規模遠不如二次大戰，因此拉升咖啡需求的力道較弱。更重要是即溶咖啡的製作技術到了二次戰後才成熟，在戰場染上咖啡癮，解甲歸鄉官兵，成了戰後即溶咖啡的龐大客群。雀巢、麥斯威爾、席爾兄弟爭奪市場大餅，廣告戰令人莞爾：「創世紀新發現，這不是研磨咖啡粉，而是數百萬個咖啡風味小苞，瞬間釋放無限香醇，直到最後一滴。」或「即溶咖啡適合每人濃淡不同的偏好，無需再為清洗咖啡沖泡器材傷腦筋，也省下磨豆的麻煩。」老美喜歡新奇又便捷的事物，只要節省時間少麻煩的商品，戰後無不大熱賣，即溶咖啡生逢其時。

殊不知喝下肚的全是萃取過度的咖啡，業者想盡辦法榨出咖啡豆所有的水溶性成分，從最初每6磅咖啡豆製造1磅即溶咖啡，「進步」到4磅生豆壓榨出1磅即溶咖啡，就連不溶於水的木質纖維和澱粉，也可利用水解技術將之轉化成水溶性碳水化合物，使得即溶咖啡更苦澀，非得添加糖包、奶精才喝得下。

羅巴斯塔劣味當道

更糟的是，業者為了壓低成本，大量使用風味低劣的羅巴斯塔品種咖啡豆。即溶咖啡的技術與羅巴斯塔結合，雖然壓低售價，衝高銷售量，卻使戰後的咖啡品味步上黑暗期。美國是即溶咖啡最大市場，歐洲則以雀巢的故鄉瑞士和英國，較能接受即溶咖啡，至於德國、義大利、奧地利和法國，這些較挑嘴的咖啡文化大國，則唾棄即溶咖啡，仍以研磨咖啡為主。

美國頗能接受走味咖啡，軍方調教功不可沒。一、二次大戰期間，美國擔心拉丁美洲弟兄投向德國或共產陣營，基於政治考量，大肆採購拉丁美洲所產咖啡，多半是劣質巴西豆。烘焙磨粉後，隨便打包送到各單位時，已是數周甚至數月以後的走味咖啡，全灌進阿兵哥肚裡。但這些走味咖啡卻穩住了拉丁美洲的經濟，也提高美國官兵士氣，一舉數得，堪稱軍方一大德政。

噁，洗腳水咖啡

除了新鮮度有問題外，軍方沖泡咖啡的濃淡標準也不符專業規範，美式濾泡咖啡最適口的濃度，粉與水的比率為1：15至1：20區間（詳參下冊），也就是每198～240公克咖啡粉，配3,780毫升水。但美國軍方標準為每142公克咖啡粉配3,780毫升水，粉與水比率，稀釋到離譜的1：27。更糟的，還規定咖啡渣務必留到下一餐再泡一次，第二泡只需再加85公克咖啡粉即可。

軍方樽節開支無可厚非，但美國大兵在軍中所喝的咖啡，不是過度萃取的即溶咖啡，就是過度稀釋的走味淡咖啡，因而養成喝爛咖啡惡習，只要有咖啡因就好，美國咖啡品味被歐洲譏諷為：「老美只會喝洗腳水或洗碗水咖啡！」

Coffee Box

誰讓咖啡背黑鍋？

1940～1960年間，是即溶咖啡與羅巴斯塔品種咖啡豆大行其道的年代，堪稱咖啡品味黑暗期，諷刺的是，這二十年卻是老美咖啡飲用量的高峰時期，喝咖啡旨在攝取咖啡因，苦澀難入口沒關係，多加幾包糖、奶精或奶油等人工甘味，照樣牛飲下肚。換言之，此時期沒有人喝黑咖啡，除非你是瘋子。難怪喝咖啡有害健康的醫學報告紛紛出籠。咖啡本無罪，全是添加奶精和人工甘味造的孽。

咖啡品味黑暗期

戰後老美咖啡消耗量卻逐年下滑，1946年平均每人每年喝掉9公斤的歷史巨量已成追憶，到了1955年，已下滑到每人6公斤左右。這與即溶咖啡難喝，以及可口可樂搶食飲料市場有關，但咖啡人很頑固鐵齒，不肯坦然面對咖啡客群流失的事實，改以每人平均每年喝幾杯咖啡來自我麻醉，因為每人平均喝幾杯咖啡，遠比每人平均喝幾公斤咖啡，更易灌水，尤其戰後老美習於喝淡咖啡，1杯200毫升咖啡，7至10公克咖啡粉搞定，這比歐洲的12至15公克，淡薄許多。

然而，唯利是圖的咖啡人仍教導徒子徒孫諸多A錢戲法：「咖啡出爐後，可潑水降豆溫，增加重量與利潤……咖啡秤重時要連厚紙袋一起算才好賺……淺焙失重率低於深焙，烘至一爆剛響，半生不熟即可出爐，不但省瓦斯還減少失重率……只要多加羅巴斯塔，任何低價配方都難不倒……」

第一波咖啡潮功過難斷

總之，精品咖啡「第一波」風潮是爛咖啡當道，好咖啡沉淪，咖啡人雖然可惡，卻發明了劃時代即溶咖啡，以及罐頭咖啡粉的密封技術，讓喝咖啡更方便省事，在速食咖啡強力促銷下，拉升了咖啡消費量，卻犧牲了品質與新鮮度。究竟拉升消費量與提高品質，孰輕孰重？精品咖啡演進「第一波」，在咖啡消費史上，留下功過難斷的一頁。

第二波：咖啡精品化，重焙拿鐵盛行

可喜的是，咖啡黑暗期仍有幾盞明燈，帶領老美揚棄低級羅巴斯塔和半生不熟的淺焙爛咖啡，並引進新鮮烘焙，現磨現泡的理念。在精品咖啡大旗下，速食咖啡退燒。

歐人提升老美咖啡品味

歐洲人早在十八、十九世紀，於印度、印尼、波旁島、加勒比海的安地列斯群島（古巴、牙買加、多明尼加、波多黎各、馬丁尼克）和中南美洲殖民地，搶種咖啡。二十世紀初，德國、荷蘭、法國和英國，分別掌控瓜地馬拉、印尼、波旁島、牙買加和哥斯大黎加的咖啡莊園，頂級阿拉比卡悉數輸往歐洲。因此，歐人對好咖啡的優雅風味知之甚詳。反觀老美，並無在殖民地大量栽植阿拉比卡的經驗，向來視咖啡為大宗物資，成為劣質巴西豆與羅巴斯塔最大市場。

就在老美把全球咖啡品味搞得烏煙瘴氣之際，歐洲裔的畢特與努森，不知是天意還是巧合，於戰後定居加州舊金山，挺身而出，扮演救世主，教導老美品嘗香濃醇厚的好咖啡，逐漸洗刷牛飲爛咖啡惡習。

Coffee Box

精品咖啡「教父」＆「教母」

精品一詞將咖啡包裝成時尚、品味與享樂。荷蘭裔的艾佛瑞．畢特（Alfred Peet）與挪威裔的娥娜．努森（Erna Knutsen）被譽為美國精品咖啡運動的「教父」與「教母」，點燃 1966 ～ 2000 年間「第二波」咖啡進化運動。

畢茲咖啡館點燃重焙時尚

1920年，畢特出生荷蘭，父親是咖啡烘焙師。畢特從小不愛讀書，在老爸眼裡，是個資質駑鈍的壞小孩，卻喜歡與香噴噴的咖啡為伍，陪老爸烘、泡、喝咖啡，並在荷蘭一家知名咖啡進口商打工。1938年返家幫老爸烘咖啡，年少已習得歐式重焙絕技與配豆心法。無奈二次大戰爆發，德軍將咖啡列為軍需品，民間不得販售，悉數運到戰場為阿兵哥提神。

烘焙廠無豆可烘，家計陷入困境，畢特只好混合菊苣的根、玉米、黃豆等穀物，一起烘焙，風味神似咖啡，貼補家用，但沒多久他就被德軍強徵到部隊為官兵烘焙咖啡。戰後，畢特返家卻和老爸處不來，年僅二十八歲就離家出走，遠赴荷蘭的殖民地爪哇和蘇門答臘，與咖啡農為伍，親身體驗印尼咖啡濃厚有勁的異國風味，蘇門答臘咖啡也因而成為日後畢特重焙豆的主要配方。

1950年印尼獨立，畢特前往紐西蘭住了一陣，1955年移民美國舊金山，並在一家專供席爾兄弟、佛吉斯（Folger's）等大型烘焙廠生豆的咖啡進口公司工作，驚覺大烘焙廠居然採購很多中南美內用規格的劣質豆和羅巴斯塔，而非歐洲規格的精選豆。他百思不解，為何全球最富有國家竟然喝這種爛咖啡，而消費者也不在乎。畢特為此和老板爭論不休，1965年，四十五歲的畢特被炒魷魚，興起何不開自家烘焙咖啡館來教育老美什麼是濃而不苦，香醇潤喉的好咖啡。

1966年，畢茲咖啡與茶創始店，在舊金山柏克萊的胡桃街與藤蔓街交會口開業，畢特採用重度或深度烘焙的歐式快炒來詮釋高海拔頂級阿拉比卡的醇厚風味，畢茲不屑羅巴斯塔與商用級阿拉比卡，更不喜歡淺焙、中焙或中深焙，對他而言，這全是半生不熟的咖啡，難以呈現頂級咖啡渾厚甘甜本質。另外，他喜歡用法式濾壓壺，以一般美式淡咖啡的兩倍粉量來沖泡，每天站在咖啡聖戰最前線，在店內教育老美品嘗歐式重焙的香醇，不需加糖和奶精就喝得到飽滿的滋味與天然的甘甜。

重焙咖啡喚醒老美味蕾

店內有一台每爐25公斤的德製烘焙機，每天新鮮烘焙，重焙豆沖泡的濃香飄上街頭，吸引大批嘗鮮客進門，畢特免費招待試喝，主攻熟豆生意。對喝慣即溶或罐頭咖啡的老美而言，歐式新鮮重烘焙豆，入口爆香甘甜的渾厚口感，猶如經歷一場味覺大地震。畢特表示，光看客人「破涕為笑」的表情，再辛苦也值得。

第一次試喝的嘗鮮客，先是雙眼瞪得大大，幾秒後面露驚喜：「哇靠，你要毒死我，這比酒還濃嗆甘醇！真過癮，這是咖啡嗎？我要買兩磅回家泡……」

畢茲獨到的重焙豆，帶有令人愉悅的嗆香而非焦嗆味，入口化為香蕉、松脂、香杉和醇酒的甘味，先苦後甘，嘗鮮客的表情也跟著起舞，先痛苦後快樂。「入口會開花」的畢茲咖啡，威名不脛而走。當時不愛洗澡的嬉皮，常聚集到畢茲咖啡館內，享受重焙豆的薰香浴，據說可除去一身騷臭。畢茲咖啡成了人氣咖啡館。

Coffee Box

星巴克師承畢茲咖啡

畢特當時收了三名徒弟：傑瑞．鮑德溫（Jerry Baldwin）、葛登．波克（Gordon Bowker）和吉夫．席格（Zev Sieg）。三人學成後於 1971 年，在西雅圖的派克地市場開了星巴克咖啡，成了星巴克創業三元老。若說星巴克是畢茲咖啡的徒弟，並不為過，早期的星巴克仿照畢茲只賣重焙豆，不賣飲料，並以法式濾壓壺沖泡的經營模式，在西雅圖一炮而紅，畢茲的重焙美學從舊金山輻射擴散至全美。

畢特坐上宗師寶座

畢特不屑羅巴斯塔與淺焙咖啡，他擅長以歐式重焙，來詮釋高海拔阿拉比卡的濃香，在舊金山掀起旋風，但畢特深諳重焙豆保鮮不易的缺點，堅持在地烘焙不開連鎖店，因而保住了品質與商譽。當時一心模仿卻狗尾續貂的業者不少，多半不得要領，烘出焦嗆苦澀難入口的木炭咖啡，更凸顯畢特的重焙絕活，非一朝一夕可習得，畢茲的重焙豆形同獨占，生意蒸蒸日上。

畢茲咖啡啟發老美以高海拔阿拉比卡新鮮烘焙，點燃全美重焙時尚，一直持續到千禧年前後。2007年8月29日，畢特去世，享年87歲。美國三大報《紐約時報》、《華盛頓郵報》、《洛杉磯時報》和CNN等主流媒體，為文追悼一代咖啡宗師仙逝，「排場」之大，畢特堪稱咖啡界第一人。業界也尊封畢特為精品咖啡「第二波」的代表人物。

好豆女司令大器晚成

「第二波」還有一位重量級咖啡女將努森。她與畢特皆為同時代咖啡人，不同的是，畢特從小玩咖啡長大，努森卻是大器晚成。年僅五歲隨家人從挪威移民美國紐約，年輕時曾在華爾街任職，也做過模特兒，結過三次婚。1968年，四十出頭的努森搬到舊金山，在一家規模頗大的咖啡與香料進口公司擔任秘書，開始接觸咖啡。

她對銷售量最大的羅巴斯塔臭味深惡痛絕，所幸公司仍少量進口頂級阿拉比卡，專供舊金山歐洲移民開的咖啡館使用。她為了向客戶介紹頂級豆的風味，在老闆鼓勵下學習杯測，驚覺好咖啡會因栽植地域水土海拔與氣候不同，而呈現不同風味，相當有趣，一頭栽進杯測和咖啡香談戀愛。

努森憑著過人的味覺與嗅覺辨識力，加上超強的味譜記憶力，向客戶提出的杯測報告，極為精準，贏得好口碑，被譽為「好豆女司令」，想買頂級咖啡，找她準沒錯。努森能在當時大男人當權的咖啡世界，闖出一片天，難能可貴。

創造精品咖啡名詞

她最為業界津津樂道的是「努森的信」，不定期寄送給客戶，評析當季生豆品質，提供產地咖啡大量資訊，數十載累積下來，成為珍貴的咖啡檔案。努森最大貢獻在於堅持優質咖啡與大宗咖啡的分野，不容混水摸魚，因而創造了精品咖啡（Specialty Coffee）新詞，以區別平庸的商業級咖啡。1974年，努森接受《茶與咖啡月刊》專訪，首度將精品咖啡一詞，揭櫫於世，旨在強調各產地咖啡，因海拔、水土、氣候、處理與栽種用心度的不同，而呈現大異其趣的「地域之味」（Terroir），這就是精品咖啡的靈魂。努森認為葉門摩卡、衣索匹亞耶加雪菲和印尼蘇拉維西是典型的精品咖啡。精品咖啡一詞直到美國精品咖啡協會成立後才廣為全球採用。

Coffee Box

第二波練功咖啡書

第二波風潮連帶讓咖啡書也成為市場新寵。肯尼斯．戴維斯（Kenneth Davis）、大衛．舒莫（David Schomer）、凱文．納克斯（Kevin Knox）三人，從 1976 年起陸續出書，與咖啡迷分享咖啡沖泡、產地咖啡與烘焙經驗。然而以今日咖啡技術與知識而言，三人的著作及論述似嫌老舊落伍了，但他們十多年前為精品咖啡迷提供大量入門資訊，貢獻不容抹滅。

美國精品咖啡協會成立

畢特推廣新鮮烘焙，努森推動產地精品咖啡，咖啡豆在兩人詮釋下，有了新生命；精品咖啡活潑、甘甜、醇厚、乾淨的水果味譜，較之苦味雜陳的即溶或罐頭咖啡，判若天堂與地獄。同時期受到努森與畢特啟發的咖啡聞人包括泰德·林哥（Ted Lingle）、唐納·蕭赫（Donald Schoenholt）、喬治·豪爾（George Howell）等四十八人，於1982年會師舊金山，共同創立美國精品咖啡協會（SCAA），以便和大型烘焙廠把持的美國國家咖啡協會（National Coffee Association of USA,創立於1911年）抗衡。

美國精品咖啡協會首屆理事長蕭赫，1983年向會員發出邀請函表示：「我在召喚各位，我的英雄，奮起吧！我的咖啡小鬥士……」他把推動精品咖啡重任，比喻為穿拖鞋爬聖母峰，「但不要怕難，我們只有團結奮進，否則會被丟到財閥企業面前，等著被活活踏死。」

羽翼未豐的SCAA，初期並無人看好，《茶與咖啡月刊》甚至揶揄1982年精品咖啡在全美咖啡市占率不到1%。然而1983年該月刊卻驚訝道：「全美精品咖啡市占率增加到3%」。1985年，更有專家指出，精品咖啡市占率已超過5%，每周均有主攻精品市場的烘焙廠開工。2006年，SCAA預估精品咖啡銷售額已占全美咖啡市場30%。在「第二波」咖啡前輩推動下，二十多年來，精品咖啡成為美國咖啡工業成長最快的類別。

星巴克點燃拿鐵時尚

畢特、努森以及上述咖啡前輩，帶領老美步出即溶與罐頭咖啡的泥沼，體驗新鮮烘焙與精品咖啡豐富多變的味譜，然而，此時期若沒有星巴克大肆展店，將咖啡香輸往全球，點燃咖啡館時尚，精品咖啡「第二波」進化，不可能如此順遂。

星巴克早期只賣熟豆不賣飲料的模式，在1987年起了大變革。曾任星巴克行銷經理的霍華・蕭茲結合創投資金，從鮑德溫等三元老手中，買下星巴克，並引進義大利濃縮咖啡與綿密奶泡調製的拿鐵和卡布奇諾飲料，轉型為時尚咖啡館，並打造為「家與辦公室以外的第三個好去處」。

星巴克對咖啡館的色調與裝潢很考究，咖啡飲料以重焙豆做底，配上熱牛奶和奶泡，館內香氣四溢，並播放輕鬆爵士樂，讓消費者的視覺、味覺、嗅覺和聽覺產生按摩的舒暢效果，成為潮男靚女、白領階層聚會談心場所，還點燃外帶紙杯時尚。

雖然看在用慣陶杯的義大利人眼裡很不爽，但星巴克卻靠著拿鐵與紙杯時尚，加速展店，截至2009年，已在全球49國開了一萬七千多家連鎖店，年營業額高達九十八億美元，成為世界最大的咖啡館企業，也是「第二波」拿鐵時尚的典範與龍頭。可以這麼說，除了歐洲之外，亞洲與中南美洲的咖啡館時尚均深受星巴克影響與啟發。

但星巴克樹大招風，常被咖啡迷踢館。持平而論，星巴克二十年內在全球開了一萬多家店，咖啡品質能保持差強人意的水準，誠屬不易。以台灣而言，星巴克品質明顯優於其他咖啡連鎖系統，筆者外出想喝一杯美式黑咖啡，也只敢走進星巴克，其他連鎖系統的黑咖啡，不是烘焙失當，過度萃取，焦苦咬喉，就是清淡如水太稀薄，甚至還有劣質羅巴斯塔的雜苦味。

經查訪得知，星巴克濾泡式黑咖啡的沖泡比例為0.26磅（118克）咖啡粉對水2,200毫升，或0.56磅（254克）咖啡粉對水4,400毫升，咖啡粉與水的沖煮比例在1：17.3至1：18.6，此區間對沖泡2,000至4,400毫升的咖啡而言，濃度適中但稍微偏濃，很容易喝出好咖啡的醇厚度。顯見星巴克繼承畢茲的濃咖啡基因仍未消失。台灣一般連鎖咖啡系統為省成本恐怕不敢如此用料，沖泡比例常稀釋到1：25。憑這點就該給星巴克掌聲。

星巴克轉型十多年後，綠色美人魚標誌攻占全球各大都會，以重焙豆做湯頭的拿鐵與卡布奇諾隨著星巴克攻城掠地，成為「第二波」的典型飲品。諷刺的是，被義大利視為國粹的Espresso、Caffè latte、Cappuccino與濃縮咖啡機，沈寂了數十載，直到1990年以後，才由畢茲咖啡的徒弟星巴克，發揚光大，推廣到全球，成為咖啡消費史上最大驚嘆號。義大利人憤憤難平是可理解的。

精品咖啡市占率與金融危機

2006年SCAA報告指出，過去二十年來，北美、歐洲和部分亞洲地區，精品咖啡需求大增，以美國而言，30%的咖啡消費量屬於精品類別，全美有15,500家咖啡館、3,600座咖啡攤棚、2,900個咖啡攤車和1,900家烘焙廠，主攻精品咖啡，創造2006年120億美元的精品咖啡銷售額，星巴克占比就超出50%。此報告將麥當勞、Dunkin's Donuts、全自動咖啡機、即溶咖啡和罐頭咖啡的銷售額剔除在精品類別之外。

另外，根據消費市場權威研究報告「封裝的事實」（Packaged Facts）指出，2009年全美咖啡市場，包括精品與商業咖啡，已達475億美元規模，預計2014將成長到596億美元，換言之，五年間全美咖啡市場仍有25%成長率，平均每年成長5%。而精品咖啡市占率約30%，平均年成長率在5%～6%間，是美國咖啡市場成長最快的類別。

該報告還指出，2008和2009年雖遭金融風暴衝擊，但並未抑制精品咖啡的成長，卻改變了精品咖啡消費模式；金融風暴前，老美喜歡到咖啡館買現泡的拿鐵或卡布，但風暴後消費者更精打細算，減少上咖啡館買拿鐵的頻率，改而購買熟豆在家自己泡咖啡較省錢。換言之，金融風暴後，美國熟豆的銷售通路看俏，但咖啡館現泡咖啡的營業額會下降，此趨勢波及星巴克……等咖啡館。

星巴克化解泡沫危機

二十年來，星巴克急速展店的泡沫，在2008年遇到金融海嘯而破滅。昔日拿鐵客群轉向超市較廉價的熟豆通路，或更低廉的麥當勞和Dunkin's Donuts。星巴克業績下滑，淨收益首度出現衰退，股價劇跌，2008年底至2009年初，星巴克股價跌破10美元，當時國際間甚至傳出巴西與哥倫比亞有意買下星巴克，做為咖啡產國的通路。

原先退居幕後的星巴克舵手蕭茲，危急之秋，重掌兵符，2008年以來，一口氣關閉900家星巴克門市，精簡人事調整體質，並開發4種口味的即溶咖啡VIA，搶攻不景氣的低價市場。蕭茲大刀闊斧整頓奏效，2010年上半年，拜VIA和Frappuccino冷飲熱賣，業績成長，股價盤堅，直逼40美元的歷史高價區。

Coffee Box

星巴克送給台灣的大禮

星巴克門市展售琳瑯滿目的產地咖啡，對消費國也起了良性刺激，台灣咖啡烘焙業在星巴克影響下，開始增加產地咖啡的多元性。十年前，市面上最常見的咖啡只有四種，即商用級哥倫比亞、巴西、曼特寧和摩卡（註2），也就是所謂的「哥巴曼摩」制式咖啡，在台灣想喝一杯葉門野香馬塔利（Mattari），衣索匹亞橘香耶加雪菲，瓜地馬拉燻香安地瓜，哥倫比亞酸香薇拉（Huila）等風味獨特的咖啡，猶如緣木求魚。自從星巴克 1998 年引進台灣後，帶動產地咖啡的豐富性，三大洲咖啡，百花齊放，爭香鬥醇，好不熱鬧。

註2：這裡所謂的摩卡並非葉門摩卡，而是衣索匹亞商用級的金瑪（Djimma），價格只有葉門摩卡的一半不到。

蕭茲力挽狂瀾有成，接著調整綠色美人魚商標，取下Coffee字樣，為未來進軍其他產業，開啟了一道方便之門。有趣的是，2011年春季，蕭茲出版新書《勇往直前》（Onward）（註3），追述他在金融海嘯後，如何拯救星巴克於不倒。蕭茲出書時機，極為精準，不愧為咖啡行銷大師。

「第二波」的龍頭大哥星巴克，雖然化險為夷，安然度過金融海嘯，但仍需面臨後浪推前浪，新人換舊人的嚴峻挑戰。繼起的「第三波」新銳咖啡館與新美學，在美國遍地開花，「三大」（知識份子、樹墩城與反文化），挾著高人氣，初生之犢不畏虎，高唱彼可取而代之的凱歌！

註3：2010年底，筆者趕寫本套書上下冊，忙得不可開交之際，突然接獲聯經出版社來電，邀請翻譯「勇往直前」，希望能與我1998年的暢銷譯作「Starbucks：咖啡王國傳奇」銜接，但我無暇他顧，忍痛婉拒。

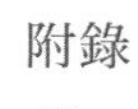

附錄

你一定要認識的「第二波名人」

「第二波」咖啡人對全球精品咖啡運動影響深遠，除了畢特與努森兩位咖啡碩老之外，以下幾位「第二波」前輩，亦是重要推手，直到千禧年後的「第三波」，仍感受得到他們的鑿痕。

* **唐納．蕭赫：**SCAA首任理事長，是位家學淵源的咖啡達人，家族的吉利咖啡公司（Gillies Coffee Company）1840年在紐約創立，是全美歷史最悠久的烘焙廠，至今仍是東岸老字號咖啡公司，蕭赫過去常以1840筆名在網路發表文章，提供大量咖啡資訊。
* **泰德．林哥：**SCAA第2任理事長，是加州長灘咖啡聞人，他精心歸納繪製的「咖啡品鑑師風味輪」是杯測師必修學科，本套書下冊，有專章討論風味輪。林哥目前仍擔任SCAA資深技術顧問。
* **喬治．豪爾：**堪稱精品咖啡的美學家，他早年受畢茲咖啡啟發，1974年赴東岸波士頓開設知名的咖啡關係，販售自家烘焙咖啡，1994年不敵星巴克扣關，被購併遠走中南美咖啡產國充電，並獲巴西聘任，協助巴西咖啡農改善品質，拉近巴西咖啡與精品級的距離。豪爾在聯合國資助下，1999年發起成立「超凡杯」（Cup of Excellence）組織，每年在產國舉辦杯測賽，84分以上的優勝豆，進行網路競標，吸引國際買家，對用心栽種的農友亦是一大回報。首屆「超凡杯」1999年在巴西開鑼，精品咖啡從此進入新境界。筆者認為「超凡杯」是「第二波」進化到「第三波」重要觸媒，至今仍提供「第三波」咖啡人不可或缺的採購平台。「超凡杯」組織的會員國包括巴西、哥倫比亞、瓜地馬拉、尼加拉瓜、宏都拉斯、哥斯大黎加、薩爾瓦多、玻利維亞、盧安達。

另外，2003年豪爾返回美國麻州，開設喬治豪爾咖啡公司，主打Terroir 品牌精品豆，並開發出生豆真空包裝袋，以及檢測咖啡濃度與萃出率的軟硬體儀器，取名為ExtractMoJo。精品咖啡從「第二波」進化到「第三波」，都看得到豪爾的影響力。

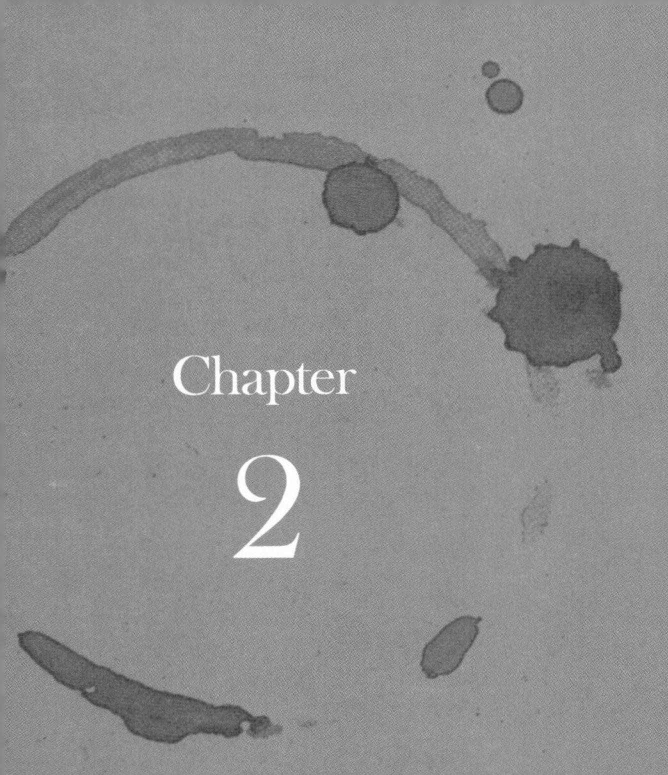

Chapter

2

第三波咖啡登場
精品咖啡進化論（下）

全球咖啡時尚正邁向「後濃縮咖啡時代」（Post-Espresso Era），也就是歐美時興的「第三波咖啡」。手藝精湛的咖啡師除了會拉花、賽風、手沖外，幾乎人手一個電子秤、數位溫度計和「神奇萃取分析器」（ExtractMoJo），以科學器材輔助咖啡萃取；「第三波」咖啡人談論的是產區水土、地域之味、咖啡品種、後製處理、酵素作用、梅納反應、焦糖化、乾餾作用、濃度與萃出率等術語，並根據「咖啡品鑑師風味輪」（Coffee Taster's Flavor Wheel）的杯測用語，形容黑咖啡的香氣與滋味。

第三波：咖啡美學化

莊園、品種、淺焙、黑咖啡強出頭

2008年～2009年，金融海嘯來襲，「第二波」的旗艦星巴克亦受波及。總舵手蕭茲臨危受命，縮編圖存之際，「第三波」的新銳咖啡館卻乘風破浪，「旬旬吃三碗公」，大展鴻圖。

《紐約時報》、《洛杉磯時報》、《時代雜誌》和CNN，不約而同報導精品咖啡「第三波」的專題愈來愈多，「第三波」的三大：知識份子、樹墩城和反文化，也成了歐美咖啡迷耳熟能詳的人氣咖啡館。2010年3月，《時代雜誌》甚至以聳動標題：「樹墩城是新星巴克或更優？」（Is Stumptown the New Starbucks or Better？）圖文並茂介紹「第三波」咖啡美學與時尚。

說來諷刺，星巴克是「第二波」的巨星，卻也是「第三波」促酶，此話怎講？1992年星巴克在納斯達克（NASDAQ）上櫃，取得龐大資金，迅速展店，擴散至全美及世界各角落，大量複製風格與產品相同的星巴克門市，試圖將精品咖啡同質化或星巴克化，引起街頭小咖啡館恐慌不已，甚至結束營業。

然而，此時期卻有三位二十歲出頭，穿著隨便，喜歡紋身刺青、蓄長髮留騷鬍，看似邋遢的咖啡小子，對咖啡烘焙、萃取與員工訓練的細節，極盡挑剔能事。他們不怕星巴克，只怕咖啡品質不如人，與其躲避不如正面迎戰，因此咖啡館喜歡開在星巴克附近。他們認為：要活下去就必須比星巴克更創新，更有競爭力。這看似簡單的邏輯，貫徹幾年後，昔日三毛頭，今日功成名就；其中的彼得·朱利安諾（Peter Giuliano），2010年升任SCAA理事長，同時也是反文化的股東；傑夫·瓦茲（Geoff Watts）則成為知識份子副總裁兼權威咖啡採購專家；杜安·索倫森（Duane Sorenson）則是《時代雜誌》筆下新星巴克——樹墩城的創辦人。

精品咖啡界的比爾蓋茲

曾協助盧安達成功轉型為精品咖啡生產國的美國密西根州州立大學國際農業研究所的咖啡行銷專家安妮·奧大維（Anne Ottaway）近年也注意到「第三波」現象，她形容彼得、傑夫和杜安三人，如同精品咖啡界的比爾·蓋茲（Bill Gates，微軟董事長）、保羅·艾倫（Paul Allen，微軟高級顧問）和史帝夫·賈伯斯（Steve Jobs，已故蘋果董事長）。

她表示：「二十年後，吾等回顧這三位咖啡人的創業傳奇，會說：『真是與有榮焉，三巨頭還是小咖時，我已是他們的死忠粉絲！』」三大發跡背景、風格與主事者的簡介如下。

知識份子 Intelligentsia Coffee &Tea

三大之中，知識份子應該是國內玩家較熟悉的新銳咖啡館，自從2003年美國咖啡師大賽開辦以來，有四位冠軍出自知識份子，分別是2006年的麥特·芮鐸（Matt Riddle ）、2008年的凱爾·葛蘭維爾（Kyle Glanville），最厲害的是麥可·菲利普斯（Michael Phillips）不但連莊2009與2010年美國咖啡師冠軍寶座，還擊敗歐洲好手，奪下2010年世界咖啡師錦標賽冠軍，這也是美國咖啡師十年來首次征服全球高手，揚名國際。由於得獎太多，知識份子前陣子宣布以後不再參賽，把機會讓出來，退居幕後為客戶培養咖啡人才，並宣稱：「冠軍不必盡在我家，以免精品咖啡發展失衡！」。

達格與傑夫相知相惜

說出此番豪語的是知識份子創辦人達格．澤爾（Doug Zell），他與傑夫共同打造新型態咖啡館與有利咖啡農的直接交易制度。

1992年，達格在加州從事茶葉生意失敗，改行玩咖啡，並在舊金山的畢茲咖啡擔任咖啡師和管理工作，存了些錢，1995年，二十六歲的達格，返回芝加哥老家，借用老爸的地下室，與妻子籌劃開咖啡館，兩人檢討茶葉生意虧錢的原因，在於用人不當與龐大的外購開銷，於是決定未來的咖啡館務必自己烘咖啡，而且咖啡館夥伴，寧缺勿濫，最後慧眼相中當年才二十二歲的傑夫。當時的傑夫長髮及腰，衣衫襤褸，喜歡非洲擊鼓與冥想，狀似嬉皮，怎麼看都不像達格要找的夥伴，在面試時，傑夫不談咖啡經，卻高談鼓經：「不要小看擊鼓，鼓的韻律與節奏就好比人生目標，愈能掌握擊鼓節拍，人生目標就愈堅定……」這句話很有哲理，打動了達格，決定聘用他。

傑夫高中時修過德文，年少輕狂，無照駕駛、抽大麻，樣樣來，壞習慣不少，但學業成績不錯，1992年進入加州柏克萊大學攻讀語言學與哲學，同時迷上迦納鼓，還遠赴維也納遊學半載，終日與人文氣息的咖啡館和超濃咖啡為伍。1992年秋重返柏克萊，又成了畢茲咖啡的熟客。1995年畢業後，傑夫返回芝加哥，無所事事，只好為人溜狗，賺取每小時12美元工資，雖然愉快但不是他想賴以為生的職業，有一天在街上溜狗，看到知識份子咖啡館招募夥伴的廣告，前往應徵，他與未來老闆達格，一拍即合。

創業維艱，校長兼撞鐘

創業之初，傑夫負責咖啡吧台，達格管烘焙，但傑夫對烘豆子很感興趣，達格只好傾囊相授，滿足他的好奇心，傑夫挺有慧根，學得很快，沒多久烘焙重任就由傑夫一肩挑，一年多來，白天為客人泡咖啡，晚上還要烘豆子，累了就睡在烘焙機旁，達格則負責清潔打掃、收銀、叫貨、跑腿，校長兼工友，兩人合作無間，每周工作八十小時。

生意蒸蒸日上，除了熟客外，連附近的餐廳也來買咖啡豆，最大轉捩點是全美知名的芝加哥美食餐廳查理卓特（Charlie Trotter's）決定採用知識份子的咖啡豆，名氣不脛而走。1998年，傑夫面臨人生抉擇，該繼續待在咖啡館內或返校做研究？他找達格長談：「如果你們夫婦認為我留下來有幫助，願意讓我入股，我很樂意做知識份子的股東，而非幹一輩子的夥計……」達格決定邀他入股，分享成果，當年二十五歲的傑夫，以兩萬美元認了20%股份，升任為副總經理，也成為知識份子的股東。

驚覺生豆影響力

1998年以前，知識份子向進口商購買生豆，達格與傑夫只需在烘焙與咖啡萃取把好關，即可做出好口碑，即使開在星巴克附近也不怕。起初，兩人以為咖啡是以人為本的事業，人為因素決定咖啡好壞，然而，不斷杯測卻驚覺生豆品質好壞無常，已非兩人所能控制，換言之，知識份子只能控管到較下游的烘焙與萃取，上游的生豆品質就要靠進口商決定，兩人失去安全感。

為何進口商要把數萬磅的咖啡豆摻混銷售？我們買的生豆是當令鮮豆、隔年舊豆，或更久的老豆，甚至三個年份的摻雜豆？我們想買某莊園某年、某季或某產區的鮮豆，可能嗎？這些問題永遠無解，兩人終於決定跑一趟產區，看看能先為農民做些什麼，讓事後買到的咖啡品質更有保障。

產地是萬味之母

千禧年，達格與傑夫首度踏上瓜地馬拉產區，傑夫回憶這趟處女行：「我們茅塞頓開，過去全然不知莊園藏有多少足以影響咖啡品質的變數。我們試了不同月份、水土、海拔、品種與處理方式的咖啡，風味明顯有別，驚覺產區才是萬味之母。然而，咖啡農欠缺品管與分級觀念，將數十個莊園的咖啡送作堆，好比美國玉米送進倉庫，論量計酬，而非論質計價。咖啡果子不分青紅亂摘一通，或專挑紅果子才摘，影響品質至鉅。咖啡農的作為與不作為，直接影響下游的烘焙商，咖啡農豈止是生產者而已？更是我們休戚與共的夥伴！重視咖啡農與他們搏感情才能成大事。消費大國理應提供最新農業技術，改良品質，提高收購價格，進而改善農民生活，要知道吃不飽、住不好的咖啡農，是不可能種出好咖啡，改善咖啡品質之前，先改善農民生計，整個咖啡產業鏈才能朝良性發展，下游的消費端才買得到好咖啡。唯有重視上游的原產地，咖啡產業才健康！」

取經之旅回國後，兩人做了重大決定，要加強與原產地的連結與回饋，唯有如此才能明瞭買到的咖啡豆是什麼產區、水土、節令與品種，若圖方便向批發商採買，就失去了精品咖啡的透明性（Transparency）、可追蹤性（Traceability）、永續性（Sustainability）（註1）與節令性（Seasonality，詳參本章附錄1）。此後，傑夫終年奔波各產國，深諳各產地品種、水土與節令周期，成為國際權威的生豆採購師（Green beans buyer）。

註1：透明性、可追蹤性，是指咖啡從生產端到消費端，即產地咖啡農或莊園至進口商和進口國，皆有詳細資料可找出誰是生產者或進口者，而交易價格或其間衍生的規費，均透明化，減少交易弊端。至於永續性是鼓勵咖啡農採用環保的栽培法和處理法，減少破壞環境，污染河川。一般是由消費國派園藝學家協助咖啡農正確栽種法，或給予獎勵。

分享經驗，大公無私

2001年烘焙者學會在奧勒岡州舉辦首屆研討營，一百多位業界菁英聚集一堂，交流杯測與烘焙經驗，傑夫在此認識了反文化的咖啡專家彼得，大夥輪流操作烘焙機，分享不同的烘焙曲線，一起討論杯測分數高低的差別，如何將杯測抽象的感觀以文字描述，甚至以分數加以量化，諸多寶貴經驗的分享與一人躲在房間閉門造車，截然不同。這種大公無私的分享精神，對「第三波」咖啡人的技藝精進與凝聚力，起了大作用。傑夫說：「至今我才了解烘焙者學會年度研討營的持續性影響力有多大。」

直接交易，產銷雙贏

傑夫與彼得成為相互切磋的好友，一起巡訪產區、擔任「超凡杯」評審、接受美國國際開發總署委託，教導咖啡農杯測等諸多義工職務。目前，知識份子與十五產國的三千座莊園有技術交流與合作關係，每年至少拜訪各產國兩次，傑夫每年有九個月在咖啡之旅的路途上，每年機票與長途電話費，支出很大，但老闆達格全力支持傑夫萬里尋豆與回饋咖啡農的花費，傑夫堪稱產區跑得最勤快的採購師。為了梳洗方便，他忍痛把長髮剪成俐落的短髮，居無定所，光棍至今。

傑夫與知識份子的同僚研擬出透明化的交易合約，也就是直接交易制，採購價以杯測分數為準，因此用心栽種與後製處理的農友，可在杯測得到高分而獲得更好報酬，進而改善生計。另外，合約也載明多少錢支付給處理廠、運輸和進出口規費，中間商完全被排除在外，農友實際賺進口袋的錢，比公平交易制還高出20%～30%，咖啡農樂於與傑夫合作，知識份子因此更易買到獨家絕品，知味者紛至沓來，因而培養出大批鐵桿部隊。

小而精勝大而俗

但為了搞好品質，知識份子展店速度猶如蝸行龜步，截至2010年8月，十五年來只在芝加哥和洛杉磯總共開出六家門市，外加兩座烘焙廠和一座實驗室，經營策略與短短十多年猴急開了一萬多家門市的星巴克，大異其趣。知識份子為了提供最新鮮咖啡，在洛杉磯與芝加哥各有一座烘焙廠，就近照顧門市所需，此理念顯然深受精品咖啡教父畢特的影響。除了門市飲料與零售咖啡豆外，還接受各大餐廳或同業咖啡豆批發訂單。知識份子還在紐約設有一座先進的咖啡實驗室，提供當地業者或客戶教育訓練與杯測使用。知識份子的店數雖只有星巴克的一萬七千分之六，但對咖啡品味與設計美學的影響力，卻遠勝星巴克，這就是小而精與大而俗的宿命。

重裝備咖啡吧

知識份子的咖啡吧台至少配備二至四台高貴的Synesso或La Marzocco濃縮咖啡機（每台7000美元起跳），另有一台超貴的克洛佛（Clover）濾泡黑咖啡萃取系統（造價1萬美元），還有手沖與賽風專區，由於流量大，如此重裝備有其必要。咖啡師雖不需穿制服，但均梳理得很整潔有型，且都會拉花、手沖或煮賽風，據說咖啡師需經過三個月嚴格訓練，考試過關，才可站上吧台，另外，定期抽考店內所有精品豆產區、風味相關知識。走進知識份子很容易察覺咖啡師的涵養與手藝遠勝「第二波」咖啡館，難怪頻頻得大獎。

星巴克購併克洛佛打擊「第三波」

值得一提的是，2007年克洛佛黑咖啡萃取系統問世後，成為「第三波」必備利器，此系統結合虹吸與法式濾壓壺萃取原理，而且可調控每杯咖啡的沖泡溫度與時間，極適合詮釋產地咖啡不同的味譜，被譽為劃時代萃取機。2008年，星巴克火速購併克洛佛的製造商，免得「第三波」如虎添翼。反對星巴克最烈的樹墩城隨即宣布：「過去不曾向星巴克買零件，未來也不會，今後停用克洛佛。」不過，知識份子仍照用不誤，不讓星巴克獨享，或許是知識份子的技師有辦法維修此機也未可知。但星巴克與「三大」的明爭暗鬥，可見一斑。

Coffee Box

知識份子打造美學咖啡館

知識份子的設計理念與風格迥異於星巴克，星巴克每家門市猶如同一模子複製，但知識份子六家店的風格與形態完全不同，有波西米亞浪漫頹廢風、無國界風、工廠簡約風……等。其中，洛杉磯的銀湖咖啡館（Silver Lake Coffeebar）採用大量中美洲元素，而維尼斯咖啡館（Venice Coffeebar）擷取簡約工廠元素，分別贏得美國建築師協會（The American Institute of Architect）2007 年與 2010 年設計獎，成為咖啡迷到訪洛城必看的美學咖啡館。

另外，2010 年 8 月，知識份子在洛城第三家門市：帕薩迪納咖啡吧（Pasadena cafe）首度將精品咖啡與美酒、美食結合，類似歐洲咖啡吧模式，但精品咖啡仍是主角，此一經營模式能否蔚為風潮，值得觀察。

黑貓咖啡美學

知識份子最有名的是黑貓經典濃縮咖啡豆（Black Cat Classic Espresso）採中焙到中深焙，即二爆前或剛進二爆，屬於烘焙度較淺的北義烘焙，有別於畢茲或星巴克烘進二爆密集甚至二爆結束的重焙。黑貓的配方豆隨節令和盛產期不同而改變，有時主打單一莊園Espresso，頂多綜合兩國的莊園豆，以免太雜，配方雖然每季不同，但明亮、清甜、乾淨、柔酸、水果調與黏稠感，是黑貓不變的特色，不但是知識份子的鎮店名豆，更是「第三波」經典名豆，如同「第二波」畢茲咖啡的「狄卡森少校綜合咖啡」（Major Dickason's Blend）（註2）一樣有名。

雖然一般業者視配方為最高機密，但知識份子反其道而行，定期公布每季黑貓的配方豆，重視教育與分享，是「第三波」與「第二波」的區別。黑貓雖為濃縮專用豆，但也適合手沖與賽風，堪稱全方位配方豆。

註2：畢茲咖啡鎮店名豆「狄卡森少校綜合咖啡」風靡全美四十載。畢特最初是以印尼的曼特寧與爪哇為基豆，重焙為之，濃郁香醇，很受舊金山咖啡迷喜愛。有位名叫狄卡林少校的畢茲熟客，嘗試在畢茲的印尼熟豆中，加入中美洲熟豆，風味更優，於是帶去給畢特鑑賞，畢特大喜，於是調整配方，並以狄卡森少校為名，譜出四十載的浪漫。

筆者二十多年前就是此綜合豆的熟客，常託美國友人代購，烘焙度非常深，Agtron Number 在 #35 左右，大概是二爆尾的程度，但喝來不焦苦，濃厚甘甜，略帶有威士忌的嗆香。不過，千禧年後，畢茲取得大批資金，急速展店，品質因而走下坡，此乃違背畢特「不得搞大」的家規，所嘗到的苦果。近年喝到的畢茲咖啡，焦苦味重，昔日濃而不苦，甘甜潤喉的風味，已不復存。不禁令人擔心畢茲的重焙絕技是不是跟著畢特仙逝而失傳。

淺焙盛行，重焙失寵

黑貓完美詮釋「第三波」柔酸清甜的淺焙美學，使得「第二波」的重焙日趨式微，這與環保意識抬頭和重焙吃力不討好有關；烘焙度淺一點，可減少污煙排放量，烘焙機管線也較容易清理，不易發生火災，瓦斯也較省。重焙除了製造空氣污染，容易發生火災外，要烘出甘甜而不焦苦的深焙豆，難度非常高，不是一般業者所能為；更要命的是，重焙豆的纖維質受創較深且香醇的油脂滲出豆表，容易氧化走味，賞味期短於淺焙豆。諸多因素使得「第二波」的重焙豆日漸失寵，帶有微酸的淺中焙咖啡，漸被咖啡族接受。

筆者近二十年來，明顯感受到烘焙度由深轉淺的趨勢。對於重焙不利品管與保鮮，感受尤深。十幾年前，畢茲咖啡門市不到六家，均在舊金山一帶，品質很穩定，但2001年畢茲咖啡成功上櫃，引進創投資金，大肆展店，目前在全美開了兩百家門市，但品質每況愈下，筆者近年喝到的畢茲咖啡，焦苦超過甘甜，已非昔日甘醇不苦的味譜，應驗了創辦人畢特的館規：「重焙咖啡館不宜搞大，只能在地經營，以免品質不保。」另外，畢茲首席烘焙師約翰．維佛2007年離職出走，自組新烘焙廠，也是原因之一。

星巴克與畢茲這兩大「第二波」巨星，頻頻凸槌，讓「第三波」有更大揮灑空間，近年除了知識份子大紅大紫外，後起之秀樹墩城亦虎視眈眈，大唱征服星巴克的凱歌。

Coffee Box

黑貓豆的絕妙方程式

黑貓的配方哲學，視咖啡為水果，會有產期與非產期問題，傑夫為此終年奔波產地尋找甜美鮮豆，其中不乏「超凡杯」的優勝莊園。但知識份子只買當令鮮豆，不買舊豆或老豆，所以配方不可能一成不變，會隨節令調整。當令鮮豆的有機酸含量較高，一般會以果酸較低的巴西豆或蘇門答臘為基底，以免中度烘焙的濃縮咖啡太酸口，但黑貓配方豆並不規避肯亞、瓜地馬拉等酸度高的咖啡，即使烘焙度不深，黑貓濃縮咖啡也很柔順清甜，並無嗆麻的尖酸味，這要歸功知識份子掌爐者精湛的烘焙技術，把尖酸馴化為柔酸與清甜。

🡅 磚紅色外牆與拱門是知識份子 Silver Lake Coffeebar 的商標，遊人如織，館內有田園與中庭設計，一踏入頓得涼爽，暑氣全消。攝影／黃緯綸。

🡇 知識份子位於洛杉磯西區的維尼斯海灘（Venice Beach）的名店 Venice Coffeebar，主打工廠簡約風格，鏤空天花板、陳列架與管線，清晰可見。四個點單吧台，圍成方矩狀，方便咖啡師與客人互動。客人點完咖啡可坐在四周較高的位置，居高臨下，吧台動靜一覽無遺。本館另一特色是入口處有一條綠意盎然的迎賓長廊，曾贏得 2010 年美國建築師協會設計大獎。攝影／黃緯綸。

1 知識分子的咖啡黑板，每日更新，讓咖啡迷了解今天又有什麼鮮豆出爐或特價商品販售。
2 樹墩城向來以設計見長，被譽為「新星巴克」，圖右是樹墩城的貼心設計，咖啡袋的背面有個小口袋，裡面裝一張卡片，載明這支精品豆的產區、品種、海拔與風味等相關資訊。攝影／黃緯綸。

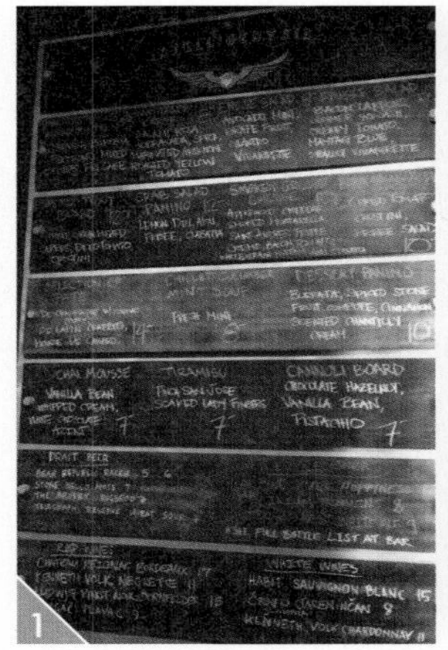

美國「第三波」三大龍頭之一的Counter Culture，雖不開咖啡館，卻在咖啡教學領域，闖出一片天，手沖大師左右開攻的絕活，令人莞爾。反文化除了咖啡學堂外，專攻精品熟豆批發零售，在全美享有絕佳口碑。反文化的大股東Peter Giuliano擔任SCAA理事長一年多，推動咖啡科學化，建樹頗多，於2011年卸任。攝影／黃緯綸。

樹墩城 Stumptown Coffee Roasters

樹墩城（Stumptown）是奧勒岡州波特蘭市的綽號；十九世紀，波特蘭為了因應人口急速成長，砍伐森林取地，城內隨處可見未清除的樹墩，因而得名。1999年，杜安才二十歲，在波特蘭創辦了樹墩城咖啡烘焙坊，雖比知識份子晚了四年（知識份子於1995年成立），但快速竄紅，《時代雜誌》封為「新星巴克」、《紐約時報》譽為「第三波牛耳」，而樹墩城員工則尊稱杜安為「咖啡救世主」（Coffee Messiah）！

咖啡救世主——杜安

魁梧身材，濃鬍長髮，雙臂龍虎刺青，熱愛搖滾，出口成「髒」，卻篤信聖靈降臨教派的杜安，怎麼看都不像救世主，倒像咖啡硬漢。杜安出生於華盛頓州的塔科瑪（西雅圖南部），從小陪著父親醃製香腸，味覺、嗅覺敏銳，但厭惡潮濕又陰冷的工作環境，高中在西雅圖郊區的咖啡館打工、學烘焙，與咖啡香結下良緣。杜安喜歡滑板，常到三小時車程外，知名的波特蘭滑板運動場練習，愛上這座乾淨又環保的城市，決定在此創業，開一家質感遠勝星巴克的咖啡館。沒幾年，他做到了。

截至2011年3月，十二年來樹墩城在波特蘭有五家門市，西雅圖兩家，紐約兩家，荷蘭一家。2010年3月間，杜安在荷蘭的阿姆斯特丹開出海外第一家店，因為他前往非洲尋覓精品豆時，以荷蘭為中途站，卻發覺荷蘭竟然喝不到好咖啡，品質遠遜北歐和英國，於是在阿姆斯特丹開一家樹墩城，宣傳他的咖啡福音，廣受荷蘭人好評。

杜安在美國經常接受媒體邀訪，他帶著兩名徒弟，拎著百寶箱，小心翼翼取出玻璃製的美式手沖濾壺Chemex、賽風和磨豆機，以宗教家的熱情向咖啡迷示範黑咖啡的萃取技巧，咖啡救世主名號，不脛而走。

美東最酷咖啡館

2009年9月，樹墩城在紐約曼哈坦的王牌旅館（Ace Hotel）大廳開出紐約第一家門市，被譽為美東最酷的咖啡館，身懷絕技的咖啡師，戴上五〇至六〇年代紳士帽和領帶，典雅打扮不像咖啡師，旅館大廳內只有立桌無坐位，慕名而來的紐約客，大排長龍，只為喝一口傳說中的「捲髮器」（Hair Bender）招牌濃縮、拿鐵或手沖莊園咖啡。杜安為了紐約門市，特地在布魯克林的紅鉤（Red Hook）區設了一座烘焙廠，供應饕客最新鮮咖啡。

專賣濾泡咖啡

紐約一店生意超出預期，紐約二店「泡煮吧」（Brew Bar）已在2010年9月開幕，就設在紅鉤區的烘焙廠內與咖啡倉庫和烘焙機為鄰，但「泡煮吧」與樹墩城的前九家門市不同，只賣濾泡式黑咖啡，不賣濃縮咖啡與拿鐵。杜安認為美國人在家多半使用濾泡式，濃縮咖啡機占比很低，因此開一家濾泡咖啡專賣店，向消費者示範正確萃取法，是件很有意義的事。

Coffee Box

一喝上癮：捲髮器招牌綜合豆

名稱超怪的Hair Bender（捲髮器）是樹墩城最暢銷的濃縮咖啡專用豆，這有個典故，樹墩城的波特蘭創始店址，原先是一家名為 Hair Bender 的美髮沙龍，杜安覺得此名超炫，以之為招牌咖啡名稱，果然一炮而紅。Hair Bender 的味譜近似黑貓，乾淨、清甜與柔酸，但烘焙度略淺於黑貓，兩者完美詮釋「第三波」的淺中焙美學。Hair Bender 配方豆比黑貓龐雜，採用拉丁美洲、肯亞、衣索匹亞水洗豆和印尼亞齊的半水洗豆（即濕刨法），一般人用這幾款淺中焙豆，易有礙口嗆喉的尖酸味，但樹墩城的烘焙技術高超，把有機酸磨得很清甜且富水果韻，筆者以濃縮或手沖泡煮試喝，猶如「口中放煙火，千香萬味齊發！」

「泡煮吧」主攻六款濾泡器具，包括法式濾壓壺、美式玻璃濾泡壺Chemex、德國手沖濾杯Melitta、日式錐狀手沖濾杯Hario V60、愛樂壓（Aero Press）和台式聰明濾杯。咖啡迷可選擇店內隨產季不同的三十五種咖啡，比較六款不同濾泡法的咖啡風味有何差異，「這將是紐約最浪漫的咖啡故事！」杜安說。紐約二店「泡煮吧」的創意，恰與英國濃縮咖啡桂冠霍夫曼，於2010年5月至7月間在倫敦開設「一分錢咖啡館」宣揚手沖與賽風黑咖啡，不謀而合。此二例更彰顯手沖與濾泡式咖啡，近年吃香歐美，東風西漸的寫照。

重視產地，強調在地烘焙

樹墩城經營理念和知識份子相近，重視與咖啡農和產地的互動關係，開店牛步化不躁進，強調在地烘焙，在波特蘭、西雅圖與紐約均設有烘焙廠，但咖啡豆不隨便賣給同業咖啡館，除非事先申請並通過嚴格考核，過關後還須接受教育訓練，才可在店內使用樹墩城的咖啡豆。神奇的是，這些經過樹墩城咖啡福音「洗禮」的同業咖啡館，皆湧進大批鐵桿咖啡迷，生意興隆。雖然樹墩城起步較晚，年營業額約知識份子的60%，但名氣與影響力有過之無不及。

樹墩城的產地咖啡品項多達三十多種，比知識份子還要多。杜安熱中設計，為了彰顯單品豆的地域之味，咖啡紙袋的背面多加了個小口袋，裡面有一張紙卡，介紹這支咖啡的品種、海拔、莊園、氣候、處理法與杯測風味，很有美學質感，但杜安亦鼓勵咖啡迷採用樹墩城獨家設計的褐色玻璃咖啡瓶保鮮，減少塑膠的使用，為地球加分。

搶好豆不手軟，天價標藝伎

杜安每月至少有一周待在產區尋豆，也採行對農民最有利的直接交易，規避中間商剝削。杜安的硬漢性格在生豆採購和競價上，表露無遺，只要他想買的豆子，再高價也不手軟，2005年巴拿馬翡翠莊園（La Esmeralda）的藝伎品種（Geisha varietal）飆到每磅50美元、2007年更創下130美元天價，這全是杜安出手搶標的傑作，連知識份子的傑夫也不是對手。杜安與傑夫為了搶好豆，瑜亮情節已不是秘密。

Coffee Box

藝伎豆身價有多高？

順便一提，藝伎的身價，2010 年再創新猷，「巴拿馬最佳咖啡」（Best Of Panama）5 月的國際拍賣會上，以每磅 170.2 美元，被日本的且座咖啡（Saza Coffee）標走，在日本一杯賣到 1,200 日圓，約 453.37 台幣。藝伎目前身價僅次於波旁島復育成功的半低因「波旁尖身」，這支變種波旁有多貴？每磅熟豆在日本賣到 375 美元，令人咋舌。

藝伎與杜安似乎緣定三生，就在精品界一窩蜂跑到衣索匹亞尋找藝伎咖啡樹卻敗興而歸的同時（詳參第 5 章），杜安意外在哥斯大黎加發現藝伎芳蹤，2007 年他走訪哥斯大黎加咖啡園，一時尿急下車在森林野地小解，抬頭一看有株瘦高咖啡樹，有點像又不太像鐵比卡（詳參第 9 章），好奇摘下一顆紅果子嘗嘗，居然有黃箭口香糖的水果風味，於是請同行的咖啡農一起試，味道確實不同於一般咖啡果。走進林區，果然群聚一批與巴拿馬藝伎相同的品種，杜安立即請人聯絡這片森林的地主，包下所有產能。

杜安在哥斯大黎加率先找到藝伎，亦符合史料所載，藝伎早在 1953 年從非洲移植哥斯大黎加，再轉種到巴拿馬。哥斯大黎加是藝伎移植中美洲的首站，但後來大家以為哥國的藝伎早已不知去向或絕跡了，杜安卻因一時尿急而發現藝伎，傳為美談，也開啟哥國搶種藝伎熱潮。

送腳踏貨車到盧安達

咖啡硬漢杜安，對同業競價搶豆，從不手軟，但他對咖啡農的贊助絕不嫌多。2006年，他發覺盧安達咖啡品質好壞無常，決定走訪一趟找癥結，農民告訴他問題出在果子採收後，來不及運到水洗廠處理，如果有腳踏貨車即可大幅改善品質，杜安看到老農背著數十公斤的咖啡果子，跋涉數公里才能送抵處理廠，非常辛苦無效率，於是發起「送腳踏貨車到盧安達」計劃（Bikes to Rwanda）贈送農民數百輛特殊設計的咖啡腳踏車並在產區成立維修站，搏得好評。

替咖啡師按摩

杜安早在高中時期就在咖啡館打工，不但會拉花也會烘豆子，對咖啡師的辛勞，感同身受。樹墩城對咖啡師提供免費按摩服務，舒解疲憊身心，才有可能顧好品質，泡出美味咖啡。杜安也會按摩，並加入按摩治療團隊，為員工服務，但他說：「多年來最大遺憾是，不曾有咖啡師點召我！」

硬漢柔情的杜安，聲譽如日中天，但樹墩城的店數屈指可數，在波特蘭、西雅圖、荷蘭和紐約加起來不過十家，咖啡迷敦促他加快展店腳步，但杜安卻說：「我可不願搞得太大、衝得太快，而折損品質，麥當勞式的無所不在，就留給別人去做吧！」

言猶在耳，本書截稿前，筆者接獲樹墩城友人可靠消息，華爾街金主已入股，杜安有了銀彈資助，在知識份子的大本營芝加哥，尋覓設廠與展店地點，捲髮器將與黑貓近身肉搏，就爭奪「第三波」盟主而言，星巴克已非對手。杜安曾指出，每家門市要花費四十萬至六十萬美元，每設一座烘焙廠要投資一百至三百萬美元，如今資金已到位，將放大格局，進軍歐洲市場，誰說美國咖啡館不如歐洲！

反文化 Counter Culture Coffee

1995年發跡北卡羅萊納州杜蘭市（Durham）的反文化，經營形態與樹墩城、知識份子截然不同。反文化總部與烘焙廠設於杜蘭，另在東岸的紐約、費城、亞特蘭大、艾西維爾、夏洛特和華盛頓設有咖啡實驗室或教育訓練中心。

賣咖啡不如教咖啡

反文化並非賣飲料的咖啡館，其主要業務為熟豆零售、批發以及咖啡教學，讓咖啡新手或從業人員有個再學習的學堂，舉凡咖啡萃取理論、咖啡師初級班、競賽班、打奶泡化學、咖啡貿易史、品種、處理法、杯測……無所不教，如同咖啡學院。反文化的熟豆品項多達二十至三十種，綜合豆就有十幾款，最有名的是46號綜合咖啡（Number 46）。反文化每季都會公布46號的配方，十多年來一直是最熱賣的招牌咖啡，濾泡濃縮兩相宜。

咖啡美學標竿人物

反文化深慶得人，從昔日的小烘焙廠蛻變為今日「第三波」先驅之一。環保活躍人士佛雷・浩克（Fred Houk）1995年創辦反文化，當時只是家咖啡熟豆批發商，浩克的46號歐式綜合豆在北卡羅萊納小有名氣，但仍不是全美知名的熟豆供應商。

Coffee Box

46 號經典配方

配方為 33% 法式重焙、33% 中深焙印尼亞齊豆、33% 淺焙中南美或非洲莊園豆，但配比並非一成不變，會隨著產地節令而調整。這是很有趣的綜合配方，以不同烘焙度引出咖啡多變層次，其中不變的是印尼亞齊，為醇厚度打基底。
另外，重焙豆基本上以高海拔的玻利維亞、宏都拉斯和瓜地馬拉為主，至於淺焙豆則以非洲和中南美莊園為主。

轉捩點在千禧年，三十歲的彼得獲聘為反文化的生豆採購師兼烘焙師，業績開始暴衝，從當時的100萬美元，劇增到2007年的700萬美元，若以每年成長100萬美元保守估計，反文化今年營收已突破1,000萬美元。彼得視咖啡為一門美學，很重視相關學術研究，帶領反文化成功轉型為咖啡學堂兼精品豆供應商，造就今日的國際知名度。創辦人浩克2007罹癌病逝，彼得成為執行長兼股東。彼得的才華還不僅此，2010年4月，彼得不過四十歲，就從SCAA副理事長升任為SCAA理事長，成為全球咖啡美學界的標竿人物。

義大利裔的彼得，高中開始接觸咖啡，在加州聖地牙哥的咖啡館擔任咖啡師，他為了加強人文素養，飽覽歐美咖啡書籍，對浪漫咖啡史和產地奇聞，如數家珍，他回憶：「客人喝咖啡時，最喜歡聽些咖啡趣聞和產地消息，增添樂趣。我為了取悅咖啡迷，不忘自我充電，並與大家分享資訊，客人都喜歡找我買咖啡。我從十八歲玩咖啡，就體悟到只會泡咖啡是不夠的，充其量只是咖啡匠，必須充實人文素養與理論根基才能提升到美學境界，這對推廣咖啡教育才有幫助。」

玩咖啡玩到畢不了業

彼得在聖地牙哥大學主修音樂學，但咖啡玩過火，大學未畢業。年輕時他曾在多家咖啡館擔任咖啡師與烘焙師，喜歡研究咖啡，但老闆希望他管好門市，不必浪費時間研究咖啡。有一次，彼得趁著晚上收班，溜回辦公室，為九支咖啡做杯測，以了解彼此的不同處，被老闆發覺，險遭開除；但仍無法阻止彼得鑽研咖啡的執念。

他與SCAA淵源甚深，二十多歲就在SCAA的加州總部擔任義務小老師，是小有名氣的咖啡義工。千禧年，他已三十歲了，女友到北卡羅萊納州就學，他決定陪她過去，於是打電話詢問SCAA友人，北卡羅萊納州是否有好的咖啡頭路，友人告訴他反文化正在徵才，可前往一試。大老闆浩克面試彼得，對他的咖啡素養與手藝驚為天人：「彼得你相信命運嗎？你注定來幫我！」於是破格聘他為反文化的生豆採購師與烘焙師，有意將公司交給他管理整頓。

產地取經，班門弄斧

彼得接任反文化要職，迫不及待前往朝思暮想的咖啡產地取經，彼得年輕時曾在花園栽種咖啡樹，也採收過，驚覺咖啡果葉的味道與黑咖啡完全不同，但研究咖啡多年卻不曾踏上產地一步，無異隔靴搔癢，愧為咖啡人。尼加拉瓜是他的處女行，卻因High過頭，班門弄斧與農民發生口角。

他從書中讀到中美洲產國全採水洗法，但到了尼國卻發現沒人採用水洗發酵法，咖啡果去皮後就倒入乾桶內，不需泡水，即可進行乾體發酵去除果膠層，這與書中所述的紅果子浸入水槽發酵，完全不同。他懷疑農民做錯了，很雞婆地糾正咖啡農，卻被回嗆：「我們幾世代都這麼做，如何處理咖啡還需要你教嗎？」

Coffee Box

經典教科書也有錯

原來，乾體發酵在水資源不豐富的中美地區很盛行，顯然彼得被肯尼斯．戴維斯、大衛．舒莫和凱文．納克斯的咖啡工具書（詳見第 1 章）誤導了，因為資料太老舊過時。處女行雖然惹了一身腥，卻讓彼得更堅信原產地才是咖啡寶庫，盡信書不如無書。

烘焙者學會與超凡杯催生「第三波」

彼得返美後，趕上2001年SCAA成立的咖啡烘焙者學會在奧勒岡州舉行首屆研討營，與會者全是志同道合的咖啡菁英，彼得在此認識了知識份子的傑夫以及樹墩城的杜安，大夥相濡以沫，成為既合作又競爭的好友。該學會定期主辦咖啡研討營，請專家為咖啡業者講解咖啡界最新科研成果，為主觀的咖啡業注入客觀的科學理論，並破除人云亦云的咖啡謬論，因此「第三波」咖啡人，除了經驗值外，更吸取科學論述，補強經驗值的盲點。科學數據雖折損咖啡些許的浪漫，但對產業的健康發展是有必要的。

彼得除了反文化的業務外，還積極投入烘焙者學會每年一度研討營的企劃工作，成為重要幹部，也榮任幾屆會長。約莫烘焙者學會成立的同時，「第二波」名人喬治豪爾，在巴西成立的「超凡杯」順利運作一年多，不但提供中美洲咖啡農有個行銷精品豆的管道，相對的也讓烘焙者學會的「第三波」菁英與咖啡農有個建立關係的平台，如果沒有烘焙者學會與「超凡杯」兩大組織強力運作，精品咖啡的「第三波」進化，恐怕無法順遂。

臨危受命，帶領 SCAA

2004年，執全球精品咖啡牛耳的SCAA，爆發貪污醜聞案，營運長史考特・維克（Scott Welker）盜用公款100萬美元被逮，SCAA出現財務危機，危急之秋，公正不阿的彼得被選為SCAA的13名理事之一，當時他僅三十四歲，是歷來最年輕的SCAA理事，彼得焦頭爛額一年多，才協助SCAA走出困境，他從此進入權力核心，2008年成為副理事長，2010年升任為SCAA理事長。

雖然彼得身兼SCAA和烘焙者學會要職，但他仍然是反文化的生豆採購師，他和杜安、傑夫一樣，經常巡訪三大洲產地，一方面尋找好豆，另方面充當美國國際開發署（U.S. AID）的「義工」，替農民解決技術問題或教導農民杯測與烘焙。三人已成為「第三波」代表人物，行事風格或有不同，但帶動公司成長的策略是相同的，他們先帶動美國，同時也帶動上游產國對咖啡美學的認知，促使整個產業鏈更健全，自己的公司與消費者也因而受惠，利人利己，值得稱許。

Coffee Box

彼得在 SCAA 的重大成就

2009 年起，SCAA 每年結合產官學界，舉辦十幾場咖啡討論會（Symposium）以「探討問題，交流意見，謀求解決方案」為宗旨，請專家學者與咖啡人分享研究成果，討論主題包括「基因改造咖啡的優缺點」、「綠色烘焙減少排碳量」、「為何東非咖啡如此美味」、「衣索匹亞新交易制介紹」、「手工濾泡咖啡復興：濃度與萃出率探秘」、「詭異的蘇門答臘咖啡」……等諸多發燒議題。彼得重視咖啡研究的性格，在他進入理事會表露無遺。直到今天，傑夫與杜安遇到彼得，都會鞠躬點頭以表敬意。直至 2011 年年底，彼得卸任 SCAA 理事長職務。

第三波新潮流，咖啡師左右開攻手沖耍寶。攝影／黃緯綸。

1 位於加州橘郡新近崛起的「第三波」美學咖啡館 Portola Coffee Lab，老板有化工背景，將咖啡館提升到實驗室規模。咖啡師必須穿上實驗室白袍，手沖咖啡的下壺要放在黑色電子秤上面，以重量精準掌控每杯咖啡的萃取量。在這裡泡咖啡不是瞎子摸象，全以科學數據為準，一絲不苟的專業態度，令人亮眼。攝影／黃緯綸。

2 結合愛樂壓（Aeropress）和克洛佛（Clover）萃取原理於一身，又有溫控與調壓功能的新型咖啡機 Bunn Trifecta，造價 3500 多美元，是 Portola Coffee Lab 重裝備咖啡吧台的新明星。截至 2011 年秋季，台灣尚未引進此新款咖啡機。攝影／黃緯綸。

3 台灣移民在加州 Santa Monica 開設的名店 Funnel Mill Rare Coffee and Tea。從吧台陣仗不難看出賽風是鎮館之寶，正好迎合時興的「第三波」黑咖啡美學。踏進咖啡館中國字畫高高掛，讓華人備覺親切，本店亦販售印尼麝香貓咖啡。攝影／黃緯綸。

產值11億美元的第三波咖啡

「第三波咖啡」目前仍屬最頂端挑嘴客的小眾市場，美國餐飲文化名作家維斯曼，2008年估計「第三波」只占全美精品咖啡市場的8%。筆者換算一下，以2009年美國咖啡市場475億美元計，精品咖啡約占30%，產值約142億5千萬美元，而「第三波」又只占精品咖啡市場的8%，因此2009年「第三波」產值約11億4千萬美元。

「第三波」產值以知識份子最大，2007年已達1,200萬美元，估計2010年達4,000萬美元之譜。其次是樹墩城，2007年營業額達700萬美元，杜安透露2010年已破2,000萬美元，至於反文化則略低於樹墩城。

當然，「第三波」不只這三大龍頭，加州橘郡的波脫拉咖啡實驗室（Portola Coffee Lab）乃新近崛起，頗具特色的咖啡館，已在南加州開了六家店，老板有化學背景，咖啡師均穿上超酷的實驗室白袍，泡咖啡如同做實驗一般，粉量和萃取量均要秤重，以求精準無誤，並宣稱擁有全美最先進的咖啡吧台設備，包括每台造價六十多萬台幣的調壓式濃縮咖啡機（Slayer Espresso Machine）（下冊第10章詳述），還有新穎的控溫與調壓功能濾泡咖啡機「萃啡塔」（Trifecta）（註3），以及時興的賽風吧與手沖吧，各式萃取法，應有盡有。

註3：這是國際知名的邦恩（Bunn）咖啡機製造商新產品，結合克洛佛（Clover）、愛樂壓（Aeropress）與法式濾壓的三大優點，故以Trifecta命名，有三機一體的寓意。台灣似乎尚未引進。

其他較有名望的「第三波」咖啡館，還包括藍瓶子（Blue Bottle）、磨坊（La Mill）、儀式咖啡屋（Ritual Coffee House）以及位於溫哥華的緯度49（49th Parallel）……不勝枚舉，建構一支小而精的螞蟻雄兵，擅長淺中焙，凸顯酸甜的水果調，取代「第二波」深焙技法的巧克力甘苦韻。因此，**「第三波」崇尚明亮的水果調，有別於「第二波」強調酒氣與甘苦韻，是兩種截然不同的咖啡味譜，重塑你我喝咖啡的品味。**

雖然「第三波咖啡」的總產值，比起星巴克2009年全球總營業額98億美元，相形見絀，但「第三波」的後續影響力，遠超出表面上的產值。

「第三波」市場動能正逐年增溫，愈來愈多的「第二波」咖啡館開始採納「第三波」元素（詳參附錄3）。以星巴克為例，近年星巴克官方網頁增加了與產地連結的錄影帶，宣揚星巴克的農藝學家如何奔波產區，協助農民永續生產，試圖扭轉市儈形象，打造「第三波」氛圍。另外，星巴克也踵武「第三波」的淺焙調，預定2012年1月10日在全美推出一支淺焙新配方豆「金黃色綜合」（Blonde blend），以開拓淺焙的客群。

有趣的是星巴克也不忘大力促銷「第一波」產物——即溶咖啡VIA。換言之，坐穩「第二波」，上攀「第三波」，下撈「第一波」，三波通吃似乎是星巴克化解泡沫危機的活路策略。全球咖啡氣氛因「第三波」崛起，變得非常弔詭，耐人玩味。

2011年9月16日，美國《財星雜誌》更以專題「來自天堂的咖啡因」（Caffeine From Olympus）圖文並茂介紹「第三波」的後起之秀——藍瓶子咖啡館執行長詹姆士．佛里曼（James Freeman）。2001年發跡舊金山的藍瓶子，目前在加州有六家店，紐約有七個據點，營業額每年成長70%，去年已達2000萬美元之譜，成長驚人，大排長龍已成為藍瓶子的店景之一，大夥井然有序等著買手沖、賽風、冰滴、拿鐵等飲料，似乎嗅不出不景氣的味道。

這要歸功音樂家出身的佛里曼，對咖啡極盡挑剔的個性，只賣全豆咖啡，不賣磨粉咖啡；咖啡研磨後超出45秒未使用，就是走味了；咖啡出爐後的最大保鮮期為48小時，店用熟豆不得超過兩天；濃縮咖啡不得外帶，必須在店內享用……。

藍瓶子是繼「三大」之後的明日之星，但他表示：「我根本不想成為下一個星巴克。星巴克早已是星巴克，但咖啡業還存有許多既有趣且更紮實的成長空間。」

星巴克與「第三波」的殊死戰，方興未艾，好戲才開演！

附錄❶

關於咖啡的節令性

咖啡一年四季都喝得到，何來節令問題？這就是「第三波」與前兩波不同之處。對「第三波」信徒而言，咖啡和水果一樣，有其節令產期問題。然而，全球三大洲至少有六十國產咖啡，南北半球的產季時節不盡相同，增加此問題的複雜性。咖啡迷多用點心，即可掌握各產地的節令，更易買到盛產期的鮮豆。

咖啡產區的雨季始於何時，攸關收獲時間，雨季促使咖啡樹開花結果，約6～9個月，咖啡果成熟轉紅，即可採果去皮，水洗發酵、半水洗或日曬處理，帶殼豆含水率達12%，即可入倉進行1～3個月的熟成，最後磨掉種殼，即可出口。

換言之，採果收成後，至少要再花2～3個月，完成繁瑣的後製加工後，才可輸出咖啡豆。一般而言，北半球中美洲產區或印尼的亞齊，在每年2～3月是最繁忙的收成與後製期，因此當令豆約在每年5～10月可運抵消費國；南半球的巴西每年6～7月是最忙的收獲與後製期，當令豆則在9月至隔年4月可運抵。因此，北半球消費國在冬季至初春一般不易在中美洲買到當令豆，因為正在收成和後製，但同期卻可在巴西或非洲買到當令鮮豆。另外，產國如果跨越赤道，產區分布在南北半球，如哥倫比亞、肯亞和印尼等，因南北半球雨季不同，會有兩個收成期，即四季均有鮮豆出口。

「第三波」烘焙業者很重視咖啡的節令，比方說每年5～10月間，主打當令的哥斯大黎加、瓜地馬拉、薩爾瓦多、巴拿馬和宏都拉斯等中美洲咖啡或印尼蘇門答臘和亞齊咖啡。但到了9月至隔年4月間，則主打巴西當令豆。

附錄❷

咖啡生豆保鮮期有多長？

咖啡豆收成處理後，保鮮期有多久？這與生豆的密度、脫水是否均勻以及保存環境有關。

生豆依其新鮮度可分以下幾種：

- 新產季豆（New crop）或當令鮮豆（Current crop）：於收穫後九至十二個月內。
- 逾產季豆（Past crop）或舊豆：收成後儲存一年以上。
- 老豆（Old crop）：超過二年以上。舊豆和老豆因芳香物流失或氧化，容易有股不討好的朽木或土腥味。
- 陳年豆（Aged beans）：非關鮮度，為刻意製作，入倉儲存時間長達三年以上。

  陳年豆與老豆不同，陳年豆保留種殼入倉，多了保護，且嚴格控制倉庫濕度，與磨掉種殼儲存的舊豆和老豆大相逕庭。陳年豆旨在磨酸增醇添甘（註4），製作精良無瑕疵的陳年豆喝來醇厚，甘甜無酸，略帶令人愉悅的沈木香氣，一般以蘇門答臘或爪哇陳年豆最有名。

一般而言，收成一年以內，均屬新產季豆，只要烘焙與萃取得宜，很容易喝到活潑的花果酸甜味、油脂感和醇厚度，但隨著儲存時間拉長，精緻花香水果味最先流失，接著是清甜味不見了，最後只剩下悶悶的木質雜味。

註4：帶殼豆在人為管控環境，經過三年以上封存的陳年處理，有機酸會轉化為糖分，果酸味劇降，且甘甜度與黏稠口感增強，略帶土木的香氣。但處理失敗的陳年豆苦味與霉腥味很重。換言之，陳年豆不是大好就是大壞。

當令豆的芳香物流失最少，因此滋味最美，最具振幅與動感，但不表示1年以上的舊豆就不能喝，只是花果香、甜味和豐富度明顯走衰了。

值得注意的是，品質愈高的當令豆，風味流失愈快，比方說5月購進的豆子，杯測高達90分；12月再杯測，可能只剩82分或更低。反觀另外一批同期購進，品質稍遜，杯測82分的當令豆，12月再杯測，可能還有78分以上。

因為愈是精緻的酯類花香水果味，愈易老化變質走味，至於一般平庸豆，本就空空如也，能夠隨著時間流失的成份已不多了。這就是為何杯測得獎豆的新鮮度，更要斤斤計較的原因。

得獎豆迷人的花果甜香味，可能在後製處理後的9個月內，就變質走衰消失了。基本上，低溫環境比高溫更有助生豆保鮮，可抑制油脂和芳香物氧化。

附錄❸

何謂第三波元素？

國內玩家多半經歷精品咖啡「第二波」洗禮，星巴克、畢茲、努森、喬治豪爾、肯尼斯戴維斯、大衛舒莫、凱文納克斯、藝術咖啡（Caffe D'arte）、甜蜜瑪麗亞（Sweet maria's）、綠山咖啡（Green Mountain Coffee）、公平交易，是共同的回憶。但千禧年後，「第二波」已老，精品咖啡「第三波」繼起，自成一格。昔日「第二波」業者，為求升級，紛紛導入「第三波」元素。我觀察到的六大進化元素如下：

1.重視地域之味：「第二波」咖啡人習慣以產國來描述咖啡風味，然而，同一產國卻有數十個咖啡品種以及不同氣候與水土環境，買對產國不見得買對品種與水土，僅以產國來論述咖啡風味失之籠統粗糙與不專業。「第三波」改以更明確的產區、莊園、緯度、海拔、處理法、微型氣候和品種，來論述不同的地域之味。重視咖啡品種與水土的相關知識是「第三波」第一大進化。

2.避重焙就淺焙：為了呈現各莊園不同水土與品種的「地域之味」，「第三波」業者的烘焙度也從重焙修正為淺焙、中焙或中深焙，很少烘到二爆密集階段，頂多點到二爆就出爐，甚至更早，以免碳化過度，掩蓋地域之味。因此降低烘焙程度，改以淺中焙，詮釋精品豆明亮活潑的酸香水果調，是「第三波」第二大進化。

3.重視低污染處理法：為了減少河川污染，不再墨守水洗豆較優的教條，進而改良不需耗水的處理法，使得日曬、半水洗、蜜處理（請參見第3章詳述）和濕刨法（請參見第4

章詳述），大為流行，不但擴大咖啡味譜的多樣性，更可保護環境，永續經營，是「第三波」第三大進化。

4.濾泡黑咖啡成主流：以濃縮咖啡為底，添加鮮奶與奶泡的拿鐵、卡布等義式咖啡是「第二波」主力飲料，但「第三波」大力推廣不加糖添奶的原味黑咖啡，採用日式、歐式、美式手沖和賽風或台式聰明濾杯，這些曾被視為粗俗的濾泡式沖具，卻是最自然無外力干擾的萃取法，讓咖啡自己說話。

5.產地直送烘焙廠：「第二波」大力推廣的公平交易制度弊端叢生，咖啡農仍遭中間商剝削。「第三波」的烘焙師改以「直接交易」（Direct trade），遠赴各產區尋覓好豆，協助農民了解精品市場對品質的要求，進而提高質量，以更好售價，直接賣給烘焙商，亦可避免中間商剝削，增加農民收益，從而培養雙方情誼，形成產地與消費國良性互動，烘焙師與咖啡農的關係更加緊密。

6.科學詮釋咖啡美學：「第二波」咖啡人習慣以主觀的經驗法則來描述咖啡的萃取、烘焙、栽培與處理，但「第三波」則輔以更精確的科學研究數據，來詮釋咖啡產業，舉凡咖啡品種的蔗糖、有機酸、芳香成份的含量均有科學數據做比較；烘焙與萃取的化學變化，亦以科學理論來解釋，就連抽象的咖啡濃度也以具體的數值呈現。將咖啡上中下游視為一門美學來研究，重視選種、栽培、處理、杯測、烘焙、萃取、濃度與萃出率的科學研究，是「第三波」第六大進化。

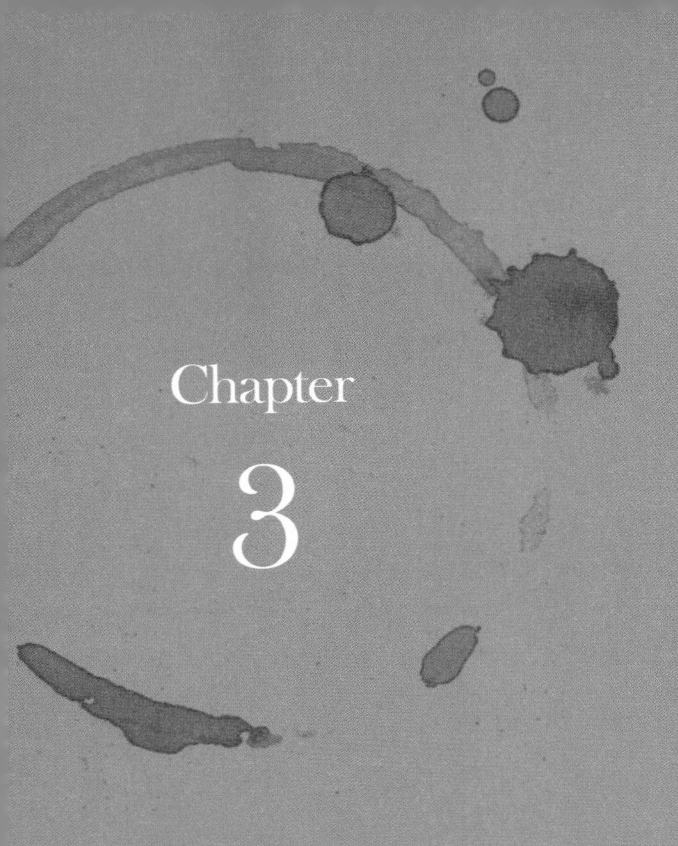

Chapter 3

台灣精品咖啡大躍進

「第三波」崛起，歐美咖啡時尚晉身美學境界，可喜的是，台灣並未裹足不前，咖啡農破天荒發起自覺運動，困知勉行，提升品質。2009年，李高明的阿里山咖啡，出人意表打進SCAA杯測賽金榜，爭得國際能見度。2010李松源牧師邀請巴拿馬蜜處理專家來台授課，指導咖啡農正確後製技法，蔚為風潮。雙李點燃咖啡農逆勢奮進的熱情，台灣咖啡栽植業躍入新紀元！

台灣咖啡的前世今生

台灣水果百百款，荔枝、香蕉、芒果、葡萄、草莓、蓮霧、柳丁……多得數不清。赴國外旅遊，飽嘗各國水果，還是MIT最甜美，台灣水果王國的美譽，絕非浪得虛名。

那麼台灣咖啡在國人眼中如何？十之八九會以不屑口吻回答：「台灣有栽種嗎？能喝嗎？不是摻假、很爛嗎？」半世紀來，台灣咖啡難與台灣水果齊名，頻遭輕蔑，台灣在咖啡產國地圖上，亦無一席之地，向來被視為咖啡栽培的化外之地。這不難理解，從產量看，確實小得可憐，年產量約一百噸之譜，甚至有專家估計不到六十噸。這比起印尼的六十萬噸，印度的三十萬噸，顯得非常渺小。過去，我也不齒MIT咖啡，但今日我以台灣咖啡為榮。

本產咖啡扮豬吃老虎

轉捩點就在2009年。台灣阿里山咖啡扮豬吃老虎，居然贏得2009年美國精品咖啡協會「年度最佳咖啡」（Coffee Of The Year）第十一名，是近年亞洲第一個打進金榜的咖啡產國，這是何等榮耀！

要知道印尼和印度至今仍無緣進榜。不管你喜不喜歡，不管你過去如何瞧不起台灣咖啡，今後恐要拋開偏見，以更理性態度，看待台灣咖啡，多給一點鼓勵掌聲，為打造新味譜的台灣咖啡農加油助陣。

台灣咖啡栽植業肇始何時，欠缺詳盡史料，根據李松源牧師的零星資料，台灣早在1880～1890年間，德記洋行從舊金山進口一批咖啡種籽，栽種在台北縣三峽，至今三峽和南港山區仍有咖啡芳蹤。另外，也有資料指出，十九世紀末，傳教士從菲律賓引進咖啡，但究竟是賴比瑞卡種或阿拉比卡種，費人疑猜。可以確定的是，一百多年前，台灣已有試種咖啡的紀錄，但並未蔚為風潮。直到日本統治時期（1895～1945），咖啡栽培業才有起色。

目前台灣蘇澳、蕙蓀、古坑、梅山、德文、瑞穗、初鹿等地的咖啡「老欉」，應該是日據時期大力發展咖啡業，日本人從東南亞引進阿拉比卡種的古老鐵比卡（Typica）品種，其特徵是樹體瘦高，葉片尖長，頂端嫩葉為古銅色，這亦符合鐵比卡在亞洲擴散的歷史軌跡（註1）。日本人在台灣推廣咖啡栽植業，有其必然性，因為日本從中南美或印尼運送咖啡到日本，路途遙遠，如果能在台灣栽植咖啡成功，將成為距離日本最近的咖啡產區，享有物美價廉的競爭力。因此日治時期，好山好水的台灣，成為日本發展咖啡栽培的基地。

然而，台灣咖啡栽植業隨著日本戰敗撤退而走衰，直到1960年代，全球咖啡行情大好，國民政府曾禮聘夏威夷大學的咖啡專家前來指導農民，但咖啡栽種風氣難以恢復到日據時期的盛況。在反共復國年代，喝咖啡是何等奢侈消費，內銷不易，外銷受挫，台灣咖啡栽植業凋零，成了乏人問津的浪漫回憶。

註1：阿拉比卡種的兩大主幹品種鐵比卡與波旁，前者的頂端嫩葉為古銅色，也就是俗稱的「紅芯」。後者的頂端嫩葉為綠色，俗稱為「綠芯」。鐵比卡的歷史擴散路徑為亞洲與中美洲，而波旁的傳播路徑則為中南美與東非，亞洲很少見。(可詳閱第9、10章)

土騷味嚇死人

筆者1999年還在西雅圖極品咖啡兼任產品副總時，曾參訪蕙蓀林場，這是生平首次接觸台灣咖啡栽植場，感覺相當新奇。迫不及待喝一杯蕙蓀咖啡，一入口，土腥與朽木味撲鼻（應屬處理不當的瑕疵味），感受不到明亮酸質、甜感與醇厚，對喝慣國外精品咖啡的我，確實被「台灣味」嚇到，沒料到水果王國寶島，所產咖啡這麼難喝。但我還是買些蕙蓀熟豆回家以濃縮咖啡機試沖，但咖啡油沫(Crema)如同粗糙的肥皂泡沫，毫無綿密質感可言，對台灣咖啡失望透頂。

不容諱言，筆者與大多數咖啡玩家一樣，向來不屑台灣栽種的咖啡，這歸因於多年不愉快的品嘗經驗，台灣咖啡常帶有股泥巴味或木頭氣息，缺香乏醇、酸質不雅、味譜單調、振幅狹窄，加上摻雜進口豆，重創形象。更糟的是非常貴，每磅熟豆至少1,200元台幣，甚至更高，相較於物美價廉的進口豆，台灣咖啡已喪失競爭力。台灣似乎應驗了海島咖啡清淡、乏味又超貴的詛咒。可喜的是，這些根深蒂固的偏見，2009年後，恐怕要大幅修正了。

台灣咖啡農覺醒，一鳴驚人

台灣並無「第三波」現象，亦無以「第三波」自居的專業烘焙師，善意協助咖啡農，更無美國國際開發署的咖啡專家前來指導農民如何選品種、栽植與後製處理，就連農政單位對咖啡農也冷眼旁觀，抱持「不輔導、不鼓勵、不禁止」三不政策，全靠農民自己摸索。在眾人看衰本土咖啡的同時，台灣咖啡農覺醒奮起、困知勉行，誓言打造令人驚豔的新味譜，並非大言不慚，亦非未來式，而是現在進行式。

雙李打造台灣咖啡新味譜

這得歸功於兩位苦心孤詣的奇人——李高明董事長與李松源牧師。不畏旁人冷嘲熱諷，逆勢而為，獻身咖啡栽植業多年，終於向世人證明：台灣咖啡絕非扶不起的阿斗。2009年4月，李高明栽種的阿里山咖啡，在SCAA麾下烘焙者學會主辦的國際杯測賽勝出，被評選為全球12大「年度最佳咖啡」的第11名，震驚國內咖啡界。

無獨有偶，李松源牧師埋首鑽研3年的蜜處理法有了突破，2010年元旦，開風之先，力邀巴拿馬知名蜜處理專家葛雷奇阿諾．克魯茲（Graciano Cruz）來台講習與推廣，他對李牧師打造的台灣咖啡新味譜，留下深刻印象。李牧師再接再厲，集合農友於同年4月3日在屏東咖啡園，舉辦一場別開生面的「台灣咖啡蜜處理成果發表會」，並宣告台灣高品質咖啡時代降臨。

另外，古坑鄉嵩岳咖啡莊園郭章盛的蜜處理豆，2010年4月也以82.827的杯測佳績，打進美國精品咖啡協會「年度最佳咖啡」第二輪決賽，2011年更以83.61高分，進入決賽，最後雖未能打進優勝金榜，卻表現不俗，蟬連2010年與2011年台灣參賽豆的最高分，品質足登國際精品級殿堂，為咖啡農爭了口氣。台灣咖啡連年打進決賽或榮入金榜，誰說台灣種不出精品級咖啡！

Coffee Box

台灣適合種咖啡嗎？

台灣氣候水土很適合種咖啡，但成本很高，利潤不高。
南北回歸線間的熱帶及亞熱帶地區，年均溫 15 ～ 25℃，年均雨量 1,500 ～ 2,000 毫米，冬季無霜害地區，皆適合栽種阿拉比卡咖啡，而台灣中南部恰好位於咖啡地帶內，山區很適合種咖啡。

2009是台灣咖啡新紀元

接二連三的美事，絕非偶發，而是咖啡農蓄積多年的能量，迸出濃香與善果，筆者大膽界定2009年是台灣咖啡栽培業大躍進元年，但盼在阿里山、屏東與古坑拋磚引玉下，台灣咖啡今後能有更多元新味譜誕生，揚名飄香國際。

這五年來，我很關注SCAA年度杯測賽勝出的金榜名單，記得2009年四月下旬，從美國杯測界友人得知台灣阿里山咖啡以83.5高分，入選第11名，嚇了我一大跳！趕緊連上美國咖啡專業人士的部落格，看到榜單第11名是來自台灣阿里山的A批生豆（Taiwan，Alishan Lot A），參賽者是亘上實業有限公司（Genn Shand Ind.Co. Ltd.）。但該公司是三十多年歷史的運動護具出口公司，在越南和大陸設廠，1997年還通過ISO 9000國際品質認證，是世界前幾大的護具公司，怎麼看都不像咖啡公司或咖啡農。

臨老赴賽：李高明傳奇

於是打電話給任職於媒體的編輯好友，請代為查明真相，有趣的是，友人去電詢問時，對方還誤以為我們是詐騙集團，不肯回答參賽事，但過了一天後，亘上實業接到SCAA捎來得獎喜訊，才回電致歉，並詳告得獎心情也同意記者的約訪。原來這幾年台灣「偷偷」參賽的公司或農民，絡繹於途，但沒人敢在榮登「金榜」前大肆張揚，以免落榜丟大臉，此乃人之常情。

筆者寫了五本咖啡書籍，這是頭一回論述台灣咖啡，因為時機成熟了。不過，阿里山咖啡入選「金榜」傳開後，國內業界反應冷漠，甚至冷嘲熱諷，十足酸葡萄心態，沒想到浪漫咖啡香也暗藏複雜的派系與山頭政治學（註2），但試喝過阿里山得獎豆後，良知督促我站在鼓勵一方，因為這是我第一次喝到厚實滑順，柔酸清甜，芳香剔透的台灣咖啡新味譜，乾淨度不輸國外精品豆，令人感動。

多重身份的李高明

贏得2009年SCAA「年度最佳咖啡」第十一名的主人翁，亘上實業股份有限公司董事長李高明先生，與我素昧平生，我倆因上述的「詐騙」電話而結緣。令我訝異的是，李老先生不是咖啡農，而是位低調的企業家，目前擔任台南中區扶輪社副社長，將於2012年出任社長。他還擔任台灣區體育用品公會理事、台南縣進出口公會常務理事、更生保護協會台南分會常務理事。

李董已至古稀之年，也屆「從心所欲，不踰矩」之齡，護具事業逐年交棒兒女，早該退休，養老弄孫；但老先生閒不下來，喜歡蒔花弄草，幾年前引進香草種籽試栽，賠了不少錢，卻悟出有機肥妙方，與其臨老閉居更易老，不如動起來兼做有機肥生意，造福果農與大地。因此李董這些年忙裡偷閒，駕著賓士廂型車，奔波山間農地，很多人以為他只是位老邁的有機肥推銷員。

註2：筆者在雲林環球科技大學授課時，詢問農友對亘上莊園贏得SCAA「年度最佳咖啡」有何感想，大多數農友感到驕傲。但有趣的是，進口國外生豆的公司或烘焙業者，多半嗤之以鼻，唯恐台灣咖啡闖出名，會影響到生意似的。甚至有業界中傷亘上莊園老板債台高築，正在「跑路」。我為此傳聞請教李董，他解釋說：「莊園遭到莫拉克颱風重創，股東確有小糾紛，但已解決了，莊園仍由他和其他股東正常經營，無需理會外界蜚短流長。」

但李董樂此不疲，2005年還從蕙蓀農場和雲南引進咖啡苗，與友人合夥在阿里山鞍頂1,200公尺處，租下2.5公頃山坡地，取名為亘上莊園，並請經驗豐富的農藝老手徐恆德負責莊園管理，李董以自家研發的有機肥「滋補」咖啡樹，2007年第一次收穫900公斤；2008年提升到2,000公斤，李董的合夥人拿該莊園的生豆，以象山咖啡之名參加古坑咖啡賽，贏得頭等獎，二等獎與入選獎，已小有名氣。中南部咖啡界習慣稱呼李高明為「李仔哥」（閩南語）更為親切。

自我挑戰轉攻國際

李董為了跳脫閉門造車之譏，2009年決定捨棄國內賽事，自我挑戰轉攻國際，由領有證照的國際杯測師為阿里山咖啡品香論味，更具意義。李董挑選出兩支阿里山亘上莊園咖啡，參加SCAA杯測賽，並由留學美國的女兒接洽事宜，主辦單位將這兩支參賽生豆定名為Alishan Lot A與 Alishan Lot B水洗豆，再編入密碼，與全球參賽的一百多支精品咖啡進行瑕疵豆檢視，及一連串杯測。沒多久，李董接獲喜訊，兩支豆皆闖過第一輪淘汰賽，打進前六十名的準決賽。

接著又傳來捷報，Lot A挺進前十二名金榜的決賽權，但Lot B因瑕疵豆稍多被淘汰。直至4月24日筆者請友人向亘上實業道賀贏得第十一名為國爭光時，李董還半信半疑，不肯漏口風。隔天李董接到SCAA報佳音，Alishan Lot A以83.5高分，排名世界第十一強，他才承認參賽事。

李老先生第一次參加SCAA杯測賽，即金榜題名，為國爭光。國外多少知名莊園年年參賽，迄今仍無緣打進SCAA金榜。李高明的亘上莊園初吐芬芳，揚名國際，為台灣咖啡寫下一頁難能可貴的傳奇。

與藝伎豆爭艷

從名單可知，台灣是唯一入榜的亞洲豆，連產量超出台灣萬倍的印尼和印度都敗在阿里山裙下，有意思的是，亘上莊園與赫赫有名的巴拿馬翡翠莊園、瓜地馬拉接枝莊園和肯亞Gethumb Wini莊園，同入金榜爭豔，國內咖啡玩家不該再視而不見，小看本土咖啡農的實力，理當以更客觀態度接受台灣咖啡進步的事實。

體驗台灣新味譜

過去我一直不屑台灣咖啡，但試喝這支「金榜」豆，過往偏見一掃而空。2009年5月間，《時報周刊》在台北民生東路的Gabee安排一場杯測會，由我和在SCAA受過杯測訓練的胡元正，鑑賞李董帶來第十一名得獎豆，採一爆中段出爐的淺焙。乾香與濕香可明顯聞到低分子量酵素作用的酸香氣味，以及中分子量焦糖化與梅納反應的堅果與焦糖氣味（詳請參見下冊），先前擔心的雜味並未出現。

Coffee Box

阿里山咖啡的佳績

這是台灣咖啡史截至 2011 年以來的最高殊榮，SCAA 評選出的 2009 年十二大「年度最佳咖啡」排名依序為：

1. 哥倫比亞（Huila, Carlos Imbachi--Finca Buenavista，波旁、卡杜拉，88.6 分）
2. 巴拿馬（翡翠莊園，藝伎，87.69 分）
3. 衣索匹亞（Aricha Micro Lot 14，耶加雪菲日曬豆，87.03 分）
4. 哥倫比亞（Huila, Juan Manuel Villegas，85.78 分）
5. 肯亞（Gethumb Wini Estate，85.72 分）
6. 瓜地馬拉（El Injerto，接枝莊園，85.59 分）
7. 夏威夷（Ka'u Farm， 大島南部的咖霧地區，85.08 分）
8. 哥倫比亞（Cauca 產區，85 分）
9. 薩爾瓦多（Finca Shangrila，84.89 分）
10. 瓜地馬拉（San Diego BuenaVista，84.86 分）
11. **台灣（阿里山 Lot A，亘上實業，83.5 分）**
12. 澳洲（MTC Group，81.22 分）。

啜吸入口，勁酸持續5～6秒，羽化成清甜與滑順，另有氣化的太妃糖香直衝鼻腔，酸質與振幅不錯，屬於有動感的活潑香酸。這跟過去所喝單調、呆板與土騷的台灣味大相逕庭，如果不事先告知，我會以為這是中美洲或巴布亞新幾內亞的精品，完全顛覆我對本土咖啡的刻板印象。善哉！台灣咖啡進化出新味譜了。

李董送我一些生豆，帶回進一步試烘測味，我發覺這支得獎豆仍有海島豆的特性，硬度中等，適合淺焙至中焙，呈現的動感、甜味、酸質與厚實感最佳，但進入二爆後的深焙，喝來空乏，幾乎是乾餾作用的碳苦味。所幸杯測比賽是以二爆前的淺中焙為標準，正中此豆最精彩的味域，天佑阿里山。

歪打正著選對品種

得獎的Alishan Lot A從外貌上看，豆身稍狹長，很像鐵比卡，但李董對品種不熟，只知道莊園的咖啡樹主要有兩種形態，Lot A的品種樹體較高且嫩葉為「紅芯」，是從南投蕙蓀農場引入，而Lot B為矮株且嫩葉為「綠芯」，是遠從雲南引進，於是請我到亘上莊園鑑定品種。行前我猜得獎的Lot A應該是鐵比卡，而未能擠進決賽的Lot B有可能是卡杜拉（Caturra）或卡帝汶（Catimor），希望不是後者，因為卡帝汶的魔鬼尾韻，很難用烘焙與沖泡技巧抹乾淨，換言之，選錯品種，就很難擠進金榜或精品殿堂。

李董開車載我到阿里山鞍頂海拔1,200公尺的亘上莊園，兩塊坡地皆為坐西北朝東南，方位極佳，可避開午後曝曬。坡地的咖啡樹雖無遮蔭樹，但位於山谷，常有雲霧擋陽光，構成天然降溫的微型氣候，年均溫只有攝氏18度，極適合阿拉比卡增香提味。見到Lot A咖啡樹真面目，我鬆了口氣，果然是古老的鐵比卡；樹體瘦高、枝葉鬆散稀疏，頂端嫩葉是古銅色，葉片狹窄且薄，蠟質不明顯，節間相距較長，果實較稀疏，這與鐵比卡的形態頗吻合，加上她的好風味，應該錯不了。

接著檢視Lot B的咖啡樹，樹體矮小精幹，枝葉密實，葉片深綠且寬厚，蠟質明顯，葉緣呈波浪狀，頂端嫩葉為綠色，節間較短，結果成串如葡萄，這與波旁的變種卡杜拉頗為吻合，謝天謝地她不是惡名昭彰的卡帝汶。當初李董說此坡地的咖啡苗來自雲南，我還真擔心是卡帝汶，此一高產量的抗病品種在雲南很普遍，李董運氣好，買到較美味的卡杜拉品種。

有機肥成提香利器

這兩塊坡地的管理在台灣咖啡園中算是優等生了，栽植間距、灌溉、定期除草剪枝、每年兩次有機肥，皆有規範。咖啡果與咖啡豆重量比，也從2007年的1：5.3，進步到2009年的1：4.7，也就是從5.3顆咖啡豆等於1顆咖啡果重量，進步到4.7顆咖啡豆等於1顆咖啡果重量，表示生豆密度愈來愈高。我調侃李董：「能入金榜最大秘訣不在技術與品種，而在於你為咖啡樹進補的獨家有機肥秘方吧！」他露出神秘微笑說：「咖啡樹的有機肥與一般果樹不同，盡量少用未完全發酵的禽畜肥，最好使用無臭味的中性有機肥。」

Coffee Box

生豆的標準體重

正常生豆重量每粒約在 0.15 ～ 0.2 公克，每 10 公克生豆，約有 50 ～ 66 顆咖啡豆。而亘上莊園的生豆，每 10 公克約有 51 ～ 53 顆，符合標準，足見密度、重量與國外精品豆不分軒輊。

臨老不退為咖啡

李董了解「擇優而栽」的道理，贏得殊榮後，他除了獲得陳嘉峻先生贈送的巴西黃波旁，胡元正先生也送他巴拿馬帶回的藝伎種籽，目前在李董的莊園進行育苗，培養生力軍，預計四年後開花結果。李董認為台灣水果遠近馳名，如何為默默無名的台灣咖啡打響國際知名度，是他退而不休的最大動力，亙上莊園針對國外市場推出的品牌，熱帶舞曲莊園（Tropica Galliard），已於2011年完成商標註冊，所生產的咖啡豆，也通過台灣檢驗科技股份有限公司（SGS）305項無殘留農藥的檢測。

李董表示，不會因得獎見好就收，還要持續參加國際杯測賽，希望能有更好成績來證明台灣咖啡的潛力。雖然2009～2010年產季慘遭莫拉克颱風肆虐，重創品質，但李董堅持赴賽。亙上莊園2010年3月再寄出樣品豆參加2010年SCAA「年度最佳咖啡」杯測賽，如事先所料，因天災影響咖啡品質，初賽未能超過83分，無法進入第二輪決賽，但仍以81.95分光榮出局，這比2009年的83.5分退步了1.55分。根據美國精品咖啡協會的標準，杯測分數80分以下為商用等級，80分以上才是精品等級。因此，2010年李董的阿里山咖啡雖未打進SCAA「年度最佳咖啡」金榜，但得分仍維持在精品級之上，值得欣慰。

李董說：「2010年未能再下一城打進金榜，並不難過，因為我2009年贏得SCAA大獎，已點燃台灣咖啡農走向國際與一流莊園比高下的火種。今後每年我還要繼續參賽，得獎事小，帶動風潮才是目的。」臨老鬥志旺的李高明，值得年輕人學習。而李高明董事長本人，也在2010年入選《遠見雜誌》百大台灣之光！

➔ 依序排列，可看到咖啡果子由綠轉紅，像是彩虹般的漸層。攝影／黃緯綸。

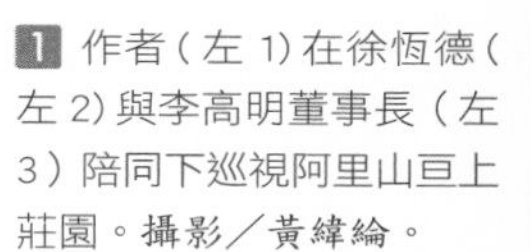

1 作者（左 1）在徐恆德（左 2）與李高明董事長（左 3）陪同下巡視阿里山亘上莊園。攝影／黃緯綸。

2 作者與李高明董事長在阿里山亘上莊園合影留念。攝影／黃緯綸。

3 阿里山咖啡果子初紅。攝影／黃緯綸。

牧師種咖啡：李松源傳奇

提升台灣咖啡味譜的功臣，李董並非唯一。我發覺屏東也有些選對品種，後製過程用心的咖啡，喝來乾淨醇厚無泥味，不輸國外精品豆。屏東咖啡園的李松源牧師，也是創新台灣咖啡味譜的奇人。

重視咖啡後製

李牧師首開風氣之先，邀請國外咖啡後製處理專家，來台講習授課，指導農友正確生產與處理技法，帶領農民走出閉門造車的窘境。如果說李高明董事長秉持企管精神，經營咖啡園，那麼李松源牧師就是以宗教激情，改造台灣咖啡味譜。之前，我並不認識李牧師，只偶爾看看他的部落格，直到2010年2月，碧利烘焙廠老闆黃重慶請我過去試喝屏東送來的蜜處理咖啡，敲開我倆結緣之門。

優質蜜處理豆現身

李董的阿里山咖啡入金榜後，一年來我試喝過不下十支台灣豆，李牧師蜜處理咖啡是令我欣喜的第二支好咖啡。杯測試烘前，我習慣先秤每10公克生豆有幾顆（象豆或帕卡瑪拉等巨豆例外），李牧師這批不知年份的蜜處理生豆較小且輕，每10公克約七十多顆，低於標準值，但喝來淡雅清香，厚實度稍薄卻無台式的土腥，以本土咖啡而言，算是水準之上了，於是約訪李牧師。

我滿心歡喜踏上逐香之旅，想想2009年有幸認識李董，喝到他栽種的全球第十一名咖啡，而今剛邁入2010年，台灣又有蜜處理的新味譜誕生，似乎印證了2009年是台灣咖啡進化元年的設想，相信明年、後年、大後年……台灣栽種的咖啡都會有與時俱進的驚喜品質出現，能不令玩家期待？！

咖啡女神暗中保佑

3月4日早上七點搭台鐵自強號直奔屏東，九點左右，車上廣播高雄縣甲仙大地震，列車從員林開始要減速，行經台南縣看到遠處熊熊黑煙竄天際（宏遠興業大火災）想必與百年大震有關，慶幸未搭高鐵，躲過一場驚魂記。竊喜之餘，想起國外咖啡迷膜拜咖啡女神——咖啡茵娜（Caffeina）——乞求恩賜能量、巧思與幸運（註3）。據說每個咖啡杯都有咖啡女神守護著信徒，以後我會以更虔誠的態度喝每杯咖啡，祈求國泰民安。

抵達李牧師的咖啡農莊，裡外皆美，賞心悅目，堪稱屏東一大奇景；鵝黃外牆，平房矮厝，周遭遍植咖啡樹，前院若大水泥地應該是曬豆場，門外屋簷下有一台不知名拋光機。脫鞋走進屋內，雖看不到十字架或咖啡茵娜女神雕像，但內部陳設、空間與寧靜感，卻有幾許廟堂的莊嚴，磁磚地板一塵不染，窗潔几淨，客廳左側是開放式吧台區，右側客廳只擺幾張精美工作台，是李牧師賞豆、挑豆、沈思的聖地，右廳開一扇巧門，可就近觀賞園內隨風飄曳的咖啡樹。矮厝井然有序將種植、後製作、烘焙、品啜、教學、發想、祈禱與住宅巧妙整合，美極了。

這塊地原先是養豬用的，李牧師接手後才改建成咖啡農莊，但看起來不像一般村屋大厝，倒像咖啡神廟與莊園、民宿、教堂、學堂和庭園咖啡館的綜合體，說它是屏東奇景絕不為過。

註3：咖啡女神Caffeina並非希臘神話裡的女神，而是近年歐美咖啡族自創的神明，旨在增加咖啡樂趣與話題性。

種咖啡好似傳福音

奇景背後必有奇人，李松源說是牧師也不盡然，早年畢業自屏東農專（已改制為屏東科大）畜牧系，1986年進入台南神學院攻讀碩士，自費自願前往泰北山區協同當地宣教士，為華人為主的永泰村建立80公頃農場，並指導村民養豬，栽植果蔬、茶葉與咖啡，李牧師就在這裡首次接觸咖啡。

當時他仍是咖啡門外漢，為了教導村民正確常識與種咖啡技術，開始閱讀咖啡書籍與資料，並將泰國清邁大學以及夏威夷大學的咖啡栽植資料翻釋成中文，供村民研習。前後15年，李牧師朝夕與咖啡為伍，不能自拔。然而與其協助他國種咖啡，不如回台灣貢獻所學與實務經驗。

為了一償種咖啡大願，他辭去牧師職務，搖身變成咖啡農，但他不改宗教熱情，2006年5月，在Yahoo奇摩開了「屏東咖啡園：想不種咖啡卻擋不住」部落格，向咖啡農發布咖啡「福音」，分享他對栽種、施肥、抗病蟲害、水洗、日曬後製處理的心得，並出版《台灣咖啡種植》，造福農友，因而博得「咖啡牧師」雅號。

不信學院派，鍾情蜜處理

從訪談與發表的文章中，不難發覺李牧師對學院派的保留態度，他認為這些所謂的農藝學者，其實並無種咖啡、抗蟲害與後製處理的實務經驗，只把農民視為白老鼠，所教導的水洗法，不是錯誤就是落伍。再說水洗法不利環保，中南美產國已引進衣索匹亞高架網日曬法，同時也推廣巴西改良式的半水洗處理法，也就是時興的蜜處理法，以減少對水洗法的依賴，進而降低河川污染。

然而，象牙塔裡的學者未察，仍抱殘守缺，自限於不正確水洗法，難怪台灣咖啡品質低下如故，而台式土腥味也揮之不去。唯有正確的後製作技法，加上選對品種，台灣咖啡才有出路。

拋磚引玉請洋將

近年咖啡產國興起復古日曬風，李牧師三年前就掌握此潮流，開始鑽研不沾水的蜜處理法，捲起衣袖試做；咖啡果子去皮後，先讓黏答答的帶殼豆乾體發酵，再拿到戶外的網床曝曬，約十至十四天即可完成。

2008～2009年產季首批蜜處理豆，技術未成熟，但已具開發潛力，2009～2010年產季，蜜處理技術更熟練順暢。杯測結果，醇厚甜蜜，李牧師很滿意，堅信這是台灣咖啡必走之路，不耗水又環保，更重要是一舉革除台式水洗，清淡如水又帶泥味的缺點，堪稱台灣咖啡後製處理的一大創新。

但李牧師並未將研究心得據為己有或進行商業操作，反而重金聘請國際知名的蜜處理專家，巴拿馬Los Lajones莊園的克魯茲，於2010年元旦來台巡迴授課，數十萬台幣的旅費與指導費，全由報名的一百多名農友分擔，台灣咖啡農數十年來不曾如此亢奮過。之前，1960年代，政府曾聘請夏威夷大學咖啡專家葛托博士（Dr. Baron Goto）來台指導咖啡農，未料五十年後，卻是由李牧師登高一呼，集結農友力量，自費邀請洋專家指導最先進的後製處理法，不知台灣農政學術單位或靠著咖啡教學名利雙收的學院派，有何感想。

新豆舊豆差很大

搭了六小時車，我終於能喝到李牧師最得意的2009～2010年產季蜜處理咖啡。我先觀賞園裡的咖啡樹，主力品種為鐵比卡，另有幾株惡名昭彰的卡帝汶。李牧師說巴拿馬專家克魯茲巡視園內咖啡，發覺有一株可能是本地變種，神似瘦質娉婷的藝伎。據說克魯茲授課期間，有一名農友向他開出一粒藝伎種籽一萬台幣想買來試種，可惜克魯茲沒「帶種」過來。

接著欣賞李牧師處理好的生豆，這比先前在碧利烘焙廠所見更大顆，想必是來自山區，才有此豆貌，請李牧師秤一下，每10公克生豆四十九顆，確實比我先前在碧利試烘的蜜處理豆，每10克生豆七十顆，更為密實。李牧師笑我拿到的是上一季2008～2009年的蜜處理豆，是取自戶外的平地咖啡，所以豆子偏小而且製作技巧不成熟，有些瑕疵豆。2009～2010年最新產季的蜜處理豆則取自海拔1,100公尺，豆子較大且硬，而且製作技術熟練，但並未流出莊園。李牧師言下之意，無疑暗示我，在碧利喝到的是二流舊豆，就逐香而來，新產季的一流新豆肯定讓我大開「味」界，不虛此行。

三合一新味譜誕生

李牧師讓我看了一下熟豆，是以插電的Hottop Coffee Roaster，採一爆結束的淺烘焙，接著以手沖來測味，恰好是我最愛的方式，因為萃取好的溫度約攝氏70～80℃，不像虹吸壺90℃太燙嘴，影響味覺靈敏度。李牧師咖啡粉下得很重，顯然是重口味擁護者，一入口就感受到香氣與滋味不停翻騰起舞，振幅很大，先是低分子量的有機酸繞舌兩側，但並不霸道，是柔酸。幾秒後，醛酯類水果香氣，氣化入鼻腔，煞是迷人。

接著是中分子量的焦糖香、堅果味浮現，絲毫沒有高分子量的焦苦澀，油脂感佳，猶如絲綢按摩口舌，觸感鮮明，整體風味有點類似衣索匹亞耶加雪菲或西達莫的精品日曬豆，水果韻豐富，body甚至超出印尼黃金曼（有可能是下粉較多，採較高泡煮比例所致），水果酸香明顯，怎麼喝都不像海島豆，更不像清淡的台灣味。

我倆開始討論如何界定此一新味譜，李牧師說這支蜜處理豆一網打盡世界味，我靈機一動，那不就是三合一味譜，也就是非洲日曬的水果韻味、亞洲印尼的厚實感以及中南美的柔酸，盡在這支蜜處理的味譜內。

蜜處理法，智珠在握

李牧師又帶我去看帶殼的蜜處理豆，摸來黏手，淡黃色澤，「這不是黃蜜嗎？有沒有紅蜜？」我問。

李牧師露出「猴死囝仔」的神秘微笑，又搬出一袋獻寶，帶殼豆呈暗黃略帶紅褐色，「這就是你說的紅蜜吧！」

「哇，你都有，好樣兒。」我回答。

「哪一種較好喝？」我問。

「嘿嘿，紅蜜啦。」李牧師答。而且不論紅蜜、黃蜜，李牧師都已完全掌握後製處理技術。

李牧師苦心孤詣摸索三年，終於擴充台灣咖啡新味域，一改本土咖啡久遭詬病的清淡與土腥，蜜處理法提升台灣咖啡的酸質、甜感與厚實度，頗具開發潛能。我建議李牧師不要自限國內窄圈與派系，多多參加國外杯測賽，海闊天空，如同李董一樣。如果哪天聽到李牧師的蜜處理咖啡揚名國際，我不會意外，畢竟天公疼憨人。

Coffee Box

黃蜜紅蜜，哪裡不同？

蜜處理技術近年在中美洲大力推廣下，分為黃蜜與紅蜜發酵法。
黃蜜指的是碳水化合物的果膠層至少刮掉 1/2，膠質層較薄，日曬發酵後色澤偏淡，喝來果酸較明亮、酸味較強、雜味較低、厚實度也稍低。
紅蜜是指果膠層頂多刮掉 1/5，也就是盡量多保留膠質層來發酵，因此色澤較深暗，喝來較甘甜厚實，酸味較低，但乾淨度不若黃蜜剔透，端視製作者的偏好與市場定位來調整果膠層厚度。（蜜處理法詳情請參考第 6 章）

我滿心感動與歡喜，搭傍晚台鐵列車返台北，途中接到老婆的調侃電話，大家以為我早上「中獎」，搭到突遇百年大震的高鐵班車，被迫走鐵軌。「嘿嘿，老人家運氣好，咖啡茵娜女神有保佑，早上我搭台鐵沒搭高鐵！」

咖啡農群英會師

一個月後，李牧師在屏東咖啡園舉辦一場別開生面的「台灣咖啡蜜處理發表會」，由年初參加巴拿馬專家克魯茲蜜處理講習會的咖啡農，帶著在家試做的蜜處理生豆過來，由專人烘焙，再由馮靜安老師、謝博戎老師和我，杯測與講評。

共有十支蜜處理豆參加發表會，由於場地有限，李牧師只開放二十五人參觀與試喝。杯測結果，我們三人都認為編號1、4、8號的受測豆，最能代表蜜處理咖啡獨特的水果調、厚實感與香甜味，但我覺得不妨多增一名額，對農友會有更大鼓舞，於是三人同意下，增加10號豆入列。

杯測與講評結束後，與來自四面八方的咖啡農交誼互動，感受到農友的純樸、好學、謙虛與熱誠，與台北人的功利、好鬥、虛偽，判若兩個世界。印象最深刻的是腰間綁有護腰帶，自嘲咖啡種到「殘廢」的嵩岳咖啡園郭章盛先生，他的咖啡園位於古坑鄉石壁，海拔1,200公尺，是古坑海拔最高的咖啡田，有一年還碰到下雪，損失不輕。他的蜜處理豆也入選發表會杯測結果的四強之一，他同時也是2009年台灣國際咖啡節咖啡烘焙賽的冠軍得主，可謂烘豆種豆俱佳。

李牧師舉辦這次發表會算是成功了，半數的受測豆都有明顯的水果香氣與甜味，但亦有處理失敗的豆子，瑕疵味明顯。不過，對初學蜜處理就能有此成績，相當難得，更展現台灣咖啡農的高素質與手藝。

➔ 以宗教熱情投入咖啡世界的李牧師，授課亦充滿傳道時的熱情。攝影／屏東咖啡園李松源。

↑ 作者（右三）和謝淑亞總幹事（右二）、環球科技大學白如玲教授（右四）以及徐和明上校（右一）在雲林農會合照。攝影／黃緯綸。

← 李牧師咖啡園中碩大而晶瑩剔透的紅果子。攝影／屏東咖啡園李松源。

↓ 古坑的紅果子。清洗後鮮紅欲滴。攝影／黃緯綸。

我也請愛喝咖啡的編輯好友隨行，他也對台灣蜜處理豆的甜感，讚不絕口。這次發表會不禁讓我聯想到美國咖啡烘焙者學會每年一度的研討營，台灣咖啡人或許應該多舉辦這類活動，以消弭不必要的派系門戶之見。

李牧師打進 SCAA 決賽

2009年李高明的阿里山咖啡贏得SCAA「年度最佳咖啡」榮銜的激勵，2010年果然發酵。台灣報名參賽的咖啡農暴增，據我所知有九位赴賽。就在蜜處理發表會的同時，他們的參賽豆也已寄達SCAA，李牧師的蜜處理豆也趕上這場被譽為「奧林匹克咖啡運動會」的杯測賽，全球共有140個莊園角逐「年度最佳咖啡」。賽事分為初賽與決賽兩階段，初賽必須達83分才有資格進入第二輪的決賽，預計四月中旬公布優勝金榜。競賽期間，我與李董、李牧師每天聯絡，掌握每階段賽況。

4月13日，李董以81.95高分落敗，但李牧師傳來好消息，他的蜜處理豆在初賽超出83分，已進入決賽，我倆好不興奮。我喝過李牧師的豆子，若能入金榜我不會意外，甚至還看好他能繼李董之後，為台灣再下一城。可惜賽況急轉直下，14日李牧師轉寄一封SCAA落榜通知書給我看，他未能榮入「年度最佳咖啡」金榜。

但好消息是，今年除了李牧師外，另外還有兩支台灣咖啡豆也打進第二輪決賽，他們是嵩岳咖啡園的郭章盛和阿里山的方政倫，雖然三人均在決賽時落敗，但也創下歷來台灣豆打入決賽權，人數最多的新高紀錄，雖敗猶榮，畢竟今年參賽水準之高，超乎以往。

郭章盛高分落榜

「最佳產地」是SCAA特地為2010年勝出產地所加封的尊銜，表彰本屆超水準成績，可惜今年台灣打進決賽的李牧師、方政倫和郭章盛，得分未達85.5分，台灣無法獲頒「最佳產地」殊榮，否則又有一堆人要妒火中燒了。

三人的決賽分數以郭章盛的82.827分最高（但比李高明2009年的83.5分略低），堪稱本屆台灣參賽豆的總冠軍，他就是以李牧師和巴拿馬專家克魯茲指導試做的蜜處理豆赴賽，結果雖青出於藍，但李牧師大公無私的分享，令人敬佩。郭彰盛的嵩岳咖啡莊園以鐵比卡為主力品種，近年亦試栽其他品種，包括卡杜拉，以提高產量。

Coffee Box

2010 SCAA「年度最佳咖啡」

SCAA「年度最佳咖啡」是目前國際規模最大，最無地域限制的權威杯測賽，2010 年競賽豆的水準更超出 2009 年一大截，入選「年度最佳咖啡」的 9 支優勝豆，最低杯測分數達 85.5 分，最高分為 90.5 分，金榜題名的九支絕品，加總起來的平均分數高達 89.22 分，得分幾乎全擠在 89 與 90.5 的狹幅區間，競爭之激烈，可謂空前。令人亮眼是哥倫比亞知名的美景莊園（Finca Buenavista）繼 2009 年後二度連莊，以 90.5 分榮登榜首，連火紅的翡翠莊園藝伎也不敵。

- 總冠軍，哥倫比亞，得分 90.5，薇拉省的聖奧古斯汀產區，美景莊園
- 最佳產地，瓜地馬拉，得分 89.625 ，安地瓜產區，Puerta Verde 莊園
- 最佳產地，宏都拉斯，得分 89.313 ，La Paz 產區，La Isabela 莊園
- 最佳產地，肯亞，得分 89.222 ，Nyeri 產區，Gichathaini 莊園
- 最佳產地，秘魯，得分 89.2，Puno 產區，Tunk 莊園
- 最佳產地，巴拿馬，得分 89.125，Boquete 產區，翡翠莊園
- 最佳產地，夏威夷，得分 87.563，咖霧產區，The Rising Sun 莊園
- 最佳產地，薩爾瓦多，得分 87.375，Apaneca 產區，El Recuerdo 莊園
- 最佳產地，尼加拉瓜，得分 85.558，Nueva Segovia 產區，Un Regalo de Dios 莊園

會場烘焙出狀況

李牧師決賽只得到74分，我有點錯愕，竟然比初賽成績低了將近10分，肯定出現重大瑕疵，否則不可能落差這麼大。有意思的是，美國知名自家烘焙網路生豆供應商Sweet Maria's的老闆湯姆，在4月中旬成績揭曉後刊出一篇文章，指出本屆賽事，他代表肯亞知名處理廠Gakuyu-ini，寄了一支最暢銷的肯亞小圓豆參賽，這支豆子很穩定，杯測至少有88分以上，未料只得到75分，情何以堪。他指出本屆SCAA杯測賽會場傳出烘焙凸槌，有不少受測豆烘太深，又重新來過。湯姆質疑他的肯亞小圓豆可能被現場的烘焙師烘焦了，否則不可能如此低分。這不免令人擔心杯測賽的烘焙標準該如何訂定，才能完美詮釋參賽豆的最佳風味。

建議 SCAA 訂定多重烘焙曲線

李牧師經過自我檢討後，決定建請SCAA早日為日曬、水洗、半水洗、蜜處理以及豆子軟硬度，訂出符合參賽豆特性的烘焙曲線，比方說日曬豆或低海拔豆子的烘焙時間就要短一點，如果一味以水洗豆或極硬豆標準來烘焙所有的參賽豆，很容易出差錯。

我蠻認同李牧師的做法，因為我烘過李高明以有機肥滋補的阿里山水洗豆，質地較硬，費時稍長，但試烘李牧師2008～2009年產期的蜜處理以及嵩岳咖啡園的蜜處理，明顯感到硬度較低，一爆來得較快，且爆裂後豆芯鼓起的幅度很大，幾乎呈開花狀，火力過猛很容易烘焦，但控制得宜，亦可烘出甜美滋味與醇厚度。因此硬度高低不是問題，重點是如何完美詮釋軟豆、硬豆、日曬、水洗或半水洗豆的最佳味譜，協助所有參賽豆的風味得到最佳發揮，值得主辦單位正視。

講習與杯測，花開並蒂

2010年初，李牧師邀請巴拿馬專家來台講習蜜處理技巧，帶動國內業者邀請海外咖啡專家赴台講習與實作風氣，另外夏威夷小有名氣的烘焙師兼處理專家米蓋・梅札（Miguel Meza），也於年底抵台，指導農友實作。國外專家的指導，對台灣咖啡農很有助益，值得推動。

Coffee Box

烘焙曲線攸關杯測公平

烘焙確實是杯測賽一大變數，因為不是由最了解樣品豆特性的參賽者烘焙，全委由主辦單位統一烘焙，雖然備有精密的「艾格壯咖啡烘焙度分析儀」（Agtron Coffee Roast Analyzer）並以「艾格壯數值」（Agtron number）（註4），做為烘焙度的統一標準，但玩家都知道，同一支生豆以3種曲線烘焙，即使烘焙度相同，(Agtron number # 55，也就是接近二爆)，但因火力與時間模式不同，風味未必相同，這是Agtron number的盲點。

SCAA杯測賽雖有規範每支豆子的Agtron number差異不可超過±1，看似嚴謹，實則不足，因為12分鐘烘焙到Agtron number # 55，與10分鐘烘到相同讀數，所表現的風味差異很大。但如果嚴格規定所有參賽豆必須在12分鐘烘到Agtron number # 55，且差異不得高出±1，這也未盡情理。因為含水量較高，或高海拔的極硬豆，所需的烘焙時間較長；含水量較低，或低海拔質地較軟的豆子，需要烘焙時間較短，可能不到12分鐘就二爆了。

杯測賽的烘焙標準如何拿捏，頗為複雜，因為參賽豆的處理法包括日曬、水洗、半水洗或時興的蜜處理，以及高、中、低不同海拔的豆子，彼此的含水量與軟硬度有別，所需的火候與烘焙曲線也不同，無疑增加杯測賽烘焙曲線制定的複雜度，並影響公平性。

註4：「艾格壯數值」是由美國知名的食品檢測儀器公司Agtron Inc.生產製造，以近紅外線照射熟豆表面或咖啡粉，烘焙度愈深則反光效果愈差，讀數就愈低，烘焙度愈淺則反光效果愈佳，讀數愈高，因此艾格壯數值與烘焙度成反比，愈深焙，數值愈低，反之愈高。

2011年2月27日，李牧師又在屏東咖啡園舉辦台灣咖啡2010～2011產季杯測會，全國共有二十六支各式處理法樣品豆參加，規模比去年更大，但杯測結果，差強人意，品質並不比去年優，甚至有點小退步，但整體而言，已比前幾年好太多了，顯見提升台灣咖啡品質，絕非一蹴可幾的簡單事，有待長期努力與改善。辛苦的農友們，加油了。

台灣咖啡，明天會更好

將軍咖啡品流高

2009年我在雲林環球科技大學授課，認識不少古坑咖啡農，印象最深刻的是，五十多歲陸軍退役後，投身咖啡栽植的徐和明上校。他以自家山坡地在日據時期栽種的鐵比卡老欉，混合嘉義梅山鄉大和村海拔900公尺的咖啡，2009年首次參加古坑鄉公所主辦的國際咖啡節，從一百多個參賽者勝出，贏得頭等獎。他的咖啡喝來乾淨清甜沒有土腥，這味譜在古坑咖啡中，堪稱上品，因此有人譽之為將軍咖啡。

同年12月底，在環球科技大學白如玲老師安排下，由徐和明開車載我們一起考察古坑咖啡園並造訪雲林縣農會，與總幹事謝淑亞一敘，暢談古坑咖啡與觀光結合的經驗，以及水果產能過剩，釀酒謀出路的有趣話題，吾等獲益匪淺。而後2011年謝淑亞在激烈選戰中勝出，當選為斗六市市長，真為她高興。另外，古坑鄉華山休閒產業促進會理事廖有利，熱情招待我們晚餐，並試喝他栽種的袖珍玲瓏平地豆，喝來淡雅無酸，略帶花生味，令人印象深刻。

參訪路程發覺古坑有不少咖啡田乏人照料，任其荒蕪，想必與種咖啡入不敷出有關，台灣咖啡農日子並不好過，看了令人傷感。我相信李董、李牧師和郭章盛等人，這些台灣一流咖啡農的背後，暗藏許多不足為外人道的辛酸。

成本高得嚇死人

台灣咖啡生產成本高，售價貴而不惠，每磅生豆至少1,200元以上才夠本，農委會農糧署曾估計，台灣咖啡生產成本比國外高出四十倍，因此不鼓勵農民栽種，並建議現有咖啡農，要結合觀光才有利潤。農政單位就事論事，無可厚非。

但近年台灣咖啡農自力救濟，勇闖國際杯測賽，扮豬吃老虎，立下汗馬戰功，有關當局是否該順勢調整政策，多多獎勵有志種咖啡的辛勤農友，如果能夠二度打入國際杯測賽金榜，意義非凡。因為2009年李董的阿里山鐵比卡榮入金榜，或許有人會眼紅說：「那是運氣好！」但咖啡農如果再下一城，第二次就不是運氣能解釋了，畢竟李董、李牧師與郭章盛創新台灣新味譜的杯測分數，距離金榜題名，僅咫尺之遙，加把勁，很可能再締佳績，這對行銷台灣咖啡到國際市場是一大助力。

Coffee Box

台灣咖啡，夠硬嗎？

一般來說，台灣咖啡質地較軟，不耐火候，這也是大問題，究竟是水土、氣候、營養或基因弱化使然？值得細究。
但我發現李高明阿里山的咖啡就沒有此問題，烘焙進入一爆甚至二爆後，豆芯也不會鼓得像爆米花那麼醜陋。有機肥是李董的專長，我高度懷疑營養是原因之一，但李牧師則認為水土與氣候才是主因。

精品咖啡實力不容小覷

既然台灣咖啡生產成本難降，農友當務之急是提高品質，洗刷台灣咖啡缺香乏醇的污名。台灣咖啡農若能打造出醇厚、香甜、乾淨水果調的新味譜，感動廣大咖啡消費群，一旦喝出本土咖啡迷人的新味譜，每磅肯花1,200元以上，台灣咖啡就不再是貴而不惠，而是貴得有理，如同夏威夷柯娜、咖霧和巴拿馬藝伎一樣。

這有可能嗎？至少有李高明、李牧師、郭章盛和方政倫的台灣咖啡，在領有證照的國際杯測師品香論味下，給了80以上的精品級高分，老實講這已超越沽名釣譽的牙買加藍山了。台灣咖啡既然能打進SCAA「年度最佳咖啡」決賽權，甚至擠進前十一強，足以證明寶島有實力種出精品咖啡，今後要做的不是比誰的更香醇好喝，而是找出九成以上的台灣咖啡缺香乏醇的原因，謀得改善之道。

暗夜明燈能否為繼？

最令我憂心的是，台灣咖啡農至今賺到錢的人不多，大部份仍在苦撐中，滿腔熱血終究要面臨現實考驗，試想生計都有問題，如何種出好咖啡。發展台灣本土咖啡，路途仍佈滿荊棘，不容太樂觀，但欣慰的是，已有前述幾位開路先鋒，敢跨出國門與世界名豆比香醇。但是，如果連他們所種的好咖啡，在國內都找不到行銷通路，那麼本土咖啡的未來堪慮，暗夜明燈有限燃油燒盡後，四周還是一片漆黑，此問題值得農政當局重視。

Chapter 3

台灣精品咖啡大躍進

附錄
台灣咖啡現況

台灣咖啡的開花期約在每年雨季的三、四月左右，紅果子收成期約在每年十月底至隔年二、三月間，但近年氣溫偏高，雨季較晚，結果期稍有遲延，紅果子收成也延至十二月至隔年五月間。台灣阿拉比卡的栽種海拔，李牧師歸納為平原區、中低海拔區（200～600公尺）及高海拔區（600～1,200公尺）。台灣的緯度就種咖啡而言，算是高緯度地區，台灣山地海拔1000公尺以上，冬季就可能結霜甚至飄雪，反而不利咖啡樹生長，因此海拔要求，不需與低緯地區比高。

年產量不到六十噸

產量有多少？這是個大問題，不要說產量，就連咖啡農地有多少甲，農政單位亦無資料可考。筆者與李高明、郭章盛和徐恒德討論此問題，最大共識是台灣咖啡年產量不超過六十公噸，一般小農年產咖啡少則數百公斤，多則一、兩公噸，但人工成本高，不少咖啡田任其荒蕪。以李高明和郭章盛而言，年產量不過一、兩公噸，遇到天災時甚至低於一公噸。

一人一年喝一公斤

台灣一年喝掉多少咖啡？這比較容易計算，據財政部關稅總局年度咖啡進口資料，分為未焙製生豆、已焙製熟豆、咖啡萃取物調製品三大類，99年度我國進口咖啡生豆（15,926,893公斤，含低因豆），進口咖啡熟豆（1,959,811公斤，含低因豆）以及咖啡萃取物調製品（7,198,036公斤），加總起來共25,084,740公斤，最後再加上台灣本土產量60,000

公斤，也就是25,144,740公斤，再除以23,000,000人口，即為每人平均每年咖啡消費量1.09公斤，終於突破1公斤關卡，距離世界的平均量每人喝1.3公斤咖啡，相差不遠，近年內應可達陣。但比起鄰近日本平均每人咖啡消費量3.3公斤，以及韓國的1.8公斤，台灣人確實喝太少，不過比起大陸的30公克咖啡消費量，台灣就很突出。

新鮮烘焙愈來愈紅

從生豆與熟豆進口量來看，台灣已從2000年的6,288,108公斤，增加到2010年的17,886,704公斤，10年間成長了2.8倍。我國進口咖啡的類別中，以生豆成長最多，2005年生豆進口量首度破1萬公噸，2006年又回跌到九千多公噸，但2007年以後至今，生豆進口量均在一萬公噸以上，顯見國人對新鮮烘焙的偏好度愈來愈高，對推動精品咖啡是一大鼓舞。

另外，2010年以來，國際咖啡需求量激增，但全球暖化，氣候亂了套，病蟲害猖獗，高品質生豆供不應求，國際豆價節節高升，2011年2月每磅生豆飆破3美元大關，創下十多年來新高，這對台灣咖啡農是一大利多，難怪這兩年投入咖啡栽種業的農友，有增加趨勢。這究竟是李董、李牧師或郭章盛，逐鹿國際賽事，表現亮麗的良性刺激，抑或國際豆價狂飆不止的誘因？耐人玩味！

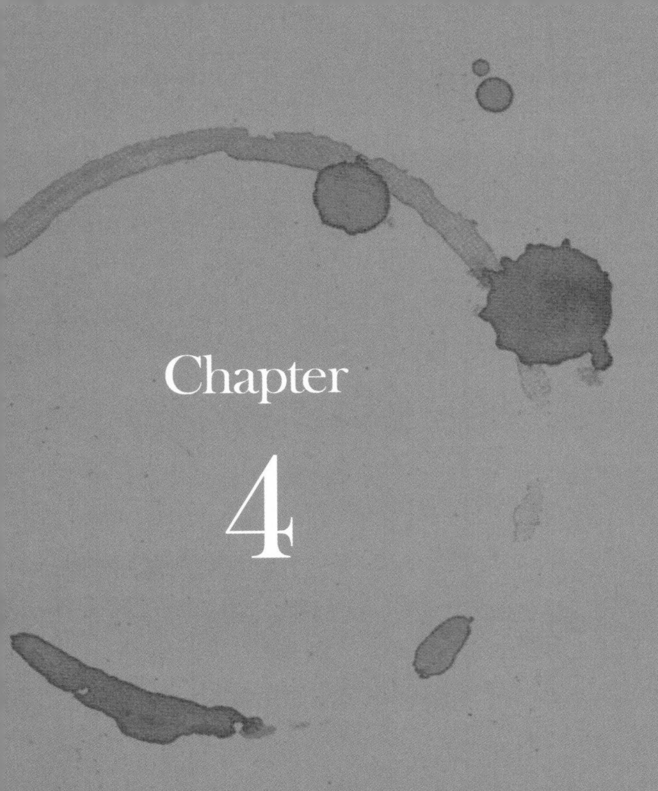

Chapter 4

亞齊搏命，關於曼特寧的前世今生

我對台灣最大的咖啡進口國——印尼，魂牽夢繫多年，直到2010年5月，終得以圓夢。冒險橫越印尼叛軍、猛虎、大象、野豬出沒的亞齊（Aceh）山區，安抵亞齊中部的塔瓦湖（Lake Tawar）咖啡專區及重要山城塔坎農（Takengon）與農友探討亞齊龐雜的咖啡品種，以及濕體刨除種殼處理法，獲益良多。離開亞齊險境後，繼續南下蘇北省，參訪棉蘭以南，依山傍水的曼特寧傳統產區托巴湖（Lake Toba）並訪問有機咖啡農，一償宿願……。

曼特寧發源之謎

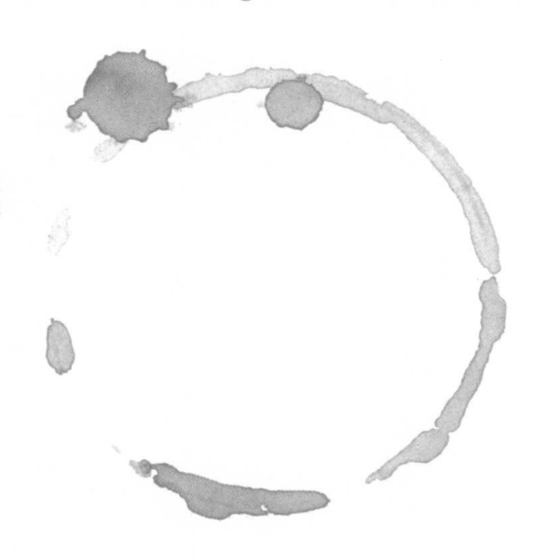

過去，國人最愛的曼特寧主產於蘇北省托巴湖周邊山區，但2005年亞齊和平後，塔瓦湖畔的咖啡田復耕，所產曼特寧或稱亞齊咖啡，後來居上，高占印尼曼特寧60%，已超越傳統產區托巴湖的40%占比。亞齊躍為印尼精品咖啡重鎮，2009年SCAA舉辦研討會，探索詭異的「兩湖雙曼」咖啡及亞齊的崛起。此行深刻體驗兩湖產區的差異。

這趟印尼行的意外收穫，是釐清曼特寧發源地之謎。過去印尼咖啡農或歐美專家，皆以為蘇北省的托巴湖區是曼特寧發跡地，但經過印尼與澳洲專家詳考，發覺曼特寧的前身是爪哇咖啡；當年荷蘭人為了方便出口，將爪哇咖啡移往蘇門答臘西側濱臨印度洋的丘陵地，也就是目前的蘇北省與蘇西省交界的曼代寧高地（Mandailing Highland），可縮短運往歐洲的路程。一百七十年前咖啡農稱之為爪哇曼代寧咖啡（Kopi Java Mandailing），但此區氣候較熱，更適合羅巴斯塔，因此爪哇曼代寧再度北移到較涼爽的蘇北省托巴湖山區，以及更北邊的亞齊塔瓦湖，成就今日曼特寧的威名，一解我多年疑惑。（詳參附錄：曼特寧編年史）

這要感謝碧利咖啡實業董事長黃重慶，以豐厚人脈，鼎力協助，才能收獲滿滿，安全返台，並拍下一千多張珍貴照片與爬滿筆記本的重要資料。追憶這趟險象環生的咖啡取經之旅，餘悸與竊心交織成趣，遠比十年前的哥倫比亞旅程更難忘懷。

黃重慶董事長處世低調謹慎，甚少在媒體上曝光，但國內經營咖啡超過三十年的業者，無人不認識這位咖啡老將，印尼曼特寧最初就是由黃董首開先河引進台灣，成為今日家喻戶曉的咖啡商品。黃董與印尼淵源深厚，他的父親黃四川，早年從金門移民印尼，墾地種咖啡，事業有成，親朋好友紛紛投入印尼咖啡業。三十多年前，黃董返台，創辦碧利咖啡實業有限公司，是台灣穩健的老字號咖啡進出口公司，近年兼營咖啡烘焙代工、烘焙機進出口與精品咖啡教學。在黃董與印尼棉蘭知名咖啡出口商Sidikalang的黃順成總裁，精心規劃安排下，筆者與黃董的長公子黃緯綸（Steven）終於踏上征程，走訪這個神秘又美麗的咖啡古國。

Coffee Box

台灣最哈印尼豆

印尼咖啡醇厚低酸與苦香特質，向來是台灣咖啡族最愛。我國每年進口的產地咖啡，亦以印尼居冠。據財政部關稅總局資料，99 年度台灣從各國進口未焙製生豆、已焙製熟豆、咖啡萃取濃縮物及其調製品，總計達 25,084,740 公斤。其中，印尼高占 6,258,728 公斤，也就是占我國咖啡進口量的 24.95%，排名第一，其次是巴西與越南。換言之，印尼、越南和巴西是台灣三大咖啡進口國（註 1）。印尼與台灣咖啡均有低酸、悶香特性，但在醇厚與黏稠感上，台灣遠遜於印尼。至於產量更是小巫見大巫；據業內估計，台灣咖啡年產量不超過六十公噸，這是世界第三大咖啡產國印尼（註 2）年產四十萬至六十萬公噸的萬分之一到萬分之一點五。

註 1：若只算生豆進口量，99 年度我國從印尼進口生豆量為 5,677,188 公斤名列第一，巴西為 3,248,450 公斤排名第二，瓜地馬拉 1,905,015 公斤居第三。

註 2：08 與 09 年印尼咖啡產量超過哥倫比亞，成為世界第三大咖啡產國，但印尼仍以羅巴斯塔為大宗，是世界第二大羅巴斯塔產國，僅次於越南。

亞齊的香醇與悲歌

行前，Steven的印尼朋友不斷來信勸阻我們，千萬別進亞齊，近三十年來，亞齊鬧獨立，不但與政府軍交火還綁架老外勒索鉅款，甚至撕票，屍首無存，印尼華人至今仍不敢踏入亞齊特區半步，「建議你們去棉蘭以南的托巴湖產區較安全，千萬別到棉蘭西北的亞齊特區，那裡很危險，搶劫、殺人、綁票層出不窮……」此警語不斷徘徊腦海，說不怕是騙人的。

鄭和餽贈大銅鐘

亞齊土肥雨沛，物產豐富，盛產香料、棕櫚油、石油、天然氣、金銀礦、橡膠、林木和咖啡，是印尼群島資源最富饒的寶地，自古淪為歐美強權覬覦對象，但民風強悍與宗教歧異，數百年來衝突不斷。

亞齊是伊斯蘭教在東南亞最早建立的基地，被譽為「麥加的前廊」，穆斯林人口高占98.11%，是印尼最基本教義的回教區。八世紀以來，亞齊建立好幾個蘇丹的領地，包括波臘克王國（Perlak）、蘇木答剌巴賽（Samudera Pasai）等。1292年，馬可波羅從中國返歐途中，行經北蘇門答臘，寫道：「波臘克王國篤信回教……」而十五世紀，明朝鄭和下西洋，也在亞齊留下足跡，鄭和送給亞齊王子的一座大青銅鐘，目前仍珍藏在亞齊的萬達拉惹博物館，見證華人與亞齊的友誼。

力抗葡荷殖民帝國

長久以來，亞齊人為了建立伊斯蘭教義的王國，力抗外來統治，包括早期葡萄牙和荷蘭人，以及近代的印尼政府。早在十六世紀，篤信天主教的葡萄牙人染指亞齊與麻六甲，並鼓勵官兵與當地婦女通婚，增加葡萄牙人口，方便統治。因此，亞齊目前仍看得到皮膚白皙、藍眼又高挑的葡裔歐亞混血，有別於黑黝的亞齊人。當年葡國入侵亞齊，惹惱了土耳其帝國，1562年派戰艦援助亞齊的回教弟兄，抵抗異教徒。葡國不堪長年征戰，棄守亞齊與麻六甲，但荷蘭勢力卻趁虛而入。

1873年，亞齊代表在新加坡會見美國和英國外交人員，試圖聯合英美抵抗荷蘭。荷蘭為了掌控麻六甲海峽與黑胡椒產量高占世界之半的亞齊，於是發動著名的「亞齊戰爭」（Aceh War），但亞齊人驍勇善戰，居然擊斃荷蘭元帥，荷軍被迫增兵，鏖戰數十載，互有輸贏，直到1905年，荷蘭犧牲了一萬多名官兵，仍無法完全掌控亞齊，但印尼其他地區已在荷蘭有效控制下。

Coffee Box

認識亞齊

我曾在聯合報國際新聞中心任職十八年，對亞齊的動盪不靖，略知一二。亞齊位於蘇門答臘島的西北角，面積 57,365 平方公里，是台灣的 1.5 倍大。亞齊地理位置優越，東臨麻六甲海峽進出口，西濱印度洋，恰好是阿拉伯、中國、歐洲和印度文化的交會點，這從亞齊英文字母 Aceh，不難悟出堂奧，A 代表 Arabia，C 代表 Chinese，E 代表 European，H 代表 Hindu，彰顯四大文化的交融。印尼的 Aceh 讀音近似國語的「阿傑」或中英混音「阿 J」，但此間華人慣稱為亞齊，首府為班達亞齊（Banda Aceh），即俗稱的大亞齊。

棄民浴血爭獨立

1945年，二次大戰結束，日本戰敗，印尼的蘇哈諾宣布獨立建國，1949年荷蘭放棄對印尼的統治權，印尼正式獨立，亞齊回歸印尼懷抱，但亞齊人建議印尼成為一個以伊斯蘭教義為依歸的回教國家，卻遭到首任總統蘇哈諾否決，蘇哈諾不但鼓勵印尼人口占比最多的爪哇人移民亞齊，還將亞齊劃入巴塔克族（Batak）較多的北蘇門答臘省（簡稱蘇北省），巴塔克族多半信奉基督教，亞齊人不願被併入異教徒的省份，群情激憤，揭竿而起，亞齊暴動長達數年。1959年，印尼當局讓步，同意亞齊為印尼的特別行政區，簡稱亞齊特區，在教育和宗教上，享有優於其他各省的自治權，動亂稍歇。

1970年後，美國與印尼合作開採亞齊豐富的石油與天然氣，但印尼只回饋5%的獲利給亞齊，財政分配不均，亞齊人猶如印尼的棄民，更痛恨爪哇人和外國人對境內資源的掠奪，動亂再起。1976年亞齊商人哈山・狄・提羅（Hasan di Tiro）成立分離組織「自由亞齊運動」（Free Aceh Movement），以武力爭取獨立，建立一個有別於印尼的正統回教國家，從此與政府軍進行二十多年血戰，亞齊激進份子甚至殺害境內的爪哇人和華人，試圖施行種族淨化政策。印尼當局於是在亞齊實施戒嚴，不准外人進入叛軍盤據的危險區。

大海嘯促成亞齊和平

亞齊貴為印尼天然資源最富饒的地區，但在政府軍封鎖下，亞齊商業活動受阻，淪為印尼最窮困區，世人也忘掉亞齊的存在。直到2004年12月26日，蘇門答臘以西的印度洋海底發生芮氏規模9的超級地震，引發大海嘯，造成二十多萬人喪命，災情以亞齊濱海地區最嚴重，死亡人數高達十三萬人，屍骸遍地，頓時成為舉世焦點。

印尼政府軍與「自由亞齊」叛軍為了救災，宣布停火。在前芬蘭總統斡旋下，雙方於2005年8月達成和平協議，「自由亞齊」同意繳械，換取印尼政府特赦、撤軍以及不在亞齊駐紮非亞齊裔的軍警。印尼也同意在亞齊開採的石油與天然氣獲利，70%撥給亞齊特區，以平眾怒。世人萬沒想到，天地無情的大海嘯，一夕間因禍得福，促成亞齊和平，終結二十九年內戰，雙方得以休生養息，此一演變，耐人玩味。

亞齊原人口數為4,271,000，但大海嘯後的2005年只剩4,031,589，僅占印尼總人口的2%。換言之，亞齊一年間少了24萬人，部分死於海嘯，部分則逃離水深火熱的是非地。然而，世人並未遺棄亞齊，國際物資源源而來，台灣的慈濟亦搶先抵達，為災民興建大愛屋，還跨越宗教藩籬，為篤信回教的亞齊，修繕或增建清真寺，安定民心，贏得亞齊人尊敬，也為台灣做了一場成功國民外交。

亞齊絕品全球矚目

2005年後，亞齊重新對世界開放，商業活動逐漸恢復，但外界對治安疑慮仍深，銀行不願貸款，外來投資只聞樓梯響，主因在於一小撮「自由亞齊」激進份子，不肯繳械，遁入山區繼續恐怖活動。不過，整體而言，今日亞齊已比2005年前的戒嚴時期安全多了。

據估計，1998～2005年，叛軍與政府軍火併最烈期間，亞齊84,000公頃的咖啡農地，有半數因戰亂無法生產而荒蕪。可喜的是，亞齊和平後，咖啡農重返田園，而且從良的叛軍，也有一部分轉進咖啡產業，生機再現。好山好水的亞齊，所種的曼特寧，質量兼備，醇厚香濃，並與蘇北省托巴湖的老牌曼特寧，分庭抗禮，躍為歐美市場新寵。亞齊咖啡栽植面積逐年擴增，印尼曼特寧如虎添翼。

2005年前，印尼咖啡年產量徘徊在四十多萬公噸，2005年後，印尼產量劇增，2009年更締造近六十萬噸新高，亞齊和平功不可沒。印尼咖啡的分類中，羅巴斯塔高占80～85%，以南蘇門答臘和爪哇最多。阿拉比卡約占15%，以北蘇門答臘地區的亞齊塔瓦湖和蘇北省托巴湖最多，其次是爪哇、巴里（Bali）、佛洛勒斯（Flores）和蘇拉維西（Sualwesi）各島。至於獸味十足的賴比瑞卡僅占1～2%。

由於北蘇門答臘的阿拉比卡醇厚度高居印尼各島之冠，因此外銷價也比爪哇、蘇拉維西、巴里、佛羅勒斯高出30%。美國國際開發總署估計，亞齊已躍升為東南亞最大阿拉比卡產區，質量兼備，影響力與日俱增。

另外，Steven赴美國精品咖啡協會考取「精品咖啡鑑定師」（Q Grader）證照時，他的美國恩師論及全球精品咖啡，大力推崇亞齊的醇厚與發展潛能，堪稱精品咖啡的明日之星，但礙於治安問題，SCAA的咖啡專家至今只有前理事長彼得一人，低調走訪亞齊中部塔瓦湖畔的咖啡園，平安歸來。SCAA於2009年舉辦一場蘇門答臘咖啡研討會，亞齊頓時成為精品咖啡雷達幕上的亮點。

冒險犯難闖亞齊：明知山有虎，偏向虎山行

印尼貴為台灣最大咖啡進口國，而亞齊躍升為最大曼特寧產區，因此亞齊列為印尼行的首站，再恐怖也要闖他一闖，才對得起我的咖啡熱情。這也是為何我和Steven的取經行，明知山有虎，偏向亞齊行。

出發前我做了不少功課，雖然亞齊和平後，綁架外國人的事件稍減，但我從CNN獲得的消息，令我難安，2010年3月間，美國總統歐巴馬原擬訪問印尼，卻因亞齊恐怖份子揚言暗殺，歐巴馬被迫取消訪問。而且外電也報導亞齊深山裡的恐怖份子，叫囂要殺害外國人和印尼總統，擴大事端。這半年來就有一名德國人和兩名美國教師在亞齊遭槍擊，零星仇外暴力事件不曾間斷。而Steven的印尼好友特地打電話來勸告我倆取消亞齊行，連國罵「×的，叫你不要去，還聽不懂！」都說出來，確實有點毛毛的。

但我倆堅信黃董與黃順成總裁的安排，應可趨吉避兇，躲開亞齊叛軍或恐怖份子，決定如期出征。亞齊雖已對外開放，但基於安全考量，外國人必須先向印尼當局申請，批准後才能進入亞齊山區，這些手續在出發前，已由黃順成總裁透過「關係」辦妥。

Coffee Box

亞齊崛起，數字會說話

北蘇門答臘地區是由亞齊和蘇北省組成，對印尼阿拉比卡有多重要，數字會說話。據印尼精品咖啡協會（Specialty Coffee Association of Indonesia）最新資料，2009年印尼生產 9,600,000 袋咖啡豆（註 3），即 57 萬 6 千公噸，其中的阿拉比卡有 90,000 公噸，也就是說阿拉比卡占比為 15.6%。有意思的是，90,000 公噸的印尼阿拉比卡，有 76,500 公噸產自北蘇門答臘地區，其餘的 13,500 噸分散於爪哇、巴里、佛洛勒斯和蘇拉維西。而北蘇門答臘地區的阿拉比卡，也就是俗稱的曼特寧，其中的 45,900 公噸產自亞齊，另外的 30,600 噸產自蘇北省的托巴湖山區。從以上數據可歸納出印尼 85% 的阿拉比卡，產自北蘇門答臘地區，而亞齊就高占北蘇門答臘所產曼特寧的 60%，至於曼特寧故鄉蘇北省近年只占 40%。亞齊已取代蘇北省成為印尼最大的阿拉比卡或曼特寧產區。

註 3：不過，根據國際咖啡組織資料，印尼 2009 年生產 11,380,000 袋生豆，即 682,800 噸生豆，高於印尼精品咖啡協會的統計。但 2010 年印尼氣候不佳，產量銳減到 510,000 噸。

前進咖啡異世界

我和Steven在5月16日傍晚出發，飛抵新加坡樟宜機場已是晚上十點半，轉往棉蘭的班機要隔天早上七點才飛，乾脆在機場過夜，順便逛逛華麗機場設施，與營業至凌晨兩點半的免稅商店。樟宜服務周到，有免費上網，沙發區供夜宿機場的旅客休息，還有直播洋基球賽可看，真貼心。我倆逛到凌晨三時，回到沙發區半醒半睡看著球賽。

清晨五時起身稍做梳洗。此時小吃區開賣，特別點了一杯裹著砂糖，豆表黏答答，看似不太衛生的「東南亞黑咖啡」給Steven嘗鮮。他在加拿大讀高中、大學，肯定沒喝過這一味。

他先猶豫了一下：「這是什麼怪咖啡，能喝嗎？」喝下一口，他驚叫道：「Wow, creamy and tasty！」

這種咖啡在印尼、新加坡和中南半島很普遍。記得有幾位《咖啡學》的讀者遠從印尼飛來碧利學烘焙，卻喝不慣虹吸或手沖的藝伎，直說：「這像是在喝咖啡尿，不夠濃稠沒味道！」這不能怪他們暴殄天物，因為長年喝慣裹糖的重烘焙咖啡，一時間很難適應未調味的純咖啡。低緯度國家，口味確實特殊，我倆馬上要進入一個與台灣截然不同的世界。

談亞齊收笑顏

早上七點，我們登上頭一班往棉蘭的飛機，鄰座是位六十出頭的棉蘭華人，從事可可生意，也會講國語，我們聊了起來。

他問：「你們從台灣來，要去哪？」

我答：「去看咖啡園……」

他說：「哦，棉蘭附近有不少咖啡園。」

「不不，是要去亞齊的塔瓦湖，那裡遍地種咖啡。」我說。

老先生聽到亞齊兩字，突然收起笑臉，嚴肅地說：「不要去，很危險，那裡的人很壞的。」

我問：「亞齊叛軍已繳械，不是恢復和平了嗎？」

他以濃濃的閩南腔說：「新聞是這麼寫，但這裡的人都知道，他們還有槍，會綁架殺人的。我在棉蘭這麼久，跑遍印尼各島，這輩子就是不敢進亞齊半步，你們要小心，如果一定要去，要帶懂亞齊話的人一起去才安全，說印尼話沒有用。不要去啦，在棉蘭附近走走就好……」Steven和我聽完老先生的話，先前好心情消失了，不禁為自身安全擔心起來。

早上九點，我們飛抵棉蘭，一下飛機就覺得氣氛不對勁，這裡講話急促，音量也大，像吵架。印尼通的黃董擔心我們過海關時會有麻煩，華人常被索取Kopi Lui（喝咖啡錢），動輒要一百美元才可過關。因此，來接機的黃順成總裁已事先「料理」過，我倆排隊沒多久，就有人接我們出關。我又增長見聞了，居然有國家可以這麼打通關。

見到黃總裁，寒暄幾句，我接著問：「亞齊安全沒問題吧？要不直接去托巴湖也行。那兒也有咖啡園。」

黃總裁答：「沒問題，人車都安排好了，亞齊塔瓦湖的塔坎農一帶有大型莊園值得一看。」接著帶我倆去吃棉蘭有名的鴨肉麵。一路上寸步難行四處塞，喇叭叫囂如雷貫耳，我開始懷念起台北亂中有序的交通。出發前黃董有交代，千萬別吃生東西，所以我把湯麵半生不熟的青菜挑掉，免得上路時鬧肚子。鴨肉麵味道不錯，在酷熱天我倆吃得滿身汗。

專人專車進山

「你們擔心駛進山區，那麼就包小飛機，一小時可抵塔坎農，省時又方便。」黃總裁又帶我們去包小飛機，但喊價到四千美元，而且第二天才有飛機，於是我們放棄搭飛機。

「開車上去，闖他一闖，沿路看美景也不錯。」Steven說。黃總裁向我們介紹他的專屬司機，是位多次進出亞齊山區的爪哇人，經驗豐富。另外還有保鏢阿龍陪我們一起去。接著驅車到有名的麵包店買點心和礦泉水。

「現在十一點半了，要快點上路，最好在晚上七點天黑前進到塔坎農，就安全了。我最近生意較忙，要不然真想陪你們一起去。」黃總裁說。

保鏢阿龍是印尼華人，會說簡單國語，溝通無礙。我倆聊了起來：「你的中文說得不錯，哪裡學的？」

「從小看台灣連續劇學的，這裡排華嚴重，華語教學行不通，就看電視學，只會聽跟講，國字看不懂也不會寫。」

「看連續劇學中文真厲害，你們會講亞齊話嗎？」

「都不會，進亞齊講印尼話也通，你倆不要怕，我們很有經驗的。要打架也不會輸。」我和Steven苦笑以對。

葡裔金絲貓

從棉蘭到亞齊的塔坎農，拉直距離約235公里，但一路蜿蜒曲折，實際距離數倍於此，一般開車要十二小時，不過，黃總裁的爪哇司機擅長山區飆車，他預計以時速70～

120公里往西北挺進，大概八小時就可到。

駛進棉蘭郊區，交通較順暢，但馬路狹窄，還要小心與大卡車擦撞。兩個小時後，阿龍提高嗓門說：「我們開始進入亞齊了。這裡的人跟印尼不一樣，種族複雜，比較褐黑野蠻。但亞齊出美女，尤其是三百多年前葡萄牙人留下的種，高高白白的，藍眼褐髮，你倆看上眼可帶回家，哈哈！」

我回一句「你是說金絲貓嗎？」
阿龍楞了一下「不是貓，我是說亞齊的白種美女啦。」
這回我笑了：「台灣稱金髮碧眼的美女為金絲貓，懂嗎？」
「哈哈，好美的名字，我又學一句台灣話了。」阿龍說。

超鮮美大麻料理

司機愈開愈快，時速飆破一百公里了，有沒有搞錯？這可不是高速公路，而是對開的單線狹窄公路！我不自覺握緊扶把。進入亞齊，景觀大不同，林木增多了，棕櫚樹遍地種，還有許多不知名的硬木。鄉野一片綠，花草茂密，牛馬低頭吃草，但一駛進小鎮，灰煙抹掉綠意，破屋矮舍前有黑壓壓未上蓋的臭溝渠流過，隨處可見燒垃圾或焚乾草，污煙瀰漫，像透了影片「黑鷹計畫」裡索馬利亞的殘破街景。亞齊人確實過得不好。

沒多久，擋在路中央的警察把我們攔下，說要臨檢。阿龍說：「你們看，這位是道地亞齊人，體格壯碩黑黝黝。打開後車廂給他看。」接著雙方一陣言語後，咱們又上路了。

阿龍氣呼呼說：「警察借臨檢來索Lui，我又沒違規，一毛也不給，看他敢怎樣。」印尼人稱警察為Polisi，但華人卻以閩南語諧音「包你死」來調侃警員死要Lui現象。

沒多久，車身扭震一下，發出擦撞聲，還好只是一個塑膠桶，沒撞進路旁的房子。阿龍破口大罵司機，但印尼話我聽不懂。阿龍解釋說：「司機打瞌睡有點失神，剛才我罵他，想睡就要講，大家的命都在他手上，我來開都沒問題。現在兩點半了，我們快到一家很安全的吃飯地方。這裡與棉蘭不同，不是隨便停下來找家店就可吃飯，安全最重要，不過我們很有經驗，不用怕。」

坐了三小時的車，總算可下來舒筋骨。先上個小號，阿龍帶我倆到廁所旁，走進去一瞧，怪怪，這是廁所嗎？牆邊有個水槽和水杓，而牆角有個洞，連便斗也沒有，我又出來問阿龍小號怎麼上，「很簡單，就尿在地面上，再用水往洞口沖就好。」哇，連入廁也是手動式，這裡沒有抽水馬桶。

我點了牛肉湯配白飯，Steven叫了咖哩雞。司機吃飽很重要，特地點了一根清燉牛腿骨，阿龍還為大家點了一份亞齊炸雞。這是第一次吃亞齊料理，沾醬香辣帶甜。我的牛肉湯非常鮮美，肉質軟嫩，一路上看到的亞齊牛，瘦巴巴的，但吃起來卻比老媽的無敵牛肉湯美味。我問他們有何秘方？

阿龍竊笑：「亞齊盛產香料，你慢慢吃，待會告訴你。」沒多久，整桌亞齊美食一掃而光，司機連骨髓也挑出來吃，真上道。

「韓先生，你剛問的亞齊牛肉湯，是有獨門秘方的，這裡的牛肉湯都加了Ganja，是大麻的一種，燉肉很香。喝一碗沒問題，但不能多。當年亞齊叛軍為了籌軍費，在山區種了很多罌粟和大麻，在路邊看到，千萬不要帶上車，會坐牢的。」

Steven聽了嘲笑我：「難怪你吃得那麼High，回家告訴你老婆，你到亞齊吃大麻。」

Steven發覺餐廳裡的亞齊人很有型，拿起照相機要拍，阿龍說，這裡安全，可以拍照。亞齊人黑黑的，個子不高，鬍子很好看，小孩也天真。我們豎起大拇指直誇好吃，老闆和廚師很親切和我們合照。我心想：亞齊人並不如大家說的那麼壞。

宗教警察捉褲裝妹

吃完趕緊上路，亞齊的清真寺明顯多於棉蘭，每公里至少經過一、兩座，是印尼清真寺密度最高地區，座座宏偉壯觀。女子的衣裝很特殊，長袖及地的袍紗和頭巾，全身上下包得密不透風，但不戴面紗。偶爾看到高挑的葡裔「金絲貓」，穿起袍紗，搖曳生姿，煞是好看，但我們怕惹麻煩，不敢下車拍照。

亞齊是印尼唯一實行伊斯蘭教規的地區，男女同住旅館要有結婚證書才行，女子婚外情會被亂石砸死。連褲裝或牛仔褲都不行，街上不時可見穿黑袍的宗教警察巡邏，亞齊女子若不照規矩穿衣被逮，會遭鞭刑的。

只賣三合一咖啡

我們急速駛過一座橋，阿龍說：「華人不會忘掉這座橋，當年排華運動，不少華人被殺丟棄橋下，染紅河水。亞齊仇華不輸印尼各地，把華人趕走後，亞齊人並未更好過，其他各族又殘殺互鬥，殺到後來發現怎麼連日常生活的柴米油鹽都缺貨了？才驚覺華人出走的後遺症是大家都不好過，於是又把華人請回來，繼續經商。華人目前的處境比以往好多了，但我們還是要小心，有些仇外情緒較高的小鎮，快速駛過就好。」

阿龍怕司機又想睡，於是停在一家他認為很安全的飲料店前，「可以下來了，我們喝咖啡！」進了亞齊後我倆變得很乖，沒有阿龍的恩准，不敢下車走動。這裡沒有現泡咖啡，全是重口味的三合一即溶包，加熱水又濃又甜，蠻好喝的。

路人漸漸圍過來看我們喝咖啡，有些人眼神很兇，但大部人面露微笑，指指點點，還算和氣。Steven拿起相機要拍幾名戴頭巾的女子，她們害羞猛躲鏡頭，但男子卻很大方對著鏡頭擺姿式。我們喝完咖啡後立即上路，阿龍要司機先到加油站加滿油、上完廁所，準備上山入林。

夜闖恐怖森林

經過鎮守山腳下的一座軍營前，車速突然放慢，時速不到四十公里。阿龍解釋：「如果不減速，部隊會以為你是恐怖份子，馬上追過來盤查，老百姓駛近軍營都會很識相地減速，表示尊敬與臣服之意。接著我們要進入今天行程最危險路段，雖然叛軍四年前已繳械，但仍有人不降，逃入這幾座山裡，繼續恐怖活動。上山後司機會飆快車，不到塔坎農就不能停。如果開太慢或中途下車方便、嬉戲，對藏在山區的恐怖份子是大不敬，會倒大楣的。」怪怪，駛近軍營要減速，駛入山區要加速，這是那門子邏輯？

阿龍的顧忌不無道理，我們入山已下午五點半，天色漸暗，黃總裁希望我們趕在七點天黑前駛抵塔坎農。一般人白天才敢進入山區，晚上除了運咖啡下山的大卡車外，少有車輛敢進山，以免遇到持槍攔路虎。

「幾年前，我有位華人朋友，經常開車往返棉蘭與塔坎農接洽咖啡生意，就是在此山區遭綁架，屍骨無存，他老婆天天到警局哭訴，要索討屍體安葬，真可憐。華人在這裡很苦的，拚老命賺一點糊口錢。還是你們台灣好！」阿龍說。

「這批恐怖份子好厲害，在各大城市暗布眼線，記下有錢人車號，一旦駛進山區，他們就有情報，拿著望遠鏡和槍，躲在山區等你羊入虎口，再綁架要贖金，如果是外國人，一律十萬美元起跳。一旦鎖定目標，即使未能在山區逮到你，村裡的餐館和旅館也有很多眼線，報告你的行蹤給叛軍，再到你住的旅館綁架。黃總裁知道你們要來，特地買了這部新休旅車，牌照是新的，壞蛋就不可能知道，而且我們上山的事，只有司機、我和總裁知道，如果大嘴巴出去亂講，就糟糕了。不過你們不用怕，我們有經驗的，不久前台灣的金車也來亞齊塔瓦湖拍廣告片，還花了好多錢請保鏢和警察持槍護駕，這件事在印尼華人圈很轟動。」阿龍說。

「難道山裡沒部隊和警察巡邏保護嗎？」我問。

「印尼警察也怕恐怖份子，他們有機槍和火箭筒，警察配備太差，哪敢上山巡邏？政府軍只鎮守在山下，防止持槍暴徒下山。」聽阿龍這麼一講，我和Steven開始緊張起來，天色還沒全暗，窗外的叢林縱谷，美景依然可見，卻無欣賞的雅興，只聞引擎加速轉動與輪胎的磨地聲。

Steven打破沈默：「你看天邊的雲朵，好像鹿角，真是奇景！」。我心裡想：那更像一隻魔掌，等著我們送上門。海拔愈來愈高，添增幾許涼意，望著迎面駛過，滿載咖啡下山的大卡車，真巴望自己也坐在裡面，遠離這個是非地。七點左右，最後一絲光線闔上眼，除了車燈探照前路外，周遭一片霧氣與死黑。突然，阿龍的手機響起，是黃總裁來電，關切我們的位置。

「還在山區，預計八點半才會到塔坎農，我們會小心，別擔心。」阿龍說。看來我們無法趕在天黑前抵達安全地。

大象出沒，小心擦撞

司機愈飆愈快，不時催油門超車，天黑了敢在山區趕路的多半是大卡車，我們這種休旅車萬一與之擦撞，非常危險。阿龍和司機繃緊神經，注視前方路況與來車，氣氛死寂緊張。阿龍又說：「別怕，司機超車技術一流，我也會注意四周情況，現在最怕的不是叛軍和卡車，而是傍晚出來吃草的大象，不小心撞上就糟糕了，那跟撞上鐵牆一樣，車毀人亡，這路段常發生。

你們搖下車窗就會聞到大象的臭大便，比牛糞還臭。還要小心山豬和野鹿，撞到也不得了。亞齊有不少老虎，還好此路段比較少見，但塔坎農的後山就常聽到虎嘯，這理的老虎很兇，村民聽到虎叫，嚇得不敢出來。」

夜闖亞齊山區要小心的事情真是不勝枚舉，我和Steven的心情與窗外霧氣一樣凝重，數十年來不曾鬧胃痛的我，此時頓覺胃部不適，有點胃虛；加上山氣微寒，直打寒顫，冷汗直流。我手握著胃，Steven見狀問我是不是胃痛，我說沒事。他突然冒了一句：「What is going to happen, will happen !」（會發生的就會發生）不知是認命還是自我安慰。

這是我五十多年來，第一次體驗到生命受威脅的生理反應，至今餘悸猶存。半小時後，黃總裁又來電詢問狀況，阿龍行禮如儀報平安。晚上八時許，阿龍打破死寂，高喊：「我們安全了，再二十分鐘就到塔坎農了！往右邊看就是塔瓦湖，好美的。」

愛說笑！天這麼黑，如何看湖景？不過我的心情不再緊繃，胃也舒服多了。事後我才得知，黃總裁與昔日某叛軍首領有交情，萬一我們在山區出事了，他仍有營救管道。難怪我們摸黑疾駛深山的兩小時，他打了兩通關切電話。

第二個不眠夜

車子駛抵塔坎農一家華人開的餐廳，黃總裁派駐塔坎農的業務主管威廉在門口迎接我們，晚上八點半，大部分亞齊店家已關門，還好事先有預定，才不致餓肚子。威廉不會說國語，只會講很簡單的福州話，需透過阿龍翻譯。我問他這裡安全嗎？他說以前不敢講，但2005年叛軍與政府和談後，塔坎農忙著增產咖啡賺錢，治安比以前好多了。明天清晨六點半就要出發參訪咖啡園，行程都安排好了。

吃完飯，我們下塌塔坎農一家大旅館，但就清潔度與舒適度來講，還不如台灣一般住家。走進房間，Steven猛搖頭，沒空調、牆角有蜘蛛網……我先看廁所，謝天謝地有抽水馬桶！實在受不了在牆角或地上挖坑的自助沖水廁所。

盥洗後馬上就寢，昨夜在新加坡樟宜機場轉機，逛得太興奮整晚沒睡。今早從棉蘭殺過來，又在車上折騰了九小時，應該很好睡才對。但躺上床卻不覺累，想到阿龍說亞齊恐怖份子會到旅館綁人，雖然他和司機就住在隔壁間，但還是忐忑不安。我們的房間離櫃台很近，人員走動、開關房門與講話聲很大，擾人入眠。Steven很快就發出熟睡打呼聲，真羨慕他睡得著。我輾轉難眠，滿腦想些怪事。阿龍曾說亞齊老虎很兇，塔坎農後山常聽得見虎嘯，我一時興起，閉目傾聽良久，但除了櫃台聊天聲外，未聞半響虎嘯。

Coffee Box

蘇門答臘虎與伏虎師

《雅加達環球報》（The Jakarta Globe）2010 年 2 月曾報導，印尼野生蘇門答臘虎僅剩四百頭，其中一百多頭就在亞齊境內，人虎接觸頻傳，去年亞齊有七名農民遭猛虎咬死。但因不得撲殺，亞齊自然資源保育署只好請印尼碩果僅存的伏虎師薩比（Sarwani Sabi），到虎患嚴重的鄉村降虎。

年高七十的薩比，手持石英法器，口念驅虎咒，與猛虎近距離溝通。好老虎就會離開農村，執意不走的壞老虎，薩比會設陷阱誘捕。薩比的咒語很靈驗，老虎多半會自動遠離山村，民心得到安撫，保育署因此聘雇他為專職伏虎師。薩比五十年來已經和七十多頭猛虎近距離互動，至今毫髮無傷，令人稱奇。

保育署認為，過去亞齊叛軍與政府軍交火，農民逃離田園，任其荒蕪，卻被老虎據為棲息地，2005 年亞齊和平後，農人重返橡膠園、咖啡園和其他農作物栽植場，人虎相爭無可避免。加上森林濫伐，餓虎被迫進村擾民，成為無解難題。

我很清醒地躺在床上，腦子裡想著關於老虎的報導，這種體驗非常奇特有趣，只緣身在此山中。接著又想到一大早要去參訪的咖啡園，究竟有哪些品種？是鐵比卡、卡帝汶、卡杜拉、S795或其他沒見過的混血品種？亞齊知名的伏虎師薩比有來過塔坎農嗎？我們會不會撞見猛虎？

我就在胡思亂想中難以入睡，約莫清晨四點半，戶外擴音器大響，男高音詠唱回教早禱文，為信徒開啟神聖的一天。而我就這麼四十八小時沒入眠。

蓋優高地，咖啡新勢力

清晨六點半，我和Steven在旅館櫃台與威廉、阿龍和司機會合。威廉先帶我們去一家客家人開的麵店吃早餐，殘破街景又入眼簾，鏽蝕大耳朵壓在老屋上，很不協調，又讓我想起《黑鷹計畫》。塔坎農的華人以客家居多，蒼老臉龐與膚質，道盡一生滄桑。我真不敢想像他們如何度過叛軍肆虐的年代。

叛軍改行種咖啡

吃完乾麵，我們尾隨威廉的貨車，駛離灰暗小鎮，又見綠意、鮮花與藍天，心境放晴，遠眺山下塔瓦湖，披著朦朧晨霧，猶如仙境。沒多久，我們駛進一座寬闊咖啡農場，兩位老闆：阿里和胡辛，已在廠房前等我們。

來時路上阿龍告訴我，阿里與胡辛是塔瓦湖山區的蓋優族（Gayo）原住民，早年也曾加入叛軍，在槍林彈雨討生活，後來大澈大悟，改邪歸正種咖啡，又在槍火威脅下，把咖啡送下山。蓋優族覺得種咖啡賺錢，遠比殺人更快活，與叛軍處得並不好。亞齊和平後，兩人擴大咖啡栽種面積，是黃總裁的重要貨源。

我與兩人握手道早，阿龍當翻譯，Steven則拿著照相機一溜煙去找獵物了。我問阿里：「伏虎師薩比可曾來過？」阿里笑說：「這裡人氣旺，老虎不敢來，但要小心橫衝直撞的山豬。」

曼特寧雙湖記

阿里和胡辛向我介紹其他主管，這裡的人黑黝矮壯，身高165公分算是高個子了，卻孔武有力，握手勁道很大，連握幾人，我就覺得手痛。善哉，他們都已從良了。我和阿里聊了起來，並問他蘇門答臘島的曼特寧有兩大系統，一為傳統托巴湖區的林東曼特寧（Lintong Mandheling）和黃金曼特寧；二為塔瓦湖區後來居上的亞齊咖啡、蓋優曼特寧（Gayo Mandheling）、塔坎農曼特寧（Takengon Mandheling），不知他對此有何看法？

阿里說，市場上確實有兩個曼特寧系統，蘇北省的托巴湖高地，於1888年開始種阿拉比卡，而亞齊塔瓦湖周邊的蓋優高地更為僻遠，交通不便，直到1913年塔坎農通往碧瑞恩（Bireun）的道路打通後，1924年才開始種咖啡。若以栽種先後來論輩份，托巴湖是「老曼」，而塔瓦湖是「小曼」。若以產量來論，2009年亞齊的「小曼」出口量達四萬五千公噸，堪稱老大；反觀蘇北省的「老曼」只有三萬多噸，只能委曲做小弟了。**近年，亞齊的曼特寧產量已凌駕傳統的托巴湖。**

我笑說：「哇塞，光是栽種曼特寧的種族就夠複雜了，居然還有小曼與老曼之別，這下咖啡迷要累了。」

阿里繼續說，「兩湖雙曼」的確有點複雜，不明就裡的人，索性統稱蘇門答臘的阿拉比卡為曼特寧，不過，近年歐美精品界似乎不再混水摸魚，改以「亞齊咖啡」（Aceh Coffee）、「蓋優山咖啡」（Gayo Mountain Coffee）、蓋優曼特寧、塔坎農曼特寧或「塔瓦湖咖啡」（Lake Tawar

Coffee）來區別蘇北省托巴湖曼特寧。筆者樂見此一新發展，畢竟來源的「透明度」與「可追蹤性」是精品咖啡重要元素，雖然都是曼特寧，但出自塔瓦湖或托巴湖，有必要瞭解。

品種大雜燴：魔鬼變天使

全球產地咖啡沒有像蘇門答臘如此複雜混沌，「兩湖雙曼」只是小意思，更頭疼的是品種問題。中南美產國習慣將不同品種分開栽種，比較容易觀察各品種的優劣，但印尼農友卻習於送做堆，混種一起，因而衍生出許多連學術界也搞不清的雜交品種。

更糟的是，印尼對品種的稱呼又與歐美不同，這裡聽不到耳熟的鐵比卡（Typica）、波旁（Bourbon）、帝汶（Timor）和卡帝汶（Catimor），而是一堆奇名怪字，諸如Sidikaland、Bergandal、Tim Tim、Ateng Jaluk、Ateng Super、Ateng Pucuk Merah、Ateng Jantung……等等，好在我出發前已做好功課，聽得懂阿里的品種大論。

獨厚亞齊的 Tim Tim

塔瓦湖四周的蓋優高地屬肥沃的火山土質，雨水豐沛，咖啡一年兩穫，9月～4月是最繁忙的採摘季，我們抵達時已是5月的淡季了，成熟紅果子並不多。阿里先帶我們參觀廠房周邊的咖啡樹，他說：「這裡是後製處理區，海拔1,200公尺，只小量種了1,000株，多半是Tim Tim，年產700公斤。待會再帶你們去看年產5,000公噸的大農園，蓋優高地的咖啡均採有機栽種，不施化學肥與農藥。」

他所說的Tim Tim係印尼文東帝汶Timor Timur的簡寫，也就是東帝汶發現的阿拉比卡與羅巴斯塔自然混血品種，但歐美稱為Hibrido de Timor，簡稱HdT。

Coffee Box

蘇門答臘與曼特寧

蘇門答臘島由北而南的行政區為亞齊特區、北蘇門答臘省（蘇北省）、廖內省（Riau）、西蘇門答臘省（蘇西省）、占碑省(Jambi)、明古魯省(Bengkulu)、南蘇門答臘省（蘇南省）、楠榜省（Lampung）。

其中的亞齊特區和蘇北省海拔較高，是本島阿拉比卡主力產區，其餘各省海拔較低，主產羅巴斯塔。精品界所謂的蘇門答臘咖啡，是指亞齊特區的亞齊咖啡與蘇北省的曼特寧，兩地所產的阿拉比卡高占印尼全國阿拉比卡總產量的85%。

而兩湖曼特寧一個在蘇北省的托巴湖（北緯2.5度），另一個在亞齊的塔瓦湖（北緯4.5度），兩湖相距三百多公里，栽培史前後至少差了三十六年。「兩湖雙曼」的共通點是都很厚實香醇，不同點在於托巴湖的曼特寧較悶香、低沈甚至帶有仙草味；塔瓦湖曼特寧則果酸較為明亮，時而有股香杉或木質味。

傳統曼特寧產自托巴湖山區，主要由曼代寧族（Mandailing）與巴塔克族（Batak）栽種；而較晚近的塔瓦湖曼特寧，是由蓋優族栽種。

至於曼特寧的名字，最早出現於二次大戰後，日本人誤把最早栽種的曼代寧族，發音為曼特寧，一直延用至今。

咖啡玩家小抄

精品咖啡玩家記住以下方程式，就不會搞混蘇門答臘咖啡的相關元素：

蘇門答臘咖啡＝亞齊特區（塔瓦湖、蓋優山、蓋優族、亞齊咖啡、蓋優曼特寧 、塔坎農曼特寧）＋北蘇門答臘省（托巴湖、林東、曼代寧族、巴塔克族、曼特寧咖啡、黃金曼特寧）

我質疑道：「這種咖啡喝來帶有魔鬼的尾韻，不受精品市場歡迎吧？」

但阿里解釋說：「不不，亞齊水土最適合此品種，風味不錯，其他地區的Tim Tim就很難講了，這和水土有關。」我在台灣也喝過，但不稱Tim Tim，而叫做Timor，喝來柴味十足且單調，充當壓低成本的配方豆。可是在亞齊喝的Tim Tim就醇厚多了，帶有香杉味且酸味低沈。

亞齊四大品種

阿里還補充，亞齊目前栽種的十多個品種，大半是荷蘭人引進，1980～1992年間，荷蘭人送給蓋優咖啡研究中心十幾個品種，而印尼咖啡與可可研究所（Indonesian Coffee and Cocoa Research Institute，簡稱ICCRI）也引進不少品種，去蕪存菁後，亞齊咖啡品種可歸納為四大類別：

1.鐵比卡系列—Bergendal、Sidikalang、Rambung、Belawan Pusumah。

鐵比卡是十七世紀末，荷蘭人從印度引進印尼，公認為風味佳的老欉品種，但在印尼卻不叫鐵比卡，而慣用以上的怪名。

2.帝汶混血(HdT)系列—Tim Tim、Bor Bor

血緣為鐵比卡與羅巴斯塔混血。Bor Bor的印尼文指「結果纍纍」，是Tim Tim的嫡系。Tim Tim與Bor Bor則是歐美所稱的Timor。

3.卡帝汶系列—Ateng Jaluk、Ateng Super、Ateng Jantung、Ateng Pucuk Merah。

血緣為Caturra與Tim Tim混血，仍有羅巴斯塔基因。西方國家習以Catimor稱之，樹身短小精幹，但印尼卻稱為Ateng系列，其來有自。原來此品種三十年前最先出現在中部亞齊（Aceh Tengah），因此組合成Ateng，一來紀念此品種出自亞齊中部，二來Ateng的印尼文 恰好是指矮小，亦符合卡帝汶矮株特性。難怪印尼認為Ateng的名字遠比歐美所稱的Catimor更有美感。專家相信，此品種是荷蘭人1980年後引入Timor種籽，其中有1顆是Catimor的種籽，由於抗病力與產能均優於鐵比卡，一發不可收拾，成為印尼咖啡農的最愛。蘇北省托巴湖的Ateng系列也是從亞齊傳過去，足見亞齊的影響力。

4.linie S系列—S288、S795

血緣為阿拉比卡與賴比瑞卡混血，取自印度。

Coffee Box

精品咖啡三級論

SCAA 理事長彼得曾以「三級論」，說明歐美精品咖啡界對品種的喜好度：

第一級優等生：

（1）衣索匹亞和葉門的古優品種；

（2）十八世紀移植到亞洲和中南美洲的老欉鐵比卡和波旁；

（3）二十世紀肯亞選拔的 SL28、SL34；

（4）二十一世紀揚名杯測界的阿拉比卡混血帕卡瑪拉（Pacamara）與藝伎（Geisha）。這些優等生的特色是產果量低、味譜脫俗、風味優雅。

第二級好學生：

卡杜拉（Caturra）、卡杜阿伊（Catuai）。前者為波旁的變種，後者為卡杜拉與鐵比卡的混血，基本上兩者還是百分百阿拉比卡基因，特色是不需遮蔭可直接曬太陽栽植，即所謂的曝曬咖啡（Sun Coffee）產果量多於老欉鐵比卡與波旁，但厚實度稍薄，如果養份與照料得宜，風味不輸鐵比卡或波旁。

第三級壞學生：

東帝汶混血、卡帝汶系列，皆為阿卡比卡與羅巴斯塔的雜交或回交混血，產量與抗病力雖比前兩級更強，但風味粗俗，喝來有朽木雜味，筆者慣稱為魔鬼的尾巴。

從「三級論」不難領悟咖啡的質與量，自古難兼顧，求質就沒量，求量就沒質。然而，這看似顛撲不破的品種三級論，卻在蘇門答臘遭到嚴峻挑戰；第三級壞學生的整體表現竟然優於第一與第二級品種。

濕刨法有助亞齊提香

亞齊栽種的四大類別咖啡，經ICCRI與歐美咖啡專家杯測和產量效益評估後，結果跌破專家眼鏡，最適合亞齊栽種與風味發展的品種，竟然是惡名昭彰的帝汶混血Tim Tim與Bor Bor以及卡帝汶（Catimor）的Ateng系列。

優等生的鐵比卡在評比中居然輸給壞學生。因此，Tim Tim、Bor Bor 與Ateng系列，在亞齊大行其道，並於1990年後，擴散到蘇北省的托巴湖山區，由於風味不錯，產能高、抗病力強，逐漸取代蘇門答臘早年的鐵比卡。而今，Ateng與Tim Tim已高占蘇門答臘咖啡的70%。老欉鐵比卡僅占亞齊咖啡的5%。換言之，近年風靡世界的亞齊咖啡，有七成的風味來自歐美瞧不起的魔鬼雜種，而公認優雅的鐵比卡，貢獻度反而微不足道。

另外，S288、S795雖然抗病力與產能均佳，但種在亞齊的風味遠不如蘇拉維西島，因此此二品種已遭亞齊棄種，但S795卻成為蘇拉維西精品托拉賈（Toraja）的主力品種。

我好奇問阿里，歐美眼中的魔鬼雜種，到了亞齊變天使，難道這裡的水土與有機栽種，馴化了魔鬼？阿里認為，水土氣候是要因，更重要是蘇門答臘傳統的濕體刨殼處理法（Giling Basah註4）對Tim Tim、Bor Bor和Ateng具增香提醇的加分效果，但對鐵比卡卻產生負效，鐵比卡應以水洗或日曬處理，風味較佳，但最大致命傷是鐵比卡抗病力差，在潮濕的蘇門答臘最易染葉鏽病，因此不受歡迎。

註4：印尼所謂的Giling意指磨平或磨掉，Basah指潮濕，Giling Basah英譯為Wet-Hulling，中文可譯為濕體刨殼，或簡譯為濕刨法。

縮短乾燥時間

濕刨法與一般水洗和日曬法不同；水洗、蜜處理或日曬豆的種殼，一直保留到最後豆體脫水變硬，含水率降到12%，或封存入庫經一至三個月熟成後，才磨掉種殼。但濕刨法卻在豆體仍然潮濕鬆軟，含水率高達30～50%，先刨掉種殼後，再繼續曬乾，這樣可大幅縮短乾燥時間。

中南美和非洲的日曬和水洗法，咖啡豆需花兩周時間才可完成脫水，但蘇門答臘氣候潮濕，先民因地制宜，發展出獨門濕刨法，提早刨除種殼，加速豆子乾燥，咖啡豆含水率只需二至四天即可脫乾到12～13%。由於乾燥時間縮短了，咖啡豆的發酵期與酸味，也因此大為降低，但濃厚度卻因此增加，而且焦糖與果香明顯，略帶木質味與藥草味，這就是蘇門答臘咖啡經典的「地域之味」。

Coffee Box

濕刨法 step by step

1. 咖啡果去皮，將帶殼豆置入裝水的大桶或水槽，撈除飄浮於液面的瑕疵帶殼豆。
2. 將沉入水底的密實帶殼豆稍做清洗，取出放進桶內或塑膠袋內，稍做乾體發酵，也就是讓種殼表面的果膠糖分發酵增味。基本上發酵時間愈長，酸味愈重。發酵時間長短因人而異，一般僅短短幾小時，但亦有莊園省略乾體發酵階段，直接曝曬帶殼豆，可抑制酸味並提高黏稠口感。
3. 帶殼豆曝曬一至兩天，豆體含水率達 30 ～ 50%，豆體仍半硬半軟，以刨殼機磨掉種殼再曬，加速乾燥進程，約兩天含水率達 12 ～ 13%，大功告成，前後約四天。

打開潘朵拉的盒子

阿里帶我們看過印尼獨有的濕刨法，我不禁想起2009年SCAA有一場蘇門答臘咖啡研討會，席間兩位澳洲知名咖啡學者：唐尼．馬許（Tony Marsh）與傑夫．尼爾森（Jeff Neilson），針對印尼濕刨法提出精闢分析。兩人認為蘇門答臘咖啡是世界最低酸、高厚實度的咖啡。在諸多要因：水土、品種與濕刨法中，以濕刨法對印尼獨有地域之味貢獻最大。然而，濕刨法猶如打開潘朵拉的盒子，需謹慎將事，一旦失控，將釋出萬劫不復的惡味。

因為咖啡豆有四層護體——1.果皮2.果膠3.種殼4.銀皮。在水洗法中只去掉了前兩層，保留種殼與銀皮，進行日曬乾燥。濕刨法卻在中途刨掉第3、4層護體，也就是裸體接受日光浴，這就是蘇門答臘生豆色澤為藍綠色的原因。濕刨法雖縮短乾燥時間，但遭黴菌、真菌、酵母菌污染機率也大增。

黴菌帶來好風味

有趣的是，污染亦非壞事，端視菌種而定。巴西食品科技研究院的瑪莎．唐尼瓦基博士（Martha Taniwaki）曾嘗試以不同菌種感染咖啡豆，竟然產出不同味道，包括腐敗、油耗、霉臭、木質、碘味、焦糖、巧克力和花香味。學界認為，蘇門答臘咖啡的木質味、仙草味、泥土味、香蕉味和香料味，應該是黴菌打造出來的。

烘焙廠的主管亦常向學界反應，有些感染黴菌的咖啡豆，清除乾淨後風味更佳，但有些則難以入口，顯然與菌種有關。或許可以抑制壞黴菌，並植入好黴菌，就如同葡萄酒學所謂的「控制野蠻酵母菌」和「培養優雅酵母菌」一樣。但哪些黴菌有助咖啡提味？哪些是壞菌？尚待進一步研究。

羊蹄豆機率高

SCAA研討會上，馬許與尼爾森博士還提出濕刨法可能觸動生豆發芽機制，進而影響風味。因為刨除四層護體的咖啡豆，呈裸體狀態，遠比只刨掉兩層護體的水洗豆，更易觸動發芽，也就是活化糖分、蛋白質和脂肪的新陳代謝，而這些成分都是咖啡前驅芳香物。

另外，咖啡豆在刨殼過程產生的摩擦力，豆體升溫至30～60℃，亦有利萌芽和黴菌生長。而且半硬半軟的潮濕生豆在刨除種殼時，容易被機械力壓傷，豆子容易受創裂開如羊蹄狀，這就是為何蘇門答臘出現羊蹄豆比率較高的原因。但羊蹄豆是好是壞，至今仍無定論。

濕刨法雖僅磨掉一層薄薄種殼，但對學術界而言，如同敲開潘朵拉的盒子，福禍難料。我俏皮問阿里：「你們敲開潘朵拉盒子，跑出來的是希望還是瘟疫？」

他笑說：「管控得宜，釋出的盡是濃郁果香與甜美。管控重點在保持器具與豆體乾淨。一旦刨殼後，乾燥就要快，才能製作出醇厚低酸又甜美的蘇門答臘味；如果管控失當，可能釀出乏味的蘇門答臘，甚至有霉土味。如果喜歡酸味強一點，亞齊也可以進行水洗處理，視客戶需求而定。」

校閱咖啡大軍

看完阿里的處理廠後，阿里和他的主管們分乘三輛車，帶我們到海拔1,400公尺的主力產區。由於人多勢眾，我和Steven暫時忘卻叛軍劫人與山豬、老虎出沒的安全問題。離開廠區往上爬，所經山坡栽滿咖啡樹，每戶前院都在曬咖啡豆，不想看到咖啡也難，蓋優高地真是名符其實的咖啡寶地。車隊停在一片叢林入口處，觸目所及，盡是高矮排列有序，無止盡的咖啡樹和遮蔭樹，矮株是咖啡、高株是相思，像是一支接受「校閱」的咖啡勁旅，美極了。

栽植場的品種龐雜，以Ateng Super、Ateng Pucuk Merah、Ateng Jantung、鐵比卡和東帝汶阿拉比卡（Tim Tim Arabica）為主力。阿里說，這裡的水土與微型氣候優於廠區，適合混種，連鐵比卡也適合。比較特別的是東帝汶阿拉比卡，這是百分百阿拉比卡，與廠區的東帝汶混血（Tim Tim）不同，風味更優雅，已打進美國精品市場。我懷疑東帝汶阿拉比卡應屬於鐵比卡嫡系，只是形態不同。

阿里指出，這大片栽植場占地1,000公頃，每公頃平均年產5公噸咖啡豆，即一年有5,000公噸產量。我告訴他，全台灣年產量還不到60公噸，他笑說：「台灣要加油！」

麝香狸的秘密

咖啡大軍校閱完畢，阿里又帶我們參觀麝香狸咖啡。車隊駛抵塔瓦湖畔一棟三層樓建物，走進去怎麼沒瞧見麝香狸？

「我們沒養麝香狸，是派人清晨四點入林，撿拾野生麝香狸剛排泄出的新鮮糞便，帶回來處理，才不致發酵過度產生壞味道。麝香狸是夜行動物，黎明前會排便，如果等到中午再去採糞，就不新鮮了。人工養的麝香狸在壓力下，飲食不正常，影響腸胃道的菌種，做出來的便便豆風味較差。野生麝香狸在自然環境下，進食各種水果、咖啡果與昆蟲，營養均衡，腸胃功能佳，排出條狀的便便，幾乎聞不到臭味。」阿里說。

野生、人養與人造便便豆

阿里吩咐員工拿出一竹籃正在日曬的麝香狸便便豆，要我們觸摸一下。形狀看來黑黑的，有點像花生裹巧克力，

Steven和我有點猶豫，鼻子靠近聞，果然無臭味，只有一點塵土味而已。這下放心了，Steven拿起一根「巧克力棒」作狀咬下，要我替他拍一張做紀念。阿里的便便豆採用滴水不沾的日曬法，但有些業者則先洗過再曬，並無統一標準。

到印尼後才發覺，這裡稱麝香狸為Musang而非外界慣用Luwak，到印尼你講Luwak，表示你不是本地人。可別以為照片中麝香狸小小隻，像貓咪一樣可抱著玩，小心被咬傷。成年麝香狸體長至少有一百公分，重四公斤左右，牙齒銳利具攻擊性，牠不是貓而是狸。

有趣的是，印尼麝香狸至少有四個品種，但並非所有品種都能拉出美味的便便豆，這涉及專業領域，要有慧眼，才能撿到好貨。而且牠吃進去的咖啡品種也會影響咖啡風味，阿拉比卡當然優於羅巴斯塔，售價也高很多。

過去我一直不敢喝這種體內發酵咖啡，直到兩年前，棉蘭華僑陳良仲帶來自己養的麝香狸便便豆，到碧利烘焙廠請黃董試烘，我才放膽一試。陳良仲早年畢業於國防醫學院，返回棉蘭從事活性碳生意。退休後在棉蘭飼養麝香狸，並以曼特寧咖啡果餵養，每天還要放音樂，並在大籠子罩上黑布，減輕麝香狸在白天的壓力。咖啡果吃進肚，果漿直接消化，但無法消化的帶殼豆，經過消化道乳酸菌加持，以及其他菌種的蛋白酶，將咖啡豆一部分蛋白質分解成較小分子，因而衍生出更多芳香物，這就是體內發酵咖啡增香提醇的秘密。

Coffee Box

麝香狸咖啡怎麼泡？

麝香狸咖啡入口醇厚濃郁，黏稠感勝過亞齊或黃金曼，低沈果酸入口即化，轉成榛果甜香、堅果香、香草味，從熱到冷，味譜不同，是善變的咖啡，不同人沖泡，風味各殊。

若以虹吸而言，萃取時間太短，不到 40 秒，容易有土腥與雜味，最好泡煮 50 秒以上，讓低、中、高分子量的芳香物均衡萃出，就可化解雜味並泡出迷人的麝香狸咖啡。

不過，陳良仲堅持人工飼養的麝香狸在品管上比野生更有保障，這與阿里入林採糞的做法不同。陳良仲認為，麝香狸是雜食性動物，葷素皆食，因此林區採來的狸糞，很難分辨是素食糞或葷食糞。素食的便便豆無雜味，葷食便便豆就有臭味了，所以他才人工飼養，在準備生產便便豆前兩天，就開始讓麝香狸吃素淨腸道，才能排出優質便便豆。

這不無道理，究竟野生便便豆好抑或飼養的便便豆佳，好比日曬豆與水洗豆孰優孰劣之辯，各有堅持。至少我喝過陳良仲的麝香狸咖啡，確實好喝有特色。

除了野生與人工飼養的麝香狸便便豆外，幾年前美國有家業者推出人造麝香狸咖啡，也就是將生豆浸泡在發酵池，裡面裝有類似麝香狸腸胃消化液的化學成份與菌種，如此即可產出較「衛生」的麝香狸咖啡。台灣工研院也協助中南部咖啡農生產人造麝香狸咖啡，但我不曾喝過這種人造便便豆，無從評論。

驚見持槍人

馬不停蹄參訪，獲益良多，原本招待多住一宿，但我們還有蘇北省的托巴湖行程要趕，況且亞齊治安不佳，早走早好。阿龍也認為白天闖越大山總比晚上安全。下午兩點用完餐加滿油，二度駛進恐怖森林。阿龍估計三至四小時可駛出叛軍出沒的危險山林，但要駛離亞齊特區至少要七小時，預計晚上十點可抵棉蘭。

我請阿龍轉告司機，大白天不必太趕，可開慢點，安全為重。阿龍說，先慢後快，到了危險區就要飆不能慢，這是規矩。我和Steven又開始繃緊神經，還好一路看著蓋優高地無所不在的咖啡樹，心情較為舒緩，不像昨夜闖林那麼懾人心魂。隨著入山愈深，車速愈快，心跳也加速了。不時安撫自己，昨夜都闖了，大白天的不會有事。

沒多久，看到一輛卡車擦撞山壁，甘蔗落滿地，司機放慢車速駛過，突然阿龍大叫：「槍！前面有人拿大槍走過來！」Steven也大喊：「哇，是機關槍！」媽媽咪，一名穿藍色休閒夾克的持槍人，從我車門前方走來，朝著撞山的卡車走去，我本能伏低身子，怕他掃射。司機很冷靜，沒被嚇到，加速駛離。

阿龍說：「拿槍的沒穿制服，那就是叛軍，出車禍動彈不得，很容易被搶。駛進深山，我們不能慢更不能停！」

驚魂甫定，Steven調侃說：「那是真槍還是假槍？打到會死嗎？」

我也調侃他：「你剛才忘了下車問那傢伙，順便合拍一張，有可能問鼎時代雜誌年度風雲照片。」

再遇滂沱大雨

逃過一劫鬆口氣，但上空已烏雲密布，五分鐘不到，大雨傾盆而下，能見度降低，司機減速慢行，雨水順著山坡崖壁，像瀑布潑向車身，幾乎看不清窗外動靜，路面積水約1/4輪胎。「這種雨勢在山區行駛最危險，要小心落石與山崩。」阿龍說。

真倒楣，剛遇到持搶人，現在又闖進暴雨區，難道這就是參訪亞齊咖啡園必受的苦難嗎？但往好處想，叛軍搞不好忙著躲雨，懶得出來劫人，豈不更安全。就這樣停停走走一小時，駛出滂沱雨區，又加速到100公里，路面愈來愈寬，突然司機減速，原來又來到鎮守山腳的軍營，要減速表示臣服，免得被找碴。我問阿龍：「駛出山區，我們安全了吧？」「已過最危險區，但還在亞齊境內，凡事要小心。有些鄉鎮不可下車的。」阿龍答。

遇車禍勿看熱鬧

我和Steven如釋重負，開始聊起天來，分享咖啡園的參訪心得。下午五點左右，阿龍擔心司機打瞌睡，說要找路邊飲料店喝三合一咖啡，稍事休息。駛進不知名小鎮，阿龍先下車查看四周情況是否安全。兩分鐘後叫我們下車，但走到店門口，又突然趕我們上車。阿龍說：「這裡不對勁，沒有半個華人，每人盯著你倆看，眼神怪怪的，走為上策。」

就這樣，咖啡沒得喝了。司機繼續加足馬力疾駛。沒多久，前面塞車，有車禍發生，大卡車與廂型車撞得變形，群眾大呼小叫直往車禍處聚集，車陣動彈不得。在亞齊開車沒有交警與速限，更看不到紅綠燈，大家只有自求多福。

阿龍說：「最怕遇到車禍，如果肇事的是爪哇人或華人，麻煩就大了。要是被人群攔下來，命令你載運血淋淋的屍體，拒絕的話車子會被燒掉，很野蠻的。切記千萬不要下車看熱鬧，會倒大楣。」我們困在車陣裡，緊張了十多分鐘才脫離險境。

火速駛離自由亞齊

晚上七時許，阿龍問司機餓不餓？要不要找家廳館吃飯？但司機說目前正在治安最差的東亞齊地區，這裡是昔日「自由亞齊」的地盤，曾與政府軍多次火併，死傷慘重。雖然叛軍大半已解甲歸田，但仍有少數潛伏此區，成為恐怖分子的眼線。司機寧可餓肚子也不敢在東亞齊停車，只聞引擎聲愈轉愈快，疾速南駛，連司機都想早點脫離這個鬼地方。

「連司機都怕怕，你倆就多忍耐，預計八點可抵達較安全的小鎮，再下車吃飯。」

「我們不餓，安全為重，」我說。

阿龍順便講述1998～2004年間，政府軍與叛軍在此區激戰數回合，血流成河的往事。我往車外望去，營業店家不多，一片漆黑，進入此區的車子不約而同加速疾駛，可見害怕的不只咱們司機而已。我閉目養神，突然，車子急扭一下，發生尖銳擦撞聲，是對面超車占用我們的車道。善哉，閃躲得宜，僅輕微擦到後視鏡，即發出如此嚇人聲響。試想：兩輛時速一百多公里的車子對撞，肯定血肉模糊，更體悟生死一瞬間的道理，想必有喝有保庇，感謝咖啡茵娜的保佑！

駛抵東亞齊南端與塔米安地區（Tamiang）交界的冷撒（Langsa）小鎮，阿龍說這裡較安全，可下來吃飯了。此區店家與攤販較多，燈火明亮，司機找了一家餐廳，但停車場在後巷漆黑空地，阿龍認為不妥，於是又找另一家，是他的華人朋友開的燒烤店。「在店裡萬一碰到麻煩，只要報出我朋友的名號就沒問題，但還是要小心，恐怖份子眼線很多，自己不敢動手，就打手機通報，叫人來捉肥羊。」

我和Steven下車，坐在椅上，頭也不敢抬，盡量保持低調，免得引人注意，畢竟這裡離東亞齊並不遠。Steven說他覺得有人一直朝我們看，而且還在打手機，我叫他不要與人對視，專心用餐，吃完快閃就好。老實講我也很緊張，滿桌重口味海鮮與燒肉，我食之無味，倒是一大杯現剖椰子汁配上白嫩椰肉，美味極了。阿龍叫我倆別擔心，恐怖份子的爪牙，他一看便知。

從地獄到天堂的一夜好眠

吃完立即上路，大概還有兩小時才可抵棉蘭。我們一路南駛，到了塔米安區與蘇北省交界處，久違的警察出現，把我們攔下臨檢，查看是否夾帶毒品。阿龍說：「不要擔心，所有車子離開亞齊進入蘇北省，都要接受盤檢，因為亞齊種了不少毒品，當局怕有人運毒南下。」警察檢視車廂行李後放行，這回並未索Lui，現在安全了，已到蘇北省了，我和Steven心情一鬆，在引擎聲中，進入夢鄉。

亞齊隨處可見的宏偉清真寺。攝影／黃緯綸。

作者與亞齊塔瓦湖畔的咖啡園採果婦孺合影。攝影／黃緯綸。

阿里（右 1）帶作者（右 2）與黃緯綸（右 3）到頂樓遠眺美麗的塔瓦湖，並合影留念。攝影／黃緯綸。

🡹 阿里與胡辛在蓋優山經營年產 5000 噸咖啡的大型栽植場，高株是遮蔭樹，矮株是混血新品種 Ateng Super，一望無垠，我們只能在產業道路旁遠眺。攝影／黃緯綸。

🡿 托巴湖一遊，心曠神怡，遠方牛角屋舍，是巴塔克族的建築特色。攝影／黃緯綸。

🡻 作者與托巴湖的林東曼特寧採果婦合影。攝影／黃緯綸。

死睡四十分鐘後，傳來阿龍的呼叫聲：「醒醒，棉蘭到了！」跑了九個半小時，終於到棉蘭市區。「先帶你們住旅館，明早黃總裁來接你們。」阿龍說。車子停在「蒼穹大旅館」（Grand Angkasa），他說曾有位美國政要訪問棉蘭，指名下榻這座五星級旅館。我和Steven走進蒼穹大廳，眼睛一亮，心境彷彿從地獄回到天堂，恐懼消失，喜悅感浮現。

從台北出發，我已六十多小時沒好好睡一覺。旅館設備一流，也可上網，Steven忙著把亞齊所拍的數百張珍貴照片存入電腦，並對每張照片評價一番，直到深夜兩點才終於安心入睡。善哉，我在聯合報系有練過，連兩夜不睡覺，早習以為常。

萬坪廠房開眼界

早上六點起床，這是三夜來首次熟睡四小時。用完早餐，黃總裁來接我們，驅車到他的咖啡倉庫參觀。怪怪，廣達1萬3千坪的廠房，光是瑕疵豆挑手就有八十多位，還不算搬運工。這座工廠每月出口生豆一千多公噸，一年有一萬多噸。

棉蘭有六家咖啡出口商有此規模，最大一家月產六千噸。廠房有個「非請莫入」的房間，黃總裁請我們進去參觀，裡頭是一台造價四十萬美元的電腦篩豆機，以光學原理剔除瑕疵豆，速度非常快，但最後還需經過人工手挑。這是我第一次見識這麼大的咖啡廠房。

兇霸霸麝香狸

黃總裁又帶我們到總公司做杯測，一樓後院的大籠裡養了兩隻比想像中大得多的麝香狸，但這可不是用來生產便便豆的。黃總裁說：「總不能吃過豬肉卻沒看過豬走路吧！所以養兩隻玩玩，客戶來也可觀賞。」

我和Steven靠近瞧，絲毫聞不到異味，其實牠們的肛門處有個腺體會分泌麝香，整隻香噴噴，因而得名。Steven想抱出來拍照，但被阻止，「牙很銳利，會咬人的。」阿龍說。接著他拿一根棍子，剛伸進籠內，立即被麝香狸的尖牙咬住，哇！比狗還兇。

因為Steven剛考上SCAA「精品咖啡鑑定師」證照，黃總裁就請我們順便杯測他的亞齊咖啡，產自塔瓦湖的蓋優高地，厚實度近似托巴湖曼特寧，但味譜很乾淨無雜味，比曼特寧更酸香明亮，典型的Clean cup，唯小圓豆稍薄了點。有幾支豆子銷往美國精品圈，甜酸剔透。我建議黃總裁明年可參加SCAA「年度最佳咖啡」杯測賽，他欣然同意。

探訪曼特寧故鄉

此行除了參訪亞齊塔瓦湖的咖啡園外，南下蘇北省托巴湖周邊的曼特寧傳統產區亦是重點。托巴湖廣達1,130平方公里，最深處有505公尺，是世界最大火山湖。亞齊的塔瓦湖面積僅70平方公里，深度只有80公尺，規模難與托巴湖相較。托巴湖區治安佳，遊人如織，亦是曼特寧咖啡迷的朝聖地。

黃總裁的兒子黃永鎮從棉蘭開車帶我們過去。他比黃總裁的司機更會飆車，在高速公路上，談笑間猛超車，好像容不下前方有車擋路，時速很少低於九十公里，他一直誇我倆「很夠種」，居然敢硬闖亞齊。

「我在印尼住了三十多年，給我天下財富，我也不去亞齊，雖然這幾年情況稍好點，但那裡有太多不可預料的事。命都沒了，再有錢也沒用！兩位神勇過人，佩服佩服！」黃永鎮說。托巴湖行程較之塔瓦湖輕鬆愉快多了，我們下午六點出發，晚上九點進入海拔900公尺的湖區，雖說湖光山色，但四周一片漆黑，什麼也看不清，只好先住進湖畔旅館休息。

清晨五時，鳥鳴驚夢，我和Steven打開房門，上觀景陽台看究竟，太陽還沒醒，天邊朦朧魚肚白。旅館四周綠坡起伏、古木參天，晨風徐來，花草味濃，猶如置身歐洲山水畫中。清晨所見與昨夜全然不同。

Steven穿上運動鞋，晨跑逐香而去，十分鐘不到又跑回來：「風景太美了，跑步太浪費，不拍他百張照片，對不起自己。」於是拿起相機囫圇吞「景」。我站在陽台賞景，等待晨曦。十分鐘後，曙光乍現，天空灰白鱗片雲，瞬間染成朵朵火雲，蒼穹一片火海——這是我五十五年來所見最豔的晨空！

撞見綠巨人

七時許，我們到大廳用餐，我發覺有一區的食物碰不得，於是探過身子，聽聽這批老外是何方神聖，如此大牌？原來是咖啡連鎖巨擘星巴克，四十多人的杯測教育訓練團來訪。這是何等大事，要知道托巴湖產區有50%咖啡被星巴克吃下，堪稱曼特寧最大客戶。綠巨人登山臨水而來，機靈的黃永鎮立刻回報黃總裁，銜命與星巴克參訪團高層交換名片。多虧Steven優雅的加拿大腔調，一陣死纏爛打，達成使命。

想來發噱，我與星巴克挺有緣；1998年翻譯星巴克總裁霍華蕭茲自傳《Starbucks：咖啡王國傳奇》，未料熱賣三十五刷成為暢銷書。當年總裁訪台，邀我在天母店一敘簽書，好不光彩。但2000年我另一本譯作《咖啡萬歲》卻說了星巴克壞話，從此恩斷情絕，不再噓寒問暖。而今又在蘇門答臘撞見綠巨人，所幸總裁沒來，否則真不知如何給交代。

星巴克每年有好幾個教育訓練團造訪托巴湖，但至今不敢登臨亞齊塔瓦湖，想必與治安、戰亂有關。

造訪托巴湖南岸

吃完早餐、做完咖啡公關，咱們四人又朝托巴湖南部知名的曼特寧產區林東（Lington）前進。托巴湖區的水土人文景觀與亞齊塔瓦湖截然不同；塔瓦湖周遭的蓋優高地，觸目所及全是咖啡與柑橘，但托巴湖區則以稻田居多，咖啡園倒不多見，咖啡分布密度明顯低於亞齊塔瓦湖區。人種與宗教信仰也不同，托巴湖區以基督教的巴塔克族為主，塔瓦湖則為回教的蓋優族和亞齊人。但我從眼神可感受到，托巴湖區的民眾較和氣快樂，經濟與物質條件也優於亞齊塔瓦湖區。

阿龍說：「托巴湖的歐美觀光客很多，這裡的商家很重視治安問題，誰敢在此搶錢偷東西，被捉到會被打死。治安好，觀光客增多，大家就有錢賺，壞人自然少了。」一路見到不少教堂，這與亞齊所見全是清真寺，對比鮮明。這裡房舍的屋頂成牛角狀，是蘇北省原住民巴塔克族的建築特色。

大白豬滋補林東曼特寧

駛抵托巴湖南部海拔1,300公尺，世界知名的曼特寧林東產區，但我發覺莊園分布星散，規模也不如亞齊壯觀。我們停在一座小莊園門口，莊主迎接我們進園參觀。

林東年雨量2,800毫米，年均溫22～27℃，咖啡一年兩穫，2～4月與8～9月是兩個高峰期。園內種植三千多株咖啡樹，我一眼就認出鐵比卡。莊主還介紹園區的第二主力品種：Ateng Super。

我問莊主，Ateng系列是從亞齊傳過來的吧？莊主解釋，1970年以前，托巴湖區以Sidikalang、Bergandal（也就是鐵比卡）為主，1970年後為了提升鐵比卡抵抗力，開始改種鐵比卡與Catimor混血的雷蘇納（Rasuna），同時引進印度的S795，但水土關係，風味不佳，歐美精品界不愛。1990後才從亞齊中部塔瓦湖區引進Ateng系列，風味不輸傳統的鐵比卡。且Ateng系列的最大優點是抗病力強、產能高，已成為林東曼特寧的重要品種，並與鐵比卡混合栽植。

有趣的是，我發覺林東與亞齊的鐵比卡，枝葉茂密肥厚，這和台灣葉片稀薄的鐵比卡大異其趣。這可能與水土有關，但莊主說應該與有機栽培有關，接著帶我們去看他的豬舍，養了9頭大白豬，排泄物成了咖啡最佳滋補品，難怪園裡有股豬味。

帶殼豆甜如蜜

莊主說我們來的不是時候，紅果子所剩不多了，他隨手摘了幾顆紅果，擠出帶殼豆請我嘗嘗。我接過來看，好肥大的帶殼豆！放進嘴裡，香甜如蜜，絲毫無雜味。不禁想起今年初曾造訪雲林古坑幾座咖啡園，帶殼豆嘗來都有股土腥味，還沒烘焙就嘗出台灣咖啡的地域之味了。

莊主說，主產季每公頃可生產2,000公斤紅果子，去掉果皮得到1,100公斤生豆，咖啡果子與生豆的重量比高達1：1.8，也就是1.8粒生豆重量等於1顆果子，顯示豆子的重量與密度非常高。一般的咖啡果子與咖啡豆比值約1：5，也就是5粒生豆等於1顆果子重；台灣阿里山李高明得獎豆的比值為1：4.7。莊主還說，次產季的產量較低，約每公頃產500公斤咖啡果，可得200公斤生豆，咖啡果與生豆比值為1：2.5，可見次產季生豆的密實度略遜於主產季。從此二數據可知這座小莊園的大白豬有多重要。

立即償還債務豆

我對咖啡品種很感興趣，莊主又介紹林東另一主力品種Sigararutang，中文可譯為「立即償還債務」，好滑稽的名字，我聽了大笑。原來這又是印尼組合字的傑作，是由印尼文segera（立即）membayar（償付）hutang（債務）組成，以彰顯此品種栽種兩年就結果纍纍、回收超快的特性。

「立即償還債務」的頂端嫩葉為古銅色，而非Ateng系列的青綠色，我懷疑此品種可能就是亞齊所稱的Ateng Pucuk Merah（頂芽紅）。看來亞齊的雜交品種，已深深影響托巴湖的曼特寧。印尼不只人種多元，咖啡品種更龐雜，連用字遣詞也喜歡「混血」，我充分感受到印尼「大雜燴」的美學。

Coffee Box

全球僅見，濕豆交易系統

托巴湖四周高地皆產咖啡，以南岸的林東地區，品質與售價最高，林東產區是由 Dolok Sanggul、Sidikalang、Balige 以及 Siborong Borong 四大副區構成，其中以海拔 1400 公尺的髮髻山（Dolok Sanggul）所產帶殼豆的交易價最高，是林東公認最優的曼特寧。托巴湖區與亞齊咖啡農，以傳統的木製去皮機來刨除果皮與果漿，取出黏黏帶殼豆，有些農友稍做發酵增味，有些逕自曝曬數小時，帶殼豆含水率降至半乾半濕的 30 ～ 50%，再賣給中盤商，由中盤商帶回加工刨除種殼後，繼續後段的乾燥製程。

販售潮濕帶殼豆文化，全球僅見於蘇門答臘，因為此間咖啡田規模不大，一般只有 0.5 公頃至 2 公頃左右，小農並無先進的乾燥設備，只好將半乾半硬的帶殼豆在每周固定的交易日賣給中盤商，但帶殼豆在運送和轉售過程，感染黴菌機率大增，有趣的是菌種不同就會造就不同的味道，成了亞齊與托巴湖獨特的地域之味。

托巴湖極品

台灣販售的曼特寧商品很多，最著名當屬托巴湖的黃金曼特寧（Golden Mandheling）由日本人提供處理技術，印尼人開設的帕旺尼公司（Pawani Coffee Company）獨賣，又稱為Pawani Golden Mandheling，約莫1995～1996年間引進台灣。黃金曼經過三次手挑，不同於一般曼特寧只經過一至兩次手挑，處理精湛，風味乾淨無雜，厚實度佳，酸質亦優，饒富牛奶糖甜香，很受歡迎。

然而，2005年後又出現鼎上黃金曼特寧（Gold Top Mandheling），令人眼花撩亂。原來帕旺尼公司成功取得Golden Mandheling註冊商標，日本商社被迫以另一名稱銷售。不過，帕旺尼的黃金曼近年不易取得，原因不明。

十年前的黃金曼為百分百的鐵比卡，豆粒尖長肥碩。今日的鼎上黃金曼並非百分百鐵比卡，這無可厚非，因為托巴湖區的鐵比卡逐年被混血的Ateng和Tim Tim取代，但鼎上黃金曼的優雅風味較之早年黃金曼有過之無不及，這與四次手挑有關。鼎上黃金曼以草蓆編織的簍袋包裝，每簍袋十公斤，袋上印有日本神戶與琵琶（BIWA）字樣，由神戶輸出。但似乎只有日本和台灣買得到，歐美很少見。

拉米尼塔染指兩湖雙曼

另外，美國精品界有兩支高檔蘇門答臘咖啡，「伊斯坎達」（Iskandar）和「亞齊之金」（Aceh Gold）皆由哥斯大黎加知名莊園拉米尼塔（La Minita）經銷。該莊園與棉蘭的咖啡出口公司Volkopi合作，搜尋塔瓦湖與托巴湖極品豆，並在林東地區後製處理。有趣的是，「亞齊之金」亦混有林東的豆子，卻打著亞齊招牌。我想可能是亞齊較偏遠，拉米尼塔的顧問長駐林東比較安全。這兩支豆子喝來比黃金曼特寧更乾淨，藥草味和土味更低，酸質剔透，不像一般曼特寧，但產量不多，不易買到。基本上，Iskandar的豆粒在18目以上，美國精品界常以Super Grade稱之，至於Aceh Gold豆粒稍小，以Grade One名之。

曼特寧發跡地爭名分

傳頌數十載的曼特寧「身世」是由三元素構成，即曼代寧族（Mandailing）、日本大兵和帕旺尼咖啡公司。話說1942年，日本占領蘇門答臘，一名日本兵在印尼喝到一杯瓊漿玉液的醇厚咖啡，詢問店東：「這是什麼咖啡？」店東誤以為是在問他：「你是哪裡人？」店東毫不猶豫回答：「曼代寧族！」日本兵誤以為所喝的美味咖啡叫做曼代寧。

戰後日本兵安返日本，回想起印尼喝到的香醇咖啡，於是打電話給棉蘭的帕旺尼咖啡公司，但日本兵卻誤把「曼代寧」發音為「曼特寧」（Mandehling），首批輸日的15公噸曼特寧搶購一空，曼特寧就這樣陰錯陽差，誤打誤撞成為家喻戶曉的商品名。

Coffee Box

曼特寧有幾種？

曼特寧商品繁多，有林東曼特寧、黃金曼、鼎上黃金曼、亞齊曼、鑽石曼、蓋優曼、塔坎農曼……令人目不暇給。
基本上，曼特寧是指蘇北省托巴湖區與亞齊塔瓦湖所產的阿拉比卡，但幾經考證，曼特寧最早種在盛產羅巴斯塔的蘇西省與蘇北省交界處的曼代寧高地，而非目前的托巴湖區，可謂出污泥而不染。

歐美專家至今仍以為曼特寧故鄉在托巴湖的林東，是由曼代寧族栽種。但筆者前作《咖啡學》曾質疑此說法，因為蘇北省的托巴湖區以巴塔克人為主，幾乎看不到曼代寧族，該族主要分布於蘇西省，而非蘇北省。因此我造訪托巴湖區，特別注意各種族分布情況，一路所見，確實只看到巴塔克族、爪哇人和馬達族，幾乎看不見曼代寧族。我也確認了托巴湖區的曼特寧主要是由巴塔克族、馬達族和爪哇人栽種，但為何會有曼特寧是由曼代寧族栽種的說法？於是請教黃總裁為我釋疑。

黃總裁很熱心，打電話就教了解內情的印尼專家並為我口譯，終於解開我多年的困惑。一如所料，曼特寧並非發跡於托巴湖，曼特寧最早栽種在蘇北省南部與蘇西省交界處，更精確的說，是在托巴湖林東往南約三百公里處，曼代寧高地（Mandailing Highland）的巴坎坦（Pakantan），這裡的原住民就叫曼代寧族。曼特寧的前身「曼代寧爪哇」在此落戶，栽種者確實是曼代寧族，但後來又移植到海拔更高的托巴湖區栽種，生長情況優於曼代寧高地，沒多久曼代寧高地淪為羅巴斯塔的栽植場。換言之，栽種曼特寧的種族最初是曼代寧族，但1888年後，移植到托巴湖，才改由巴塔克族栽種，真相大白，一解我多年疑惑。

有趣的是，近年澳洲和印尼研究人員在曼代寧高地海拔最高的巴坎坦叢林（1,500公尺），找到一百七十多年前荷蘭栽下的老欉鐵比卡，根據史料與當地曼代寧族的說法，這裡才是曼特寧濫觴地，由於樹苗來自爪哇島，當時就叫做「爪哇曼代寧咖啡」（Kopi Java Mandailing），此高地距離托巴湖還有三百公里之遙。

據悉，雅加達已有人採取法律行動，申請曼特寧註冊商標與認證，唯有產自曼代寧高地的鐵比卡才可冠上曼特寧字樣，一旦註冊成功，影響非同小可，但法律程序尚未完成，後續發展值得關注（註5）。不過，黃總裁並不看好此案件能過關，因為曼代寧高地的阿拉比卡咖啡田早已荒蕪，產量屈指可數，已不具代表性。基本上，托巴湖與塔瓦湖，才是今日曼特寧的主力產區。曼特寧咖啡的身世已夠複雜了，而今又殺出曼代寧高地爭取曼特寧的正統地位，印尼的曼特寧之亂不知伊於胡底。（請參考本章附錄）

永生難忘的咖啡之旅

印尼「兩湖雙曼」之旅，比起筆者2001年受邀參訪哥倫比亞咖啡生產者協會（Federación Nacional de Cafeteros de Colombia，簡稱FNC）及波哥大近郊莊園，更為驚險刺激。當年，哥國毒梟游擊隊藏匿山間野地，伺機劫持外國人質，但我們有哥倫比亞外貿部人員陪同，加上軍隊在產業道路持槍巡邏，因此不覺得驚恐。而亞齊之行，雖早有冒險的心理準備，但夜闖恐怖森林路段還是被嚇到了。

有煎熬才有收獲，此行親身體驗亞齊的悲情與苦難，但上天是公平的，亞齊擁有老天恩賜的豐饒物產，有賴各種族共享共榮。亞齊和平為荒蕪多年的塔瓦湖咖啡園帶來生機，產量劇增，是印尼阿拉比卡的主要產區，醇厚度與甜感，較之托巴湖曼特寧，有過之無不及。曼特寧醇厚度之高，世界之冠，品種與水土是要因，但最大秘訣是獨步全球的濕刨法，釋出的是芳香或惡味？端賴處理者的手藝。醇厚度高是曼特寧最大優點，瑕疵豆多則是最大缺點，如何提高濕刨法的精湛度，攸關曼特寧的大未來。

歐美精品咖啡界對品種的認知與標準，到了蘇門答臘卻不管用，歐美專家眼中的魔鬼品種，在蘇門答臘杯測結果竟然不輸美味的鐵比卡，給歐美一記震撼教育。此行更有意外收獲，弄清楚曼特寧的前世今生。

註5：這幾年已有澳洲人和印尼人在曼代寧高地復育早年的爪哇曼代寧咖啡樹。黃總裁也表示曾有人邀他合作，開發曼代寧高地的咖啡栽培業，但黃總裁業務繁忙，分身乏術，已予婉拒。

結束參訪行程，黃永鎮帶我們去吃托巴湖特產「懶惰魚」，此魚生性慵懶不動，躲在湖底而得名。但肉質鮮嫩，比咱們的黃魚、馬頭魚或石斑美味百倍。下午，他又包了一艘船，陪我們遊湖，飽覽湖光山色。我們晚上九點半返抵棉蘭，又吃一頓印尼正宗辣蟹，搭配綠色疏果汁和炸豬油粕，無敵美味。

當晚我倆住進黃總裁2,000多坪的城堡，這輩子還沒看過這麼大的豪宅，光是客房就有60坪。我和Steven一覺到天明，六點半黃總裁接我們去機場，在他的關係下，我倆火速通關，揮別印尼。

在飛機上回味著「兩湖雙曼」咖啡農長繭雙手、頭巾、巴塔克族牛角屋頂、亞齊人眼神、金絲貓、麝香狸、大白豬、Ateng、Tim Tim、濕刨法和曼特寧前世今生……頓悟咖啡絕非膚淺的沖沖泡泡而已，每杯咖啡深藏人文底蘊，尚待開採，為咖啡美學加分。

咖啡除了香氣、滋味、口感和咖啡因外，可不要忘了細品熱騰騰的人文味譜！

← 棉蘭 Sidikaland 咖啡出口公司聘雇八十多名經驗老到的瑕疵豆挑手，每天埋頭苦挑缺陷豆。攝影／黃緯綸。

↓ 印尼麝香狸是夜行動物，到了白天就懶洋洋趴睡，到了黑夜才出動覓食，黎明前排糞，生產便便豆。 攝影／黃緯綸。

→ 這是托巴湖林東地區的有機咖啡農，將採收的咖啡果子倒進木製去皮機，除去果皮，再將黏答答的帶殼豆，置入水槽，撈掉飄浮水面的瑕疵豆和未熟豆，最後取出沉入水槽且密度較佳的優質帶殼豆，直接曝曬。攝影／黃緯綸。

↓ 盛產曼特寧的托巴湖，氣象萬千，這是黎明時分的烈燄晨空，朵朵火雲美不勝收。攝影／黃緯綸。

附錄

曼特寧編年史

曼特寧是台灣最暢銷的咖啡，筆者經過多年考證與查訪，在此編年紀事—曼特寧前傳與後傳。鋪陳曼特寧的前世今生，化解盤根錯節的謎團。

曼特寧前傳：

・1696～1699年

荷蘭東印度公司移植錫蘭的鐵比卡到爪哇，開啟印尼咖啡栽植業。印尼產量劇增，爪哇也成了咖啡同義語。

・1835年

荷蘭商船從爪哇運一批鐵比卡樹苗至蘇門答臘島西岸納鐸地區（Natal）濱印度洋的小港，卸下樹苗再運往曼代寧高地的巴坎坦，也就是今日蘇北省與蘇西省交界處。根據史料，荷蘭發覺蘇門答臘比爪哇島面積大，且緯度、氣候很適合鐵比卡生長，加上曼代寧高地濱臨印度洋，比爪哇島更方便輸往歐洲，於是選定巴坎坦做為擴大鐵比卡栽植的基地。這裡的種族以信奉回教的曼代寧族為主，當時居民稱所種植的咖啡為「爪哇曼代寧咖啡」距今至少一百七十年。爪哇曼代寧繼承爪哇鐵比卡的基因，豆身較尖長。**可見爪哇曼代寧咖啡為今日曼特寧的前身。**

・1880～1890年

爪哇島的鐵比卡爆發嚴重葉鏽病，幾乎絕跡，荷蘭人在爪哇改種體質較強悍的羅巴斯塔，但蘇西省與蘇北省交界的曼代寧高地氣候較涼爽，鐵比卡疫情較輕，成了印尼鐵比卡主要產區。

・1888年

更涼爽的蘇北省托巴湖區開始引進阿拉比卡。據信樹苗來自曼代寧高地，紅色的頂芽嫩葉與尖長豆貌是兩者共同特色。農友發現爪哇曼代寧在托巴湖的生長情況優於曼代寧高地，於是擴大托巴湖的咖啡田，成為曼代寧主要產區，而曼代寧高地逐漸淪為羅巴斯塔產區。

・1924年

亞齊的塔瓦湖從托巴湖引進鐵比卡種植，等同今日的曼特寧。

・1942年

日本占據蘇門答臘，嚴禁咖啡出口，爪哇曼代寧逐漸被世人淡忘。

曼特寧後傳：

・二次大戰後

日本大兵返鄉向蘇北省棉蘭的帕旺尼公司進口印尼咖啡，口誤曼代寧為曼特寧，但渾厚香醇的曼特寧大受歡迎，曼特寧就在以訛傳訛中被創造出來。但蘇北省北部的亞齊特區所產咖啡為了促銷考量，亦常稱為曼特寧。

・1999年迄今

1999年研究人員在曼代寧高地的巴坎坦叢林發現170年前荷蘭人遺留下來的鐵比卡老欉，加以復育，並採取法律行動，試圖取得曼特寧發跡地的註冊商標，至今仍無結果。

・2005年以降

亞齊和平，塔瓦湖區產量劇增，高占蘇門答臘阿拉比卡產量的60%，取代托巴湖的一哥地位。「兩湖雙曼」平起平坐，但歐美精品界重視豆源的「透明性」與「可追蹤性」，不再籠統稱呼曼特寧，而以亞齊咖啡、蓋優山咖啡或塔瓦湖咖啡，來區別托巴湖的曼特寧。

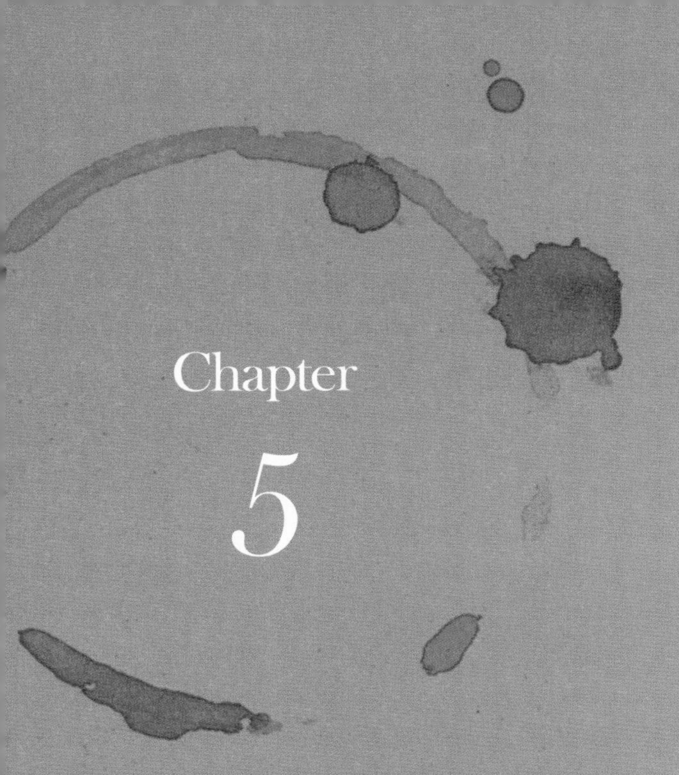

Chapter 5

衣索匹亞、葉門與印度
精品咖啡溯源，舊世界古早味

產地精品咖啡可歸類為三大類：舊世界古早味、新世界改良味、汪洋中海島味，將分成四章論述。

衣索匹亞、葉門和印度是世界三大咖啡古國，保有最多元的阿拉比卡基因與日曬傳統，味譜寬廣龐雜，可稱為「舊世界」咖啡。三大古國以外的產國為「新世界」咖啡，以中南美和印尼為代表，擅長改良品種與改進後製處理法，味譜明亮厚實。海島國的「海島味」是「新世界」的分支，以牙買加藍山和夏威夷柯娜為代表，味譜淡雅幽香清甜與柔酸。本章則先談舊世界古早味咖啡。

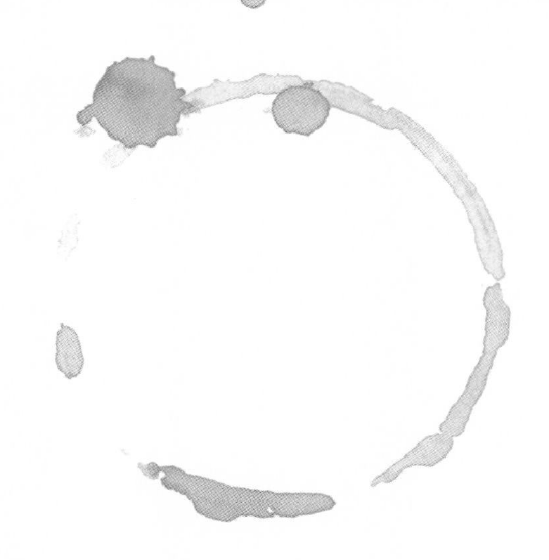

§ 咖啡三大古國

西元七至九世紀，衣索匹亞咖啡傳進葉門；西元十七世紀，回教徒又將葉門咖啡引進印度。十八世紀荷蘭、法國和英國列強，奪取葉門和印度咖啡並移植到印尼、波旁島、聖海倫娜島和中南美洲，帶動咖啡栽種熱潮。從史料與基因指紋，皆可證明印尼、波旁島、聖海倫娜島和中南美等「新世界」的阿拉比卡，皆取種自「舊世界」。

筆者以十七世紀為分水嶺。十七世紀以前已有阿拉比卡的國家，歸類為「舊世界」，以衣索匹亞為首，葉門、印度為從。十八世紀以後才引種栽植的產國，歸類為「新世界」，以巴西、印尼和哥倫比亞，馬首是瞻。

衣索匹亞、葉門和印度，這三大咖啡古國保有傳統的日曬處理法，味譜振幅最大；「地域之味」從粗糙的土腥、木頭、皮革、榴槤、藥水和豆腐乳的雜味，到迷人茉莉花香、肉桂、荳蔻、丁香、松杉、薄荷、檸檬、柑橘、莓果、杏桃、烏梅、巧克力、麥茶和奶油糖香……千香萬味，優劣兼備，建構愛恨交加的古早味譜。

衣索匹亞的驕傲：人類與咖啡的發祥地

衣索匹亞是人類與阿拉比卡的搖籃，東非大裂谷（East African Rift）從北貫穿，南抵肯亞與坦桑尼亞。衣國雖處熱帶地區但海拔較高，氣候比非洲各國涼爽，水資源豐沛，物種繁浩，百花盛開，首都阿迪斯阿貝巴（Addis Ababa）即為「鮮花」之意。自古以來，衣索匹亞百姓認定「鮮花」之都阿迪斯阿貝巴，是亞當與夏娃偷嘗禁果被上帝逐出伊甸園之處！

耐人尋味的是，1974年考古學家在「鮮花」之都東北兩百多公里處，即東非大裂谷貫穿的阿瓦西河谷中部（Middle Awash）哈達，掘出距今三百二十萬年前的南猿「露西」（Lucy），是當時所知最古早的人類化石，震驚世界。1994年，又在同地點附近掘出一具破碎遺骨，經十多年重建與研究，直到2009年才證實她是距今四百四十萬年前的老祖宗化石，比「露西」還早一百多萬年，取名為地猿「雅蒂」（Ardi）。從陸續出土的考古新發現，似乎應驗了衣索匹亞是人類發跡地神話。

更神的是，以「鮮花」之都為軸心，往南五小時車程可抵知名咖啡產區耶加雪菲（Yiega Chafe）（註1）；往東500公里則是哈拉（Harar）咖啡產區；西南300公里就是阿拉比卡故鄉咖法森林（Kaffa Forest）；往北500公里可達神聖咖啡產區塔納湖（Lake Tana）。「鮮花」之都——伊甸園，被咖啡產區層層包圍，似乎透露人類與咖啡剪不斷理還亂，千古糾葛的天機。

咖啡創世紀

光是海拔1,840公尺的塔納湖就令衣索匹亞驕傲不已，她不但是非洲最高湖泊，也是藍尼羅河的發源地，十三世紀以來，塔納湖區蓋了十多座東正教

註1：衣國地名拼音字至今未統一，耶加雪菲就有數種寫法，包括 Yirga Chafe、 Yirgacheffe、Yirgachefe……不勝枚舉。知道衣國有二百多種方言就不覺意外。

修道院。這塊古老的聖地上，咖啡神話也已傳頌數百年。根據衣國古老傳說，人間第一株咖啡樹，就在塔納湖畔落地生根：

衣索匹亞家喻戶曉的聖哲貝特．馬利安（Betre Maryam），七歲受到天使感召，在塔納湖畔傳教，並以手中權杖，降魔除妖，造福百姓。有一天，加百列天使召喚他在塔納湖周邊散播咖啡、啤酒花和檸檬幼苗，讓往後各世代的修士都能有收穫，於是聖哲把手上的權杖斷成三段，杖頭變成世上第一株咖啡苗，人間從此飄香，權杖的二、三段，則變成啤酒花和檸檬……

這幅「咖啡創世紀」彩色壁畫，就繪在塔納湖西南部齊格半島（Zege）最著名的烏拉基丹米瑞特（Ura Kidane Mihret）修道院內，至今仍保存完好，遊人如織。而塔納湖周邊森林，自古就有野生咖啡樹，供養當地居民與修士，因此老百姓對聖哲馬利安的神蹟深信不已。宗教與歷史因素使居民不敢任意開墾湖區森林，換言之，神聖咖啡樹保住了塔納湖周遭森林。相對的，林地未被濫伐也保住了「聖樹」，塔納湖古老的修道院與咖啡樹，維持著唇齒相依的微妙關係。

衣國當局近年大力推動塔納湖的修道院觀光，並宣稱1671年義大利東方語言學家奈龍（Antoine Faustus Nairon，1635～1707）編織的「牧羊童卡狄與跳舞羊群」故事，靈感來自古代塔納湖周邊「徹夜未眠的修道院」。這不禁讓人好奇，究竟是哪個教派最先為了晚禱提神而喝咖啡？是回教蘇菲教派的葉門僧侶？或衣索匹亞東正教的修士？此一千古謎題，在衣國加入戰局後，更為撲朔迷離（註2）。

文化的驕傲

種咖啡、炒咖啡、泡咖啡是衣索匹亞獨有的文化傳承。農民習慣在田裡混種咖啡、象腿蕉（Ensete）、穀物、蔬果等現金作物，並將曬乾的咖啡果子儲存起來，一方面當作通貨使用，缺錢時拿出來變現；另方面可供交誼、婚喪喜慶和宗教活動使用，甚至牲畜產子，也要喝咖啡慶祝一番。

喝的時候，主人直接搗碎乾硬的果皮和種殼，取出咖啡豆，稍加清洗在賓客面前焙炒，泡煮來喝，這已成為一種文化形式。窮苦農民談到咖啡，就會露出千金難買的驕傲：「我們自己種自己喝，不像肯亞、坦桑尼亞、印度和哥倫比亞這些被殖民過的產國，並無咖啡文化，早年被老外強迫種咖啡，他們從咖啡田返家後，卻泡茶來喝，這要如何種出好咖啡？」儘管衣索匹亞戰亂頻仍，卻不曾淪為列強殖民地，渾然天成的喝咖啡文化已有千百年，不像其他咖啡產國，早年是在列強壓迫下，為侵略者種咖啡，咖啡文化不若衣索匹亞紮實。（註3）

註2：1671年羅馬東方語言學家奈龍杜撰的跳舞羊群故事，係以拉丁文寫的，後來經過法國、英美作家翻譯與添醋，出現許多不同版本。有謂葉門牧羊童卡狄發現羊兒吃了紅果子興奮起舞，卡狄稟報回教蘇菲教派長老，咖啡成了蘇菲教眾晚禱提神聖品；但不同的版本，又說卡狄是衣索匹亞牧羊童。總之，奈龍版本的牧羊童說，認定回教徒最早發現喝咖啡提神妙效。而今，衣索匹亞為了拉抬塔納湖的觀光，又宣稱塔納湖區的東正教修道院才是故事發源地，這似乎又與一般認知的回教蘇菲教派最先喝咖啡的傳說不同。

但可肯定的是不論衣索匹亞、葉門或阿拉伯歷史文獻，根本找不到牧羊童說，就連塔納湖東正教修道院內的咖啡創世紀壁畫，也未提到牧羊童卡狄，但牧羊童傳說，在奈龍的生花妙筆下，久植人心，因此衣索匹亞觀光當局，借力使力，宣稱塔納湖就是牧羊童傳說發生地。這不免讓人懷疑到底是回教或東正教信徒最先喝咖啡。顯然這兩個咖啡古都國樂見牧羊童傳說繼續加料下去，製造觀光話題。

註3：此論點與筆者所見相同，2001 年我應哥倫比亞咖啡生產者協會（FNC）邀訪，參觀咖啡莊園，發覺農民很少喝咖啡，他們泡的茶居然比咖啡好喝。

限喝咖啡拚外匯

但驕傲的衣國百姓仍難掩幾許愁悵，因為政府刻意限制國內咖啡消費量，以增加外銷創匯金額。管制措施包括減少國內咖啡通路、各產區咖啡不得任意流通或輸往不產咖啡的北部，致使國內咖啡售價高出外銷價一至兩倍，有效抑制了老百姓酗咖啡。在當局管制下，衣國每年每人平均咖啡消費量不高，千禧年前只有1.3公斤，這比台灣的1.09公斤稍多，卻遠低於北歐的10公斤和巴西的5.3公斤。衣國貴為世界第三大的阿拉比卡產國（註4），卻要節制喝咖啡以賺取更多外匯，已引起民怨。這與巴西、印度和印尼大力拉升國內咖啡消費量，背道而馳，堪稱咖啡產國一大奇聞。

十幾年前，衣國的人均咖啡消費量雖只有1.3公斤，但乘上八千萬人口，一年至少要喝掉十萬公噸咖啡，這已高占年產量的58％；十多年前衣國咖啡年產量約十七萬噸，因此十萬噸的國內消費量約占總產量的58%，換言之，衣國當年有將近六成的咖啡被自己喝掉，此比率高居各產豆國之冠。

然而，近年衣國咖啡產量劇增，2010年生產四十四萬七千公噸生豆，政府稍稍放鬆控制措施，衣索匹亞國內咖啡消費量亦增加到2010年的二十萬兩千九百多噸，占總產量的45%，而衣國人均咖啡消費量亦揚升到2.5公斤。隨著衣國咖啡產量逐年增加，衣國當局似已善意回應民意，稍解百姓的咖啡癮，但在當局刻意管制下，衣國的人均咖啡消費量比起歐美諸國，仍有一大距離。

註4：2009年，世界前六大咖啡產國依序為巴西、越南、印尼、哥倫比亞、衣索匹亞和印度，但如果扣除羅巴斯塔，全以阿拉比卡產量來算，則前三大為巴西、哥倫比亞和衣索匹亞。

藝伎山尋根之旅

衣國百姓談到咖啡，難免夾雜驕傲與哀愁情緒，但對歐美咖啡專家或基因學家而言，衣索匹亞如同「充電站」，每遇到品種難解之謎，不惜跋涉千里去探險找真相。近年大紅大紫的巴拿馬藝伎咖啡(Geisha)，果真源自「舊世界」衣索匹亞的藝伎山？值得一探究竟。

新舊世界豆相有差

2005年巴拿馬翡翠莊園（Hacienda La Esmeralda）的藝伎生豆創下每磅50.25美元天價，開始竄紅。喝過的專家打死不信「新世界」能種出如此美味的咖啡。藝伎濃郁的花香與柑橘酸甜味，應該是衣索匹亞獨有的味譜，但是巴拿馬藝伎，豆貌尖長肥大，「尖長」雖然很像衣索匹亞的長身豆（longberry），但「肥大」又不像「舊世界」該有的豆貌（註5）。大家都知道葉門和衣索匹亞咖啡的尺寸，比中南美洲豆瘦小。巴拿馬藝伎果真如衣索匹亞官方檔案所稱，源自衣國西南部咖法森林的藝伎山，1931年在聯合國主導下，送往肯亞、坦桑尼亞和哥斯大黎加，改善「新世界」咖啡的抗病力，輾轉落戶巴拿馬嗎？

精品咖啡「第三波」的咖啡專家和好事者，對藝伎身世充滿疑惑，決定殺到咖法森林尋找藝伎與真相。

註5：衣索匹亞與葉門的豆相很容易辨識，豆身尖瘦玲瓏，是最大特色，加上日曬豆居多，豆色偏黃綠，這與新世界咖啡，尤其是中南美或印尼的豆貌，多半偏藍綠且肥碩，明顯有別。

2006年11月，知名咖啡顧問布特（Willem Boot）組成一支藝伎探險隊，團員皆自許「第三波」的專業人士，台中歐舍咖啡的許寶霖先生也隨行。布特率領的探險隊擬深入咖法森林尋找幾座名為Gesha或Gecha的村落，想必Geisha咖啡樹就生長在發音近似的山村。大夥士氣高昂踏上征途，尋找樹高體瘦，葉片寥落且狹長的「75227號品種」（Variety75227）；1970年後，衣國改以編號歸類各咖啡品種，75代表1975年，227代表當年發現的第227個新品種。衣國當局高度懷疑巴拿馬藝伎應屬此一新歸類的品種。

然而，天公不作美，滂沱大雨落不停，推進極不順利，還遭村民冷眼，以為老外又來盜取咖啡樹，團員甚至被憤怒的地方官驅趕下山。隊員在泥濘山區打轉數日，雖然採下幾株疑似瘦高Variety75227的咖啡豆，並以衣國傳統的平底鍋炒熟咖啡豆，試泡來喝，但味道不佳，喝不出巴拿馬藝伎獨有的柑橘甜味與花香。大夥不罷休，有意深入藝伎山找真相，但連日大雨阻礙行程，且有人跌傷腿，只好草草收兵敗興歸，無緣在原產地找到巴拿馬藝伎的「遠祖」身影。

巴拿馬藝伎≠ Variety75227

此行謠言四起，有報導指出不少團員在山區中邪發瘋，也有人因盜樹被逮入獄……結果沒一件屬實。唯一的實情是沒找到也沒喝到橘香四溢的藝伎，探險之旅一敗塗地。事後諸葛亮，此行顯然準備不足，種下敗因。要知道巴拿馬藝伎的頂端嫩葉是綠色的，但衣國的Variety75227雖採自藝伎山附近，頂端嫩葉卻有綠色與褐色兩種形態，喝來風味普普而已。

最近植物學家懷疑，Variety75227移植巴拿馬後，可能與中南美其他品種混血，巴拿馬藝伎應屬自我進化的新品種，已非昔日的Variety75227，是否如此，尚待基因鑑定。再者，1931年英國與聯合國的植學家在衣國當局同意下，前往遼闊的藝伎山區採集咖啡種原，並在Tui、Maji、Beru等地，採下數個抗病品種的種子，竟然未逐一載明各品種編號、形態及確切採集地點，全數混雜在一起，且粗心大意歸類為「採自藝伎山」，因此至今仍無法確定當年是哪個品種送出國。而保存至今的英文檔案，僅籠統含糊以Geisha品種虛應了事，是造成今日妾身未明的主因。

重點是，Variety75227目前已是衣國重要的品種之一，但味譜與巴拿馬藝伎天差地遠，否則早就大量供應國際精品市場，平抑物價。這也坐實專家認為「巴拿馬藝伎是衣索匹亞品種移植巴拿馬後，發生種內混血，產出新品種」的可信度。但是內行看門道，外行看熱鬧，美國精品界的好事者卻為了Geisha與Gesha的拼音問題，爭得面紅耳赤，看在植物學家眼裡實在幼稚好笑。

雖然大張旗鼓的探險失敗了，但背後隱藏的意涵是：衣索匹亞對咖啡迷而言，如同耶路撒冷對猶太教、伊斯蘭教和基督教一樣，是塊朝思暮想的聖地。

衣索匹亞：王者之味

美國精品咖啡協會剛卸任的理事長，同時也是知名反文化咖啡大股東的彼得曾說：「如果你是位咖啡專業者，而且杯測衣索匹亞的經驗夠豐富，會發覺全球的咖啡味譜，盡在其中。衣索匹亞風味比一般認知更為多元，豈止哈拉的藍莓味或耶加雪菲的茉莉花與柑橘香而已。杯測每批衣索匹亞，經常喝到過去不曾有的新味域。踏上阿拉比卡演化的大地，猶如跳進基因海洋，開始體驗咖啡香難以預料的疆界。」

味域高深莫測

巴西國立坎彼納斯大學（Universidade Estadual de Campinas）植物學系對聯合國採集的衣索匹亞咖啡種源，進行長達二十多年研究，根據2000年公布的報告指出，衣國西南部咖法森林與西部伊魯巴柏（Illubabor）的基因多態性最高，一般阿拉比卡的咖啡因含量約占豆重1.2%，但此二區居然測出若干品種的咖啡因含量高達2.9%（註6）這比羅巴斯塔的平均含量2.2%還高；更不可思議的，有些品種咖啡因含量低到0.42%，稱得上天然半低因咖啡（註7）。

研究也發現，咖啡因含量與綠原酸成正比，換言之，咖啡因含量愈高，帶有苦澀口感的綠原酸也愈高，風味表現就愈差。有趣的是，衣國香味較優雅的咖啡，其咖啡因含量多半低於平均值1.2%。反觀風味較粗俗者，咖啡因也較高，均超過1.2%。

註6：咖啡因高占豆重2.9%的品種屬於跨種雜交，即阿拉比卡與羅巴斯塔或賴比瑞卡天然混血品種，但染色體44條與阿拉比卡相同。有趣的是衣國境內沒有羅巴斯塔，而這些跨種雜交的高咖啡因品種可能受不了西非或中非的酷熱，才躲在涼爽的衣國繁衍。

註7：半低因品種也就是近年吃香日本，源自波旁島「波旁尖身」，但在衣國也有類似的變種，學名為 *Coffea laurina*。

咖啡因含量落差大

衣國阿拉比卡咖啡因含量落差之大，堪稱世界之最，這也拉大味域的振幅，有苦澀土腥味很重者，亦有入口百花盛開的美味品種。只要多嘗試衣索匹亞各產區的咖啡，你會發覺「新世界」阿拉比卡所有的好風味或惡味均跳不出「舊世界」古優品種的如來佛掌心。雖然衣國至今仍提不出一支與巴拿馬藝伎味譜相同的品種，但巴拿馬藝伎如果沒有衣國藝伎山花香與橘香基因的加持，也不可能屢屢稱霸國際杯測賽。

衣索匹亞的阿拉比卡經千百年淬煉，演化出基因最龐雜的古優品種，加上多元水土和日曬古法，打造出振幅極大的王者之味。

古優品種世界稀

「新世界」的咖啡品種，均以商業栽培的鐵比卡、波旁、或兩者的變種、種內混血，甚至與羅巴斯塔跨種混血來歸類。然而，衣索匹亞的阿拉比卡基因多態性更為豐富，遠超出「新世界」的分類框架。「舊世界」有許多渾然天成，非人工培育的野生品種，或無法大量栽種的古老原生品種，有些專家特別以「衣索匹亞古優品種」（Ethiopia Heirloon）或「衣索匹卡」（Ethiopica）稱之。全球咖啡產地只有衣索匹亞和葉門兩國，仍保有基因龐雜的古優品種，很難以鐵比卡或波旁系統來分類。

但就目前所知，衣國農民在自家田園或森林收穫的品種，包括長身（longberry）、短身（shortberry）、或尚未歸類的莫名品種，合作社統一收購後加以混合再出售，換言之，一袋60公斤的衣索匹亞生豆，可能混有數個甚至數十或上百個品種，令人咋舌。由於品種太多，豆子軟硬度不同，很容易造成烘焙色差問題，這是烘焙師伺候舊世界咖啡共有的經驗。

衣索匹亞的阿拉比卡物種底下究竟有多少品種？咖啡農說法不一，有人說至少一萬，更有人宣稱十萬。根據長期在衣索匹亞工作，協助當局歸類各產區品種並籌設咖啡品種博物館的瑞士植物學家持平之論，應介於2,500～

3,500個品種。當局為了歸納衣索匹亞繁浩的品種，1970年後對特殊抗病品種以編號入檔。前述疑似巴拿馬藝伎「祖先」的Variety75227即是一例。

涼爽高地孕育阿拉比卡

衣國氣溫明顯低於酷熱的中非和西非，涼爽形成一道「天險」，阻卻羅巴斯塔與賴比瑞卡異種入侵。可以這麼說，咖啡屬裡染色體22條的二倍體物種「坎尼佛拉」（*Coffea canephora*）與「尤更尼歐狄」（*Coffea eugenioides*）混血產出的「異源四倍體」（染色體44條）也就是目前精品咖啡倚重的「阿拉比卡」，性喜涼爽，不適應悶熱的中、西部非洲，卻在涼爽的衣索匹亞高地安身立命，順利繁衍無敵手。如果衣索匹亞跟烏干達、剛果一樣酷熱，阿拉比卡恐無演化成功之日（詳參第9章阿拉比卡大觀）。

自生自滅演化高抗病力

避居衣索匹亞的「異源四倍體」物種，千百年來自然混血或變種，基因多態性與時俱進，相對也衍生出更多元的前驅芳香物（註8）。這要歸功於衣索匹亞自古聽任阿拉比卡在深山野地自生自滅，並未進行人工選拔優秀品種，或淘汰其他未受寵愛的品種，基因龐雜度不會消失。反觀「新世界」只挑選高產能，高抗病的品種大量栽培，造成基因同質化，跟不上致病真菌的進化速度，而逐漸喪失抗病力。

註8：咖啡豆的前驅芳香物包括蔗糖、脂肪、蛋白質和胡蘆巴鹼等，在阿拉比卡的含量均高於羅巴斯塔，尤其阿拉比卡的蔗糖含量高出羅巴斯塔一倍，在烘焙中衍生出更多香氣、滋味與口感。

衣索匹亞近年在歐美專家建議下，開始對古優品種逐一杯測，選拔風味最優，產能高，抗病力強的品種，大量栽培以提升農民收益。此做法利弊互見，被冷落的品種終將被淘汰，古優品種的多態性亦面臨空前挑戰，究竟保護基因多態性重要或提高農民收益優先，值得深思。

向大地之母找藥方，古優品種抗病力強

阿拉比卡被咖啡駝孢鏽菌(Hemileia vastatrix)感染後，會發生葉鏽病，被咖啡次盤孢菌(Colletotrichum coffeanum)感染後，會得咖啡果病（coffee berry disease，註9）。這兩種真菌造成的疫情，經常重創「新世界」產國，少則短收四成，重則損失七成，巴西肯亞等重要產國飽受摧殘。

「新世界」被迫雙管齊下來防疫，除了噴灑真菌殺蟲劑，更致力培育阿拉比卡與羅巴斯塔混血的免疫新品種；1985年肯亞釋出的抗病品種Ruiru11，對葉鏽病和咖啡果病具有雙重免疫力，卻犧牲了好風味，使該品種價值大打折扣。

但「舊世界」的老大哥衣索匹亞，山叢野林皆是寶，阿拉比卡在此存活千百年，早已經歷葉鏽病與咖啡果病荼毒，有些品種已演化出免疫力，根據聯合國糧食及農業組織（Food and Agriculture Organization，簡稱FAO）植物病理學家羅賓森（Robinson, R.A）在1976年對衣國森林與田園50萬株咖啡樹的隨機取樣研究指出，平均每100～1,000株咖啡樹中，就可找到一株對真菌有抵抗力，此比率高居全球之冠。更厲害是，平均每10,000株咖啡樹可找到一株對咖啡果病、葉鏽病具有雙重抵抗力，並且還是高產量又美味的四好品種，諸多特異功能咖啡樹，令「新世界」羨慕不已，這就是古優品種的價值。

註9：又稱咖啡碳疽病，感染真菌的咖啡樹在開花結果前不會發作，一旦長出果子就展開無情攻擊，果子發黑腐爛，令果農措手不及，損失慘重。

因此衣國防治咖啡傳染病，不必噴灑農藥，也不必借助基因工程大搞跨種混血製造免疫新品種，只需到森林找出有抗病力且風味佳的咖啡樹，汰換易染病品種即可。直接向大地之母找藥方，是衣索匹亞與「新世界」最大不同處。

Coffee Box

衣索比亞產區大解析

衣國咖啡產區被東非大裂谷分割成東西兩半壁，各自演化。

大裂谷以西，即西半壁名產區由北而南，包括首都西北部塔納湖（Lake Tana）的齊格（Zege）；首都西面的金比（Gimbi）、列坎提（Nekemti 或 Lekemti）、伊魯巴柏；首都西南的林姆（Limu）以及咖法森林的金瑪（Jimma）、彭加（Bonga）、鐵比（Teppi）、貝貝卡（Bebeka）。東半壁則以首都東面的哈拉（Harar）以及首都以南的西達莫（Sidamo）、耶加雪菲為主。

由於東非大裂谷阻梗，致使兩半壁的咖啡形態有別，東半部哈拉品種，豆粒較瘦尖，有長身與短身之別，而同屬東半壁的耶加雪菲與西達莫還有玲瓏品種，不注意看還以為是小粒種的羅巴斯塔。西半壁原始森林的品種更為龐雜，除了長短身之外，西北部伊魯巴柏、塔納湖、金比的豆粒明顯較大，而西南部咖法森林的品種抗病力最強，但風味稍遜於東半壁品種。咖法森林是指金瑪、鐵比與貝貝卡一帶的原始咖啡林，藝伎山就在鐵比之南。

長久以來，東部哈拉高地與西南咖法森林的咖啡農，存有瑜亮情結，東部農民宣稱阿拉比卡源自哈拉高地，而非西南部的咖法森林，「東西」相爭，徒增咖啡話題。

不過，晚近分子生物學的基因指紋辨識，均指出西南部咖法森林的咖啡基因多態性遠超出東部哈拉品種，主從關係不言可喻。可能是一千四百年前，蓋拉族或蘇丹奴隸從咖法森林引種至東部哈拉，輾轉移植葉門，此說法較具科學可信度。

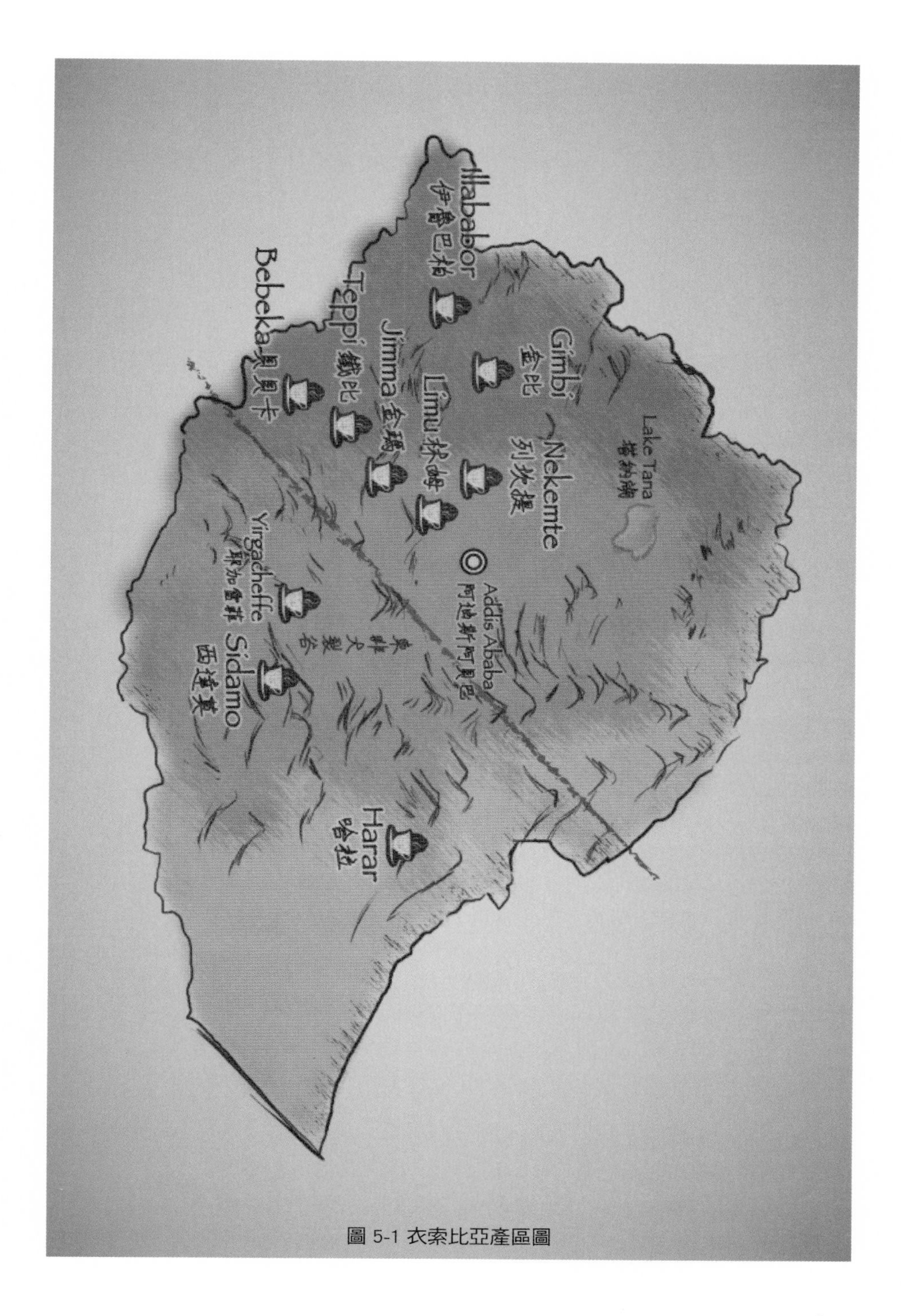
Illababor 伊魯巴柏
Gimbi 金比
Lake Tana 塔納湖
Teppi 鐵比
Jimma 金瑪
Limu 林姆
Nekemte 列坎提
Bebeka 貝貝卡
Addis Ababa 阿迪斯阿貝巴
東非大裂谷
Yirgacheffe 耶加雪菲
Sidamo 西達摩
Harar 哈拉

圖 5-1 衣索比亞產區圖

大發豆難財

1970年中南美洲和非洲爆發咖啡果病，災情慘重，巴西當年損失41.2%咖啡；1976年再度爆發疫情，巴西損失70.4%；1982年巴西又因疫情損失52.9%產量。耐人玩味的是，科學家對照災情慘重年份各國咖啡產量，發覺衣索匹亞產量依舊穩定未減損，顯然衣國的抗病古優品種發揮奇效，不但避開了疫情，還發了一筆「豆難財」。

表 5-1　咖啡果病爆發年份衣國與巴西產量變化表

年份	衣索匹亞產量（公噸）	巴西產量（公噸）	減產量（公噸）	減產百分比
1969	165,000	1,283,500		
1970	170,000	754,800	528,700	41.2%
1975	171,000	1,272,298		
1976	178,000	375,985	896,313	70,4%
1981	202,000	2,032,210		
1982	202,000	957,931	1,074,239	52.9%

＊資料來源：阿迪斯阿貝巴大學研究報告

圖表顯示，疫情年份巴西至少損失四成產量，對照同年份，衣國產量不但未減損，還比上一年略增。表面上看衣國毫髮無傷，實際上農民損失不輕，東半壁的哈拉與耶加雪菲有許多美味卻無抗病力的品種，慘遭咖啡果病摧殘，幸好折損的產能被西半壁其他高抗病力品種彌補。

衣國當局並不因此幸災樂禍，金瑪農業研究中心（Jimma Agricultural Research Centre簡稱JARC）1971年開始加強採集與保育咖啡種源，並組織一支「搜豆大隊」到農家的田園尋找疫情爆發時依舊結果纍纍的抗病品種，截至2006年，已蒐集5,537個不同型態的種原，其中有些對葉鏽病、咖啡果病有抗力，並且是耐旱、高產能的美味品種。另外，衣國的生物多樣性保育研究所（Institute of Biodiversity Conservation，簡稱IBC）則負責到深山蒐集野生咖啡，截至2006年已採集5,796個種原。雖然野生咖啡的風味較粗俗，卻提供更多元的抗病、抗旱基因形態，值得保育。

主力品種釋出

凡具抗病力的咖啡品種，JARC均給一個編碼，比方1974年在咖法森林金瑪西北方的阿加羅（Agaro）發現咖啡果病免疫品種，即以編號741，發放給農民大規模種植；前兩碼代表發現年份，1代表當年找到的第一號抗病品種。741亦屬黃皮品種，目前仍是衣國主力品種之一。

根據2002年JARC的年度報告，已發送二十三個高產量、高抗病力且適合有機耕種的美味品種給農民，這些主力品種包括741、744、7440、74110、74148、74165、754、75227、Catimor-j19、Catimor-j21、Geisha、Dessu等。衣國政情向來不穩，遲至1970年全球爆發咖啡果病後，才在聯合國協助下開始對境內咖啡品種做系統化研究及保育，之前的濫墾或疏於保護，造成珍貴種原流失，實無法估計。

西強東弱，東雅西俗

1986年，JARC在聯合國協助下對哈拉高地展開鄉野調查，發現哈拉農民能辨認及實際栽種的有17個品種，其中僅7種對葉鏽病和咖啡果病有抗力，名稱為Goma、Cherchero、Shinkyi、Fudisha、Wegere、Bunakela、Shimbre。可見哈拉的抗病品種數量遠不及咖法森林。光從前述藝伎山發現的抗病品種Variety75227的編號，即可明瞭咖法森林1975年至少已找到兩百二十七個抗病品種，哈拉就顯得相形見絀了。雖然東半壁的哈拉、耶加雪菲和西達莫，抗病力遜於西半壁，卻在風味上取勝。換言之，抗病力形成「西強東弱」，美味度則是「東雅西俗」，是很有趣的對比。

聯合國植物學家指出，哈拉高地的氣候遠比咖法森林乾燥涼爽，病蟲害相對較少，出現抗病品種的數量亦少於咖法森林，因此移植哈拉品種至較潮濕的咖法森林，就很容易染病枯萎。有意思的是一千多年前哈拉咖啡移植到葉門，而十八世紀歐洲列強又從葉門引種到波旁島、印尼和中南美，環環相扣造成「新世界」咖啡體弱多病。植物學家認為，如十八世紀歐洲人從衣國西南的咖法森林引種，那麼今日「新世界」咖啡的抗病力應該會更強。

日曬豆的反撲

日曬法是「舊世界」傳統處理方式，衣索匹亞自古採用滴水不沾日曬法（註10），以太陽光和熱在樹枝上自然脫去水分，只要氣候夠乾燥，紅果子幾周後就會，咖啡果含水量便會降到11～12%，變成又乾又硬的紫黑色，即可收穫儲藏起來，要用時再搗碎果子取出咖啡豆。然而，小農往往「珍藏」乾硬咖啡果數年後才拿到市場賣，致使瑕疵率增加，徒增雜味。

另外，衣索匹亞日曬豆與水洗豆的採果時間也不同，水洗豆採收期較早，在每年7月至12月止，而日曬豆較晚，在10月至來年的3月止，也就是說擇優先選的果子供水洗加工，挑剩的末期收穫才留給日曬使用。因此日曬的咖啡果子瑕疵比例較高，最後必須再混入些好豆子，以免雜味太重。這是衣索匹亞大宗日曬豆的宿命。

日曬法雖省工省水，但很容易失控；曝曬時間太長脫水太快，咖啡果易龜裂，感染細菌而產生惡味，另外，濕氣太重、乾燥太慢，咖啡果易腐爛或發酵過度。只盼天公作美，脫水過程不疾不徐，咖啡果無裂損，才能引出濃郁水果香與黏稠感。因此日曬古早味不是大好就是大壞，令人愛恨交加。

粗糙日曬雜味重

不容諱言，一般小農為了省事，多半採用粗糙日曬，咖啡果子在枝上變紅了也不去摘，等到紅果子變成紫黑或掉落後，再去撿拾，因而常遭到污染。更糟的是，這些採集來的半乾燥咖啡果子經常堆放在外頭，如同一座小丘，通風不良易造成乾燥不均或回潮發霉，折損風味。最明顯的瑕疵日曬味包括濃濃的漂白水味、藥水味、豆腐乳味、洋蔥味、榴槤味，甚至有人說是雞屎味。

日曬豆難免會有水果熟透的發酵味道，有人無法接受這種日曬古早味，但也有人愛死這個味，筆者認為咖啡有輕微發酵味，可增加味譜豐富度，若有似無的榴槤味或豆腐乳味，猶如「雲淡無痕風過處」的意境，並非壞事。但如果太濃烈，出現藥水味，就是瑕疵味了。由於後段製程太草率馬虎，一般日曬豆常有發酵過度的問題，幾乎成了低檔貨代名詞，令許多喝慣乾淨水洗豆的老饕敬謝不敏。為此，1959年耶加雪菲產區拋棄傳統日曬，改而引進拉丁美洲水洗法，試圖降低瑕疵率並提高品質，1970年以後，耶加雪菲水洗豆的茉莉花香和柑橘味，吃香歐美，成為非洲精品豆典範。此後，傳統日曬不是被打入冷宮就是遭污名化。

知名的咖啡美學家喬治・豪爾，以及知識份子生豆採購專家傑夫・瓦茲，多次為文抨擊日曬豆是扶不起的阿斗。

註10：日曬法可粗糙為之，亦可慢工出細活，前者滴水不沾，後者先挑選成熟紅果子，採下後再入水槽撈掉飄浮豆，加以清洗後，平鋪在高架網棚日曬。

日曬豆痛宰水洗豆

然而，2006年古法日曬大反撲，美國知名咖啡顧問布特主持的ECafe基金會，在衣索匹亞舉辦第二屆「金牌合作社咖啡大賽」（Gold Cooperative Coffee Competition）日曬豆痛宰水洗豆，前三名高分全被日曬豆囊括，包括耶加雪菲哈瑪合作社（Hama）的92.5分、金瑪的91.3分和西達莫的91分，而水洗組最高分耶加雪菲的凱洛合作社（Kello）只有90.6分，還不如日曬組第三名（註11）。

當年日本一家咖啡公司透過網路競標以每磅生豆10.6美元高價買下哈瑪冠軍日曬豆，打破衣國咖啡最高拍賣價紀錄，精品界譁然。布特的評語為：「本次賽事再度證明衣索匹亞精緻日曬豆，得天獨厚的味譜，舉世罕見。」因此，日曬法並非原罪，端視處理手法是否精緻細膩。ECafe的杯測賽事，讓世人見識到日曬法與古優品種良性結合，開拓味域新疆界的無邊魅力。

精緻日曬勁爆水果香

無獨有偶，耶加雪菲知名咖啡交易商阿杜拉．巴格希（Abdullah Bagersh）不願坐視「新世界」水洗法入侵「撒野」，也很懷念早期精挑日曬豆的無敵香，決定振興日曬國粹。2006年，他在耶加雪菲海拔最高的霧谷（Mist Valley）向小農收購特定品種的熟透紅果子，集中到艾迪鐸小鎮（Idido）他經營的日曬加工場處理。

註11：其實2005年第一屆賽事，日曬組前三名杯測分數皆高於91分，金瑪產區的Kampi合作社的日曬組冠軍更得到92.2高分，反觀水洗組冠軍的耶加雪菲凱洛合作社只有89.9分，直到第二屆賽事，日曬豆痛宰水洗豆才引起大話題。

一改小農捨不得挑除壞果子和瑕疵豆的惡習，以最高標準淘汰不良品，先洗淨咖啡果子，降低污染源，再將質量佳無裂損的咖啡果子平鋪在精心設計的「高架網床」，讓果子透風良好，均勻受熱與脫水，且隔離地面的塵土味。網床亦附有防雨布，濕氣大可立即蓋上，降低受潮率。在一至兩周的日曬期間，每天有人顧守，尤其前四十八小時關鍵期，每小時要翻動咖啡果子，增加乾燥均勻度，且每天揀除瑕疵品。慢工出細活的「艾迪鐸霧谷」（Idido Mist Valley）日曬豆，包括碧洛雅（Beloya）、艾芮莎（Aricha）系列，2006年搶攻歐美，濃郁的草莓、柑橘、杏桃、茉莉花香和醇厚度，連水洗耶加雪菲也失色，市場為之驚艷，一路爆紅至今。

可惜的是，自從2009年衣索匹亞商品交易中心（Ethiopia Commodity Exchange，簡稱ECX）開始運作後，巴格希經營的處理廠無法再以私人開發的品牌販售，所有咖啡必須集中到ECX分級出口，因此碧洛雅與艾芮莎已買不到了。（請參考本章附錄詳述）

在美國精品咖啡業者陳情奔走下，ECX同意為精品咖啡增設第二窗口，方便咖啡農與買家直接交易。然而，勁爆水果韻的精品日曬豆，太搶手了，竊案頻傳。專門販售衣索匹亞精緻日曬豆的美國知名Ninety Plus公司，成了重災區，2011年暑假，該公司有一整貨櫃的高價日曬豆，在衣索匹亞離奇失蹤，據信是被偷走了，損失不輕。

Ninety Plus近年與西達莫、耶加雪菲的咖啡合作社協力，推出日曬新品奈吉塞（Nekisse）、狄堅柏（Tchembe），味譜振幅很大，一入口會有股野香，近似榴槤或豆腐乳的日曬發酵味，但幾秒後，一溜煙地羽化成莓果味譜，又有點百香果的迷人味，喝來不像咖啡，倒像水果茶，這種神奇的水果風味，僅見於日曬豆，近年吃香歐美精品界。

日曬見長的珍稀品種

耶加雪菲日曬豆一夕間顛覆水洗豆較佳的慣例，衣索匹亞哈瓦沙大學（Hawassa University）開始重視此問題，農業學院植物科學系研究生梅肯南．海勒米契（Mekonen Hailemichael）的研究報告「基因型、地域與處理法對阿拉比卡品質的影響」（Influence of Genotype, Location And Processing Methods On The Quality Of Coffee(Coffea arabica L.)）指出，基因形態、栽植水土與處理方式，直接影響咖啡風味。

他以西達莫和耶加雪菲最常見的三大品種：Kurmie（矮小）、Wolisho（高大）、Deiga（中等），與其他十四個最近二十多年來發現的新品種進行日曬與水洗杯測比較，結果發現日曬法只有在厚實度與黏稠口感上明顯優於水洗法，在酸香與乾淨度表現就遜於水洗法，大多數受測品種的日曬豆，整體風味均遜於水洗豆，只有耶加雪菲與西達莫的三大品種Kurmie、Wolisho、Deiga以及另兩個新品種9718、85294的日曬豆出乎意料，優於水洗豆。

從海勒米契的研究報告可看出，大多數古優品種仍以水洗處理的風味較佳。僅有少數品種，以日曬處理見長，所表現的花果酸香、甜味、辛香與振幅，明顯優於水洗豆，這更凸顯優質日曬古早味的稀有性。並非所有品種皆適合日曬，必須謹慎挑選適合日曬提味的品種，近年衣索匹亞火紅的日曬絕品豆「碧洛雅」、「艾芮莎」、「雅蒂」（Ardi）、「奈吉塞」，就是選對日曬品種的傑作。

日曬水洗成份大競比

日曬豆的味域振幅，確實大過水洗豆，劣質日曬猶如地獄餿水味，優質日曬恰似天堂百花香。早在1963年，美國知名咖啡化學家麥可．席維茲（Michael Sivetz）所著「咖啡處理科技」（Coffee Processing Technology）以及1994年食品化學家艾倫．瓦南（Alan Varnam）的研究均指出，日曬法衍生的成份與水洗法明顯有別，日曬豆所含的脂肪、醣類和酸物高於水洗豆。表5—2，係參考席維茲、瓦南與泰國學術單位的研究數據。

表 5 - 2 日曬與水洗生豆化學成份比較表

處理方式	乾燥日數	脂肪含量	酸性物含量	醣類含量
日曬一	7	1.63±0.17	0.41±0.03	0.46±0.04
日曬二	4	0.22±0.01	0.42±0.03	0.47±0.01
水洗一	7	0.14±0.02	0.25±0.04	0.39±0.08
水洗二	3	0.13±0.01	0.30±0.04	0.38±0.05

*（含量數據：占乾燥帶殼豆重量百分比）

說明：

＊日曬一：完整咖啡果進行太陽光日曬，含水率 7 日降至 12%。

＊日曬二：烘乾機取代太陽光，做為對照組，以攝氏 40℃熱風吹拂咖啡果，含水率 3 日降至 12%。從數據與實務面看，太陽光效果優於烘乾機。

＊水洗一：咖啡果去掉果肉與部份果膠後，入發酵池脫除殘餘果膠，再取出濕答答帶殼豆進行日曬乾燥，含水率 7 日降至 12%。

＊水洗二：水洗步驟與前述相同，但取出帶殼豆後改以烘乾機代勞，做為對照組，含水率 3 日降至 12%。

＊咖啡豆：樣品取自泰國西北部來興省（Tak Province）的鐵比卡。

日曬豆油脂、糖分與酸性物較高

從表5-2可看出，日曬豆的脂肪、酸物與醣類含量明顯高於水洗豆，這是因為日曬法的豆子包藏在果肉裡，在長達7天的脫水階段，豆子充分吸收果膠與果肉的脂肪。另外，日曬豆也因果膠與果肉發酵，而吸收較多的酸物。反觀水洗豆，先去掉果漿和部分果膠，再入池發酵清除殘餘果膠，因此無法充分吸收果子裡的脂肪，且豆子的酸性成分有一部分溶入池中，致使酸物少於日曬豆。

日曬豆脂肪含量較高，這頗吻合吾等的品嘗經驗，日曬豆喝來黏稠感較佳。已故意利咖啡（Illy Cafe）總裁厄內斯托．意利博士（Dr. Ernesto Illy）曾指出，實驗證明衣索匹亞的哈拉日曬豆做濃縮咖啡所呈現的克立瑪（Crema，油沫氣泡）最為綿密紮實。

水洗豆酸過日曬豆

日曬豆酸物含量較高，酸味理應高於水洗豆，但吾等品嘗經驗恰好相反，即水洗豆喝來會比日曬豆更酸嘴。且上述哈瓦沙大學研究生海勒米契的報告亦指出，水洗豆杯測的酸味高過日曬豆。

為何如此？原來日曬豆的酸物，主要是不會酸嘴的胺基丁酸，而非水洗豆富含酸溜溜的檸檬酸、蘋果酸或醋酸。有趣的是，某些富含胺基丁酸的茶葉被日本人視為保健飲品又稱為Gaba- Tea，可紓解身心壓力和血壓。

至於日曬豆的糖分含量較高問題，之前亦有報告指出，水洗豆的糖分有流失現象。德國科學家的報告亦證實，日曬豆的糖分確實高於水洗豆，尤以葡萄糖和果糖最為明顯，但蔗糖含量，則無分軒輊。

日曬復古風，藝伎也瘋狂

衣索匹亞的日曬名豆——碧洛雅、艾芮莎、雅蒂與奈吉塞，征服咖啡迷味蕾後，日曬復古風吹向「新世界」。原本不屑日曬的夏威夷柯娜、瓜地馬拉和哥斯大黎加等水洗獨尊的產國，也相繼推出古早味日曬豆，就連水洗藝伎也出現日曬版本；2011年「巴拿馬最佳咖啡」杯測賽，唐．巴契（Don Pachi）的日曬藝伎贏得89.15高分，每磅生豆以111.5美元售出，而巴拿馬翡翠莊園的日曬藝伎，得分87.42分，每磅以第二高價88.5美元成交，日曬藝伎的拍賣價皆高於水洗藝伎。

衣索匹亞日曬豆較多，約占總產量54%，但品質較不穩定，多半內銷。水洗豆雖占總產量46%，卻高占總出口量的70%，這與歐美偏好乾淨風味有關。值得注意是，優質日曬豆並不多見，採購時最好先杯測，以免買到劣質貨。古優品種、日曬古法與水洗法增加王者之味的豐富度，但切莫忽略衣國獨特水土與栽種系統，這是上帝為阿拉比卡打造的最佳原生環境。

水土與栽培系統決定風味

東非大裂谷切割衣索匹亞，湖泊、火山、低地、高原與林地交錯；窪地低於海平面一百多公尺，高原高出海平面四千多公尺，地貌複雜。全境位處北緯3～15度間，雖近赤道，但地勢較高，西部、西南、南部和東部的咖啡產區年均溫多半介於15～24℃，日夜溫差大，冬季無霜，是阿拉比卡最佳環境，但北部因水土關係，並非咖啡主產區。

Coffee Box

為什麼水洗豆酸過日曬豆？

筆者從一篇研究報告找到可能的解答：根據2005年德國布倫瑞克大學（University of Braunschweig）三名學者：史芬·克普（Sven Knopp）、傑哈·畢托（Gerhard Bytof）與德克·塞瑪（Dirk Selmar）的研究報告「處理法對阿拉比卡生豆糖分含量的影響」（Influence of Processing on the Content of Sugars in Green Arabica Coffee Beans）指出，日曬法的酸物多於水洗法，尤其是日曬豆的胺基丁酸（r—Aminobutyric acid）增幅最大，可做為日曬豆與水洗豆成分差異的重要辨識物。胺基丁酸是植物最著名的應激代謝物，即咖啡豆在日曬乾燥過程，豆子受到長時間脫水的刺激，酵素將麩胺酸（Glutamic acid，組成蛋白質的20種胺基酸之一）分解為胺基丁酸所致，而水洗豆的胺基丁酸含量遠低於日曬豆。但水洗豆的檸檬酸、醋酸等會酸嘴的有機酸，含量多於日曬豆。

衣索匹亞咖啡生長於海拔在550～2,700公尺之間，但主力產區的海拔區間大部分落在1,300～1,800公尺，涼爽多霧，果實成長較慢，加上多變地貌形成的微型氣候，有助更多前驅芳香物蔗糖、有機酸、胡蘆巴鹼和水果香酯的生成，孕育出柑橘、莓果與花朵的香氣與滋味，絕非中南美等新世界能媲美。

雨量與遮蔭條件

雨量方面，衣國產區主受南大西洋從西南帶進的濕空氣所賜，西部伊魯巴柏、西南部咖法森林和南部耶加雪菲與西達莫產區，每年6～9月進入大雨季，不過，雨勢往東北部遞減。另外，每年3～5月受到印度洋從東南面吹來的潮濕季風，形成小雨季，這對東部乾燥的哈拉產區很重要，但印度洋季風勢力最遠只能滋潤到西達莫與部分咖法森林，西陲的伊魯巴柏無法受惠，因此西部是單雨季，每年只能採收一次。而西南部咖法森林、南部耶加雪菲、西達莫和東部哈拉，則為雙雨季，每年可收穫兩次。更重要是，乾濕季明顯，相隔約八個月，最有助阿拉比卡的增香提味，此乃衣國得天獨厚之處。

東部哈拉雖有雙雨季但較為乾燥，年均雨量僅1,000毫米，需搭配灌溉系統。西部的伊魯巴柏、咖法森林和南部耶加雪菲、西達莫，年均雨量豐沛，約1,500～2,500毫米，熱帶闊葉林渾然天成，提供阿拉比卡最佳的遮蔭環境。

傳統有機肥保住土質

土壤方面，東部哈拉屬於中生代土層，由砂岩和碳酸鈣構成；而咖法森林、耶加雪菲和西達莫屬於古老的火山岩土質，礦物質豐富，土壤酸鹼值在pH5～pH6.8之間，最投阿拉比卡所好。更重要是，遮蔭樹的落葉也成了天然肥料，而赤貧的農民無餘裕使用化學肥料，自古習慣使用有機糞肥，有機栽培也保住衣國土壤的生命力。

栽培系統全球最多元

衣索匹亞擁有全球最多元的咖啡栽植系統，包括森林咖啡（Forest coffee）、半森林咖啡（Semi-forest coffee）、田園咖啡（Garden coffee）和栽植場咖啡（Plantation coffee）四大系統。衣國90%咖啡是由小農在田園、半森林和森林裡辛苦栽種出來，大規模企業化的栽植場或咖啡莊園，在衣國反而是極少數，此特色和中南美大相逕庭。

森林咖啡：指原始森林裡的野生咖啡樹，受到政府保護，有專人前往採收。此系統產量極低，每公頃年均咖啡豆產量很少超過200公斤，咖法森林的彭加最低記錄甚至只有15公斤。此系統以西部伊魯巴柏與西南部為主。森林咖啡約占衣國咖啡總產量5～10%。

半森林咖啡：指半野生咖啡，農民定期入林修剪遮蔭樹或咖啡枝葉，增加透光度與產果量。此系統年產量也不高，每公頃年均咖啡豆產量不到400公斤，分布區域與森林咖啡相同，此系統產量約占衣國總產量35%。

田園咖啡：指小農在自家農田混種咖啡與其他現金作物，咖啡多半種在象腿芭蕉的下方，形成獨特景觀。這是衣國咖啡的主力生產方式，產量變化很大，每公頃年均產量介於200～700公斤，端視氣候與病蟲害狀況。主要分布於南部西達莫、耶加雪菲和東部哈拉。近年當局努力將田園混種系統引入西部地區，增加農民收益。田園咖啡的小農發揮螞蟻雄兵力量，約占衣國咖啡總產量的50%。

栽植場咖啡：由國營或私人開闢土地，專供高效率量產栽植，類似中南美的企業化與科學化管理。此系統選拔抗病力強、高產能品種，主要分布於西南部的鐵比、貝貝卡。面積最小，僅占衣國咖啡總產量5～10%而已。

九大產區盡現地域之味

上述四大栽植系統分布在以下九大產區：金瑪、西達莫、耶加雪菲、哈拉、林姆、伊魯巴柏、金比（列坎提）、鐵比、貝貝卡（請參考文後圖表）。九大產區中，耶加雪菲、西達莫、林姆、哈拉屬於精品產區；金瑪、伊魯巴柏、金比（列坎提）、鐵比與貝貝卡為大宗商用豆產區。另外，西北部塔納湖的齊格雖未列入九大主力產區，卻是個另類的神聖產區，最近逐漸走紅。

整體而言，各產區風味均有特色，豆貌及品種亦有別，基本上，西部鐵比、貝貝卡、伊魯巴柏、咖法森林與西北部塔納湖的豆粒明顯較大，野味較重但果酸味較低。而中部的林姆，中南部的耶加雪菲、西達莫饒富水果風味、花香與酸香，品質較穩定。東部的哈拉兼具西部的野味與中南部的水果味，好壞差異與振幅很大。

衣索匹亞古優品種的基因極為龐雜，加上日曬、水洗和半水洗的多元處理法，呈現複雜多變的風味。可以這麼說，全球各咖啡產區的「味譜」，多半可在衣國九大產區喝到，連印尼悶香低酸的曼特寧味，亦可在衣索匹亞的鐵比或貝貝卡喝到，更體現衣國兼容並蓄的「王者之味」。

耶加雪菲（精品產區）

｜海拔1,800～2,000公尺｜2006～2007產季出口量21,600公噸｜

｜田園咖啡系統｜

耶加雪菲爆紅國際：恰好位處東非大裂谷東緣，地形切割複雜，西臨阿巴亞湖（Abaya Lake）自古就是塊濕地，水資源豐富，鳥語花香，耶加雪菲意指「讓我們在這塊濕地安身立命」，居民甚至認為這裡是人類發跡的伊甸園場址。

1970年後，水洗耶加雪菲獨特的花香與柑橘味爆紅國際，被譽為「耶加雪菲味」。2003年，已故咖啡化學家意利博士在美國精品咖啡協會演講時指出，耶加雪菲某些芳香成份在香奈兒5號香水與大吉嶺茶葉中亦能找到。

耶加雪菲附屬於西達莫產區，由於風味特殊被獨立出來。除了小鎮耶加雪菲外，還包括周邊的Wenago、Kochere、Gelena/Abaya等三個副產區。衣國09年11月啟用的新交易與分級制，將水洗、日曬精品級耶加雪菲，分成「有耶加雪菲味」的A組與「無耶加雪菲味」的B組，每組又包括上述3產區。因此新的耶加雪菲分級制裡，Yirgacheffe A、Wenago A、Kochere A、Gelena/Abaya A，會比Yirgacheffe B、Wenago B更昂貴。除了水洗與日曬外，最近又推出半水洗耶加雪菲，值得一試。

西達莫（精品產區）

｜海拔1,400～2,200公尺｜2006～2007年出口量13,500公噸｜

｜田園咖啡系統｜

西達莫身價賽耶加：風味近似耶加雪菲，精緻水洗或日曬的西達莫，同樣有花香與橘味，酸味柔順，身價不輸耶加雪菲。此二產區的品種相似，豆粒中等但亦有矮株的小粒品種，農民經常獨立出來賣。此區與耶加雪菲最常見的三大地方品種為矮株的Kurmie，抗病力較差；高大強健的Wolisho；樹體中等的Deiga，此「三傑」是精品日曬系列碧洛雅與艾芮莎的主力品種。

西達莫在新的分級制度下，依豆源與風味分為A、B、C、D、E五組，Sidama A的售價最高，其次是Sidama B，依此類推。

林姆（精品產區）

｜海拔1,200～2,000公尺｜2006～2007年出口量6,600公噸｜
｜田園、森林、半森林、栽植場咖啡系統｜

林姆台灣少見：產量較少，主要外銷歐美市場，台灣不易買到，但在歐美很受歡迎，有水洗、日曬和半水洗。對歐美而言，水洗林姆的名氣僅次於耶加雪菲。林姆的味譜不同於西達莫與耶加雪菲；林姆的body黏稠度明顯較低，花朵與柑橘味的表現也遜於耶加雪菲和西達莫，卻多了一股青草香與黑糖香氣，果酸明亮，林姆的拍賣行情亦不如上述兩產區。

哈拉（精品產區）

｜海拔1,500～2,400公尺｜2006～2007年出口量11,000公噸｜
｜田園咖啡系統｜

哈拉獨尊日曬：是衣索匹亞東部古城，但城區並不種咖啡，所謂的哈拉咖啡是指大哈拉地區的哈拉吉高地（Hararghe Highlands）所生產的咖啡，由於年均雨量只有1,000毫米，比西達莫和咖法森林更為乾燥涼爽，全採日曬處理法。風味上，東哈拉吉高地（E.Hararghe）的咖啡比西哈拉吉（W.Hararghe）乾淨些，這應該和東區農民習慣將曬乾的果子除去硬果皮和種殼後，以乾淨的生豆出售有關。西區農民則習慣販售未處理的乾燥咖啡果，不少瑕疵品混雜其中。因此東哈拉吉的咖啡行情明顯優於西區。過去，哈拉咖啡集中於城北的狄瑞達瓦（Dire Dawa）出口，但2009年當局革新交易制，全集中首都交易。

哈拉咖啡素以「雜香」出名，是古早味的典型，她與耶加雪菲並列衣索匹亞「雙星」。如果哈拉的瑕疵豆挑揀乾淨，很容易喝到莓果香，略帶令人愉悅的發酵雜香味。但此地農民習慣將精品級摻雜商用級，灌水銷售，使得雜腐味蓋過迷人水果香，令人扼腕。這幾年，哈拉品質不穩定，應與分級不實有關。選購時切勿迷信哈拉威名，務必杯測或試喝，以免花大錢買到劣質貨。

哈拉的國際拍賣行情向來高於耶加雪菲，這與沙烏地阿拉伯偏愛哈拉「雜香」，大肆採買有關。衣國新交易分級制施實後，哈拉精品級被分成A、B、C、D、E 5組，A組產自東哈拉地區，拍賣價最貴，每「菲瑞蘇拉」（Feresulla，衣國重量單位，每袋17公斤）至少700～800比爾（Birr，衣國貨幣單位，1比爾＝3.17台幣），這比耶加雪菲A組還貴100比爾左右。究竟「耶加雪菲味」優，或「哈拉味」佳，見仁見智。原則上，喜歡乾淨無雜味的饕客可選前者；偏愛味譜振幅較大者，可選後者。

Coffee Box

水洗哈拉現身

筆者前作《咖啡學》第 150 頁，曾預言日曬哈拉面臨日曬耶加雪菲與西達莫的競爭，遲早會推出水洗哈拉以為反制，沒想到一言中的。乾燥缺雨的哈拉，數百年來不曾使用水洗處理法，最近終於打破傳統，限量推出水洗哈拉，試圖與水洗耶加雪菲與西達莫，一較高下。

2011 年 3 月，我收到衣索匹亞咖啡豆供應商寄來水洗哈拉樣品豆，嚇了一跳，這是我玩了三十多年咖啡，頭一次看到翠綠玲瓏的哈拉水洗豆，驚喜之餘，立即以中度烘焙試泡來喝。

手沖過程就聞到濃郁水果香，喝入口明顯的百香果與花味，水果酸甜韻迷死人，但與耶加雪菲的柑橘味不同，味譜也比日曬哈拉乾淨剔透，這下可好，衣索匹亞的水洗豆又多了東部強敵競爭。喝慣了日曬哈拉的咖啡迷，不妨試試水洗哈拉，但不易買到。

金瑪（大宗商用豆產區）

｜海拔1,350～1,850公尺｜2006～2007年出口量60,000公噸｜

｜森林、半森林咖啡系統｜

金瑪是咖法森林或咖法省的首府，英文拼音很混亂，地圖多半為Jimma，但咖啡麻布袋卻拼成Djimmah。這裡是衣國咖啡最大產區，占出口量1/3。

咖法森林以繁浩的野生品種著稱，金瑪是此區咖啡集散地，農民習慣將林區採集的咖啡運至金瑪，再將成百上千的品種混合，充當商用豆出售，致使某些美味品種的雅香被遮掩，殊為可惜。本區雖以日曬商用豆為主，亦有限量版精品豆，2005年本區的Kampi合作社精選日曬豆贏得第一屆「金牌合作社咖啡大賽」首獎，足見本區潛力。而且新交易分級制實施後，當局為日曬金瑪增設精品級，值得比較。另外還增設水洗精品金瑪，我曾試喝過，雖然沒有耶雪菲的橘香與花韻，但味譜乾淨剔透，近似中美洲精品豆。

商用級金瑪在台灣很普遍，運氣好買到物美價廉的金瑪，亦喝得出檸檬皮的清香味，不輸西達莫，運氣差就容易買到朽木味的金瑪。但整體而言，金瑪比巴西大宗商用豆桑多士的風味更優，是很好的中低價位配方豆。

伊魯巴柏（大宗商用豆產區）

｜海拔1,350～1,850公尺｜2006～2007年出口量12,000公噸｜

｜森林、半森林咖啡系統｜

此區位於衣國西部恰與蘇丹接壤，是衣國最偏西的產區，咖啡基因龐雜度僅次咖法森林，豆粒明顯大於耶加雪菲與西達莫，果酸味偏低，黏稠度佳，風味平衡，此地咖啡多半運到金瑪混合，少見獨立出來販售。

金比、列坎提（大宗商用豆產區）

｜海拔1,500～1,800公尺｜2006～2007年出口量30,000公噸｜

｜森林、半森林咖啡｜

此區有日曬與水洗豆，豆相近似哈拉的長身豆，亦有少量精品級頗受歐美歡迎。但大部分是商用豆，被譽為「窮人的哈拉」。果酸與水果味優於伊魯柏，風味明亮。

鐵比、貝貝卡（大宗商用豆產區）

｜海拔500～1,900公尺｜2006～2007年出口量4,800公噸｜

｜田園、森林、半森林咖啡、栽植場系統｜

兩個產區很接近，鐵比在貝貝卡北方，設有企業化經營的咖啡栽植場，近年推廣田園系統，增加農收益，年產量約3,000噸。鐵比海拔約1,100～1,900公尺，亦有少量精品級出口。貝貝卡則以森林、半森林和栽植場為主，年產量1,800噸，海拔較低，約500～1,200公尺，多半為商用級。兩地均有野生咖啡，產量不高，風味迥異於哈拉和耶加雪菲，果酸低是最大特色，適合做配方豆，亦有日曬與水洗豆。

近年官方趕搭全球的藝伎熱潮，在鐵比增設藝伎栽植場，試圖與巴拿馬藝伎爭鋒，但風味平庸，專家認為，鐵比海拔偏低且此區的藝伎基因形態與巴拿馬不同，味譜並不突出。

塔納湖畔（另類產區）

修道院咖啡：塔納湖的海拔1,840公尺，周邊森林咖啡年產量極少，不到十公噸，稱不上產區，湖區林立的東正教修道院、教堂、宗教壁畫與神話，造就世上最有「神味」的咖啡。

1671年羅馬東方語言學教授奈龍為了爭奪咖啡起源的詮釋權（請參考拙作《咖啡學》第一章），編織「牧羊童卡狄與跳舞羊群」故事，衣索匹亞觀光單位，近年順水推舟，宣稱塔納湖畔就是咖啡小祖宗卡狄的出生地，而奈龍的靈感就是來自塔納湖畔，咖啡飄香的修道院。衣國借此炒熱修道院觀光熱潮。

自古以來，塔納湖區的野生咖啡專供修士和當地居民享用，近年德國知名咖啡豆進口商「紐曼咖啡集團」（Neumann Kaffee Gruppe）與世界生物棲息地保育協會（World Habitat Society）、阿姆哈拉發展協會（Amhara Development Association）合作產銷，將傳奇的塔納湖修道院咖啡介紹給歐美精品業，增添咖啡樂趣。

此區咖啡豆比耶加雪菲大顆，有日曬與水洗，筆者只試喝過日曬豆，酸味柔和，黏稠度佳略帶「令人愉悅的野香」，味譜低沈。

水洗豆喝多了，反而覺得太乾淨、單調，缺乏律動感，不妨換換口味，試試優質日曬豆的水果發酵風味與高低振幅，彷彿經歷一場香味之旅，水果香味夾雜些許「似香非香」的疑惑，這就是迷人的古早味。此味僅衣索匹亞與葉門才有。

葉門：桀驁難馴的野香

葉門是日曬古早味的經典，也是全球唯一的全日曬咖啡產國，滴水不沾的傳統處理法，從十七世紀歐洲人迷上野味摩卡，至今未變。這與葉門極乾燥氣候有關，咖啡主要栽植於中部高地，年均雨量只有400～750毫米，遠低於阿拉比卡最佳的1,500～2,000毫米降雨量。所幸葉門咖啡基因來自衣索匹亞耐旱的哈拉品種，但缺水環境使得農民至今無法引進較先進的水洗法，野香味勝過哈拉咖啡，因此葉門成了體驗古早味的最佳選擇。

葉門是阿拉比卡移植出衣索匹亞的第一站，基因多態性雖然減損了，但仍保有可觀的多元咖啡基因，是全球第二個有資格冠上古優品種的產國。

野味喜惡兩極

葉門咖啡頗具爭議性，桀驁難馴的野味，愛者捧上天，恨者嫉如仇，可歸類為一種Acquired taste，需透過學習與嘗試，才能養成的嗜好。葉門的野味比衣索匹亞更濃烈，磨豆時就聞得到一股難以形容的「異香」，愛者稱為發酵野香，恨者貶為雞屎或榴槤味，好惡隨緣，因人而殊，這就是鑑賞古早味應有的心理準備。

葉門農民的日曬處理法比衣索匹亞粗糙，咖啡果子轉紅還不摘下，直到果子在樹枝上自然乾燥變成紫黑色，掉落地面才去撿拾。這和耶加雪菲或西達莫摘取紅果子，平鋪在「高架網床」的精緻日曬不同，是葉門野味特重的主因。

奇芳異香四產區

沙那利（Sanani）、馬塔利（Mattari）、伊士邁利（Ismaili）和希拉齊（Hirazi）是葉門中部高地的四大名產區，在歐美精品咖啡界很吃香。

沙那利係集合首都沙那周遭咖啡梯田或農地的咖啡，進行混合篩選，由於距首府最近，運送方便，新鮮度較佳，果香與果酸味較明亮。馬塔利產區位於首都西側高地，海拔在2,000～2,400公尺，是葉門海拔最高的產區，但位置最偏僻，交通不便，農民採收後往往要拖上一段時日才運得出去，珍藏一年以上，甚至數年的咖啡果子很常見，因此新鮮度不若沙那利。馬塔利的海拔較高，如能買到新鮮貨，果酸明亮有勁，野味較不明顯；如果買到的是陳年貨，果酸味就鈍掉了，甚至出現紙漿味。

馬塔利高地西南邊則是伊士邁利和希拉齊，兩者屬同一產區，地勢較高的品種為伊士邁利，較低的為希拉齊。基本上，沙那利、馬塔利和伊士邁利的豆粒比較瘦小，甚至比中南美洲的小圓豆還袖珍，使用有孔的直火式烘焙機或電動Hottop Roaster要小心咖啡豆從小孔掉出來，暴殄天物。希拉齊顆粒較大就沒此問題，但品質明顯較差，常有朽木味。

葉門咖啡饒富野香，乾淨度較差，但細心品啜應能喝出野味背後的奇芳異香，非常有趣。葉門中部高地，山巒起伏，崎嶇險要，小農多半採用化整為零的種植法，幾株種在陡坡、數十株種在梯田或峭崖上，各有不同的水土與微型氣候，因此芳香成份也不同。

換言之，一杯葉門咖啡是由許多不同「地域之味」的咖啡豆組成，每杯風味未必相同，加上小農儲存日曬豆時間長短不同，切勿奢望每批生豆品質如一，所以，鑑賞葉門咖啡，先要有包容的雅量。

葉門絕不是你最想與好友分享的首選精品，卻是你最想與「知香」者，一同品香論味的人間奇豆！

印度：咖啡僵屍，百味雜陳

衣索匹亞與葉門是全球碩果僅存的兩大古優品種產國，印度遲至十七世紀才有咖啡栽培業，雖稱得上第三號古早味咖啡，但基因多態性已不復見，因此植物學家並未將印度咖啡列入古優品種。然而，印度在全球咖啡栽培史舉足輕重，她是銜接新舊世界的便橋。

新舊世界的交點

根據傳說，1600年，印度的回教蘇非教派聖哲巴巴布丹（Baba Budan）遠赴麥加朝聖，返國途中從葉門偷了七粒咖啡種籽，並栽種在他修行的印度西南部奇克馬加盧爾山區（Chikmagalur），造就印度卡納塔卡省（Karnataka）的咖啡栽培業。後人為了紀念他的貢獻，就將他修行的山麓取名為巴巴布丹山，位於奇克馬加盧爾小鎮北方二十五公里，是回教與印度教徒共同尊奉的唯一聖山，遊人如織。而今，奇克馬加盧爾也成為印度最著名的精品咖啡產區。

不過，印度文獻指出，遲至1695年，印度才引進咖啡，雖然比巴巴布丹的事蹟晚了近百年，但無論傳說或史料，皆可證明印度最晚在十七世紀末葉已開始種咖啡，也早於歐洲列強十八世紀中葉移植「舊世界」咖啡到「新世界」中南美和印尼栽種，印度恰好成為新舊世界的交接點。如果沒有印度早期的紮根，就沒有荷蘭人1696～1699年從印度馬拉巴和錫蘭，移植咖啡樹至印尼爪哇島栽種，進而帶動十八世紀新世界咖啡栽植熱潮。

首開品種改良先例

印度位處咖啡新舊世界的交點，印度的味譜仍有「舊世界」的野香韻味，雖不屬於古優品種，卻首開咖啡品種改良先例。1918～1920年間，英國園藝家肯特（L.P. Kent）在印度邁索的咖啡園篩選出耐旱又對葉鏽病有抗力的鐵比卡變種「肯特」，並引種到肯亞、印尼等新世界產國，貢獻卓著。

今日印度咖啡有2/3是羅巴斯塔，阿拉比卡僅占1/3。咖啡產區主要分布於西南的卡納塔卡省，兩者皆有栽植，占印度咖啡總產量50%。南部的克拉拉省（Kerala）主攻羅巴斯塔，占總產量30%；東南部的塔米爾納杜省（Tamilnadu）兩種皆有，占總產量10%；其餘10%分散在北部新興產區。此外，印度培育出不少跨種混血的另類咖啡，也是野味的來源之一。

- **Sln（Selection）288：**二十世紀初，印度發現阿拉比卡與賴比瑞卡天然混血且有生育力的穩定品種，取名S26，其第一代咖啡樹於1938年發送農民栽植，取名S288，染色體和阿拉比卡相同為44條，但對葉鏽病有抗力，風味近似阿拉比卡，略帶野味。

- **Sln795：**略帶野味的S288再與肯特混血產出的第二代為S795，成功洗去賴比瑞卡的騷味，風味更優雅，抗病力亦強，豆子壯碩，70%在17目(豆寬6.75毫米)以上，於1946年釋出給農民大量栽種，是目前印度主力品種，占阿拉比卡總產量70%。S795的豆粒比S288大，色澤藍綠，高產能每公頃可產2,000公斤，印尼近年也大力推廣此優秀品種。

- **Sln 9：**這是印度精心打造的優異混血品種，由衣索匹亞藝伎山的野生品種Tafarikela，與帝汶（Hibrido de Timor）雜交產出的S9血緣很複雜，兼具美味、高產能與抗病力佳，曾多次贏得印度杯測賽首獎，與S795分庭抗禮，已打進精品界。印度宣稱此品種略帶巴拿馬當紅的藝伎風味。

- **Sln12：**又稱為Cauvery，是卡杜拉與帝汶的混血，說穿了就是印度的卡帝汶（Catimor）屬高產能高抗病力品種，風味仍有粗壯豆的魔鬼尾韻。

- **Sln274：**印度最著名的小粒種羅巴斯塔就是她，市場上以Robusta Kappi Royal銷售，堪稱全球最高貴的粗壯豆。入口滿嘴麥茶香，幾乎喝不出粗壯豆的惡味，且甜感佳，帶有花生和堅果香，是帝王級粗壯豆。一般羅巴斯塔只要添加到15%就很不順口還會咬喉，但此豆加到20%以上，仍不覺得礙口。

- **Sln C × R：**名字很怪異，是印度最新的濃縮咖啡配方豆，跳出阿拉比卡與羅巴斯塔混血的框架。她是咖啡屬裡剛果西斯種（*Congensis*）與羅巴斯塔的混血怪胎，即*Congensis*×*Robusta*。目前已打入美國精品咖啡界，每12盎司要價13美元。採日曬處理，喝來有印度香料味、略帶水果味，微微酸香，很另類的體驗。此雜種咖啡將成為Robusta Kappi Royal和馬拉巴風漬豆最大勁敵。

不可思議的咖啡僵屍

巴巴布丹十七世從葉門盜來的七粒咖啡種子屬於抗病力最差的鐵比卡，印度後來衍生的阿拉比卡系列，如肯特亦為鐵比卡的嫡系，波旁幾無立錐之地。印度為了提高鐵比卡的抗病力，除了選拔抗病的變種外，就是與更強壯的羅巴斯塔、賴比瑞卡或剛果西斯跨種雜交，使得印度咖啡在先天上，頗能自外於新舊世界的味譜，自成一格。

加上印度西南部馬拉巴產區獨有的季風處理「風漬」味，喝來不像咖啡，倒像麥茶或臘味咖啡，豆色蒼白或黃白，說是咖啡僵屍並不為過。黏稠度佳無酸味、堅果味與木質味明顯，很適合做濃縮咖啡配方。印度咖啡的明亮度和酸香味較差，有人嫌雜味太重。台灣偏好較乾淨的咖啡風味，印度豆似乎不太受歡迎，但北歐和義大利卻是印度僵屍咖啡的主要客群。

邁索金磚

目前印度第一線精品豆的品種以S795與S9為主，產自卡納塔卡省的奇克馬加盧爾以及巴巴布丹山的水洗豆品質最優，色澤藍綠肥碩，迥異風漬的臘味咖啡，因此冠上「邁索金磚」（Mysore Nuggets）商標，即為印度最高檔精品咖啡，但要小心買到低價仿冒品，卡帝汶或S288摻雜其中。另外，馬拉巴的風漬豆多半以肯特、S288品種為主，採日曬和風漬雙重處理法，做濃縮配方較佳，較少單品。

附錄

新交易分級制，歐美大地震

2001年後，衣索匹亞咖啡年產量已穩定突破20萬公噸，2010年更創下447,000公噸新高。2011年衣國當局信誓旦旦，要把握咖啡行情大好的黃金歲月，五年內增產到60萬公噸，坐穩全球第三大阿拉比卡產國寶座。雖然衣國阿拉比卡產量還比不上巴西和哥倫比亞，但衣國坐享阿拉比卡祖國美譽，並擁有得天獨厚的古優品種，拓展精品咖啡潛力，舉世無雙。在精品市場的舉動，常掀起大風波。

力爭咖啡資源

幾年前，衣索匹亞不惜打國際官司，嚇阻巴西盜取咖法森林的低因咖啡資源，接著又力抗星巴克盜用Yirgacheffe、Sidamo、Harar產區名稱，連戰皆捷（前作《咖啡學》第133～140頁）。

2008年春季，衣索匹亞為了農民權益再出狠招，廢除舊有咖啡交易制度，創立衣索匹亞商品交易所（Ethiopia Commodity Exchange，簡稱ECX）。今後衣國的內外銷咖啡必須重新分級，透過ECX公開透明機制才得買賣。但2008年4月新制草率試行，歐美很不容易買到昔日熟悉的衣索匹亞精品豆，因為品名全改了，而且來源與處理方式資訊全無，陷入恐慌。美國精品咖啡協會認為茲事體大，出面與衣國折衝協調一年多，總算有了善果。

衣國當局對古優品種深具信心，為了消除各界疑慮，破天荒引進SCAA精品咖啡鑑定制度，大幅提高咖啡豆身價，更確保品質與來源的「透明度」與「可追蹤性」。

2009年10月，衣索匹亞在SCAA和歐洲精品咖啡協會（SCAE）見證背書下，正式啟動ECX的精品咖啡交易新制，成為全球第一個將精品咖啡納入大宗商品交易平台的咖啡產國，以便革除舊制諸多弊端。蓋拉族後代再次向世人證明「喊水會結凍，喊魚會落網」的能耐。

農民消瘦奸商肥

這起咖啡風暴肇因於衣國舊有交易制度，全由中間商——咖啡豆收購商、處理廠或出口商把持，而農民處於資訊弱勢，完全不了解古優品種的價值與國際行情，傻呼呼賤賣給水洗或日曬處理廠的收購員。而這些中間商又與出口商和國內外拍賣管道垂直整合，壟斷市場，甚至伺機從市場買回，炒高豆價，或囤貨居奇，飽中私囊。辛苦的農民依舊三餐不繼，成了被剝削一群。出口商還大玩「以多報少」技倆，讓政府短徵稅收，財政陷入困境。

當局被迫整頓病入膏肓的舊交易制，由諾貝爾經濟學獎候選人艾蓮妮博士（Dr. Eleni Gebre-Medhin）主導，創立劃時代的衣索匹亞商品交易中心，將衣國主要創匯作物咖啡、芝麻、扁豆、玉米全納入公開透明的交易機制，方便管理。艾蓮妮博士曾在美國康乃爾大學研究並擔任世界銀行要職，是非洲最著名的經濟學家，作風強悍，她催生的ECX旨在打破水洗與日曬處理廠和出口商的勾結整合，因此規定國外買主不得透過中間商訂貨，全部集中在ECX交易。換言之，中間商管道被封閉了，農民今後從ECX的公開管道，即可掌握衣索匹亞各等級咖啡每日國際行情，避開中間商的剝削，農民賺取最大利潤。

焚琴煮鶴，歐美訐譙

然而，ECX強勢運作後，近年由耶加雪菲知名中間商巴格希開發出來的艾迪鐸霧谷日曬精品系列，諸如碧洛雅、艾瑞恰的供貨管道卻被封閉，歐美業者買不到，怨聲四起，甚至傳出這些極品豆，全送進ECX的「集中營」與其他低級品混合後出口。買主想了解進口的耶加雪菲究竟是水洗、日曬或出自哪個處理廠？也難如登天。

歐美專家嚴詞撻伐衣國焚琴煮鶴，糟蹋風雅，將精品咖啡視同大豆、玉米等大宗商品，不分良莠混合標售，徒使古優品種傲世的「地域之味」蕩然無存，也為衣國精品咖啡敲響喪鐘。新交易制就在各界抨擊聲中上路。

精品鑑定師把關，取信歐美

不過，氣急敗壞的精品業者似乎罵得太早，艾蓮妮博士自有一套運作方案。ECX執行初期，精品豆暫時在大宗商品的交易平台運作，此乃權宜之計，因為當局來不及培訓足夠的「精品咖啡鑑定師」（Q Grader）為各產區的咖啡評等分級，才造成「來源不明，品質堪慮」的亂局。

艾蓮妮博士為了早日培訓鑑定師，2009年4月起，在SCAA建議與協助下，聘請十幾位領有證照的Q Grader，前來協助ECX規劃新的分級制並培訓杯測師。2009年10月初，衣國通過SCAA認證的Q Grader超過70位，人力與技能足以擔任各產區精品豆的辨識及評等，艾蓮妮博士才對外宣布，準備在ECX的平台上增設精品咖啡交易系統。為求慎重，她先邀請歐美精品咖啡代表人物與組織前來做最後的溝通。

咖啡高峰會締造新猷

2009年10月21日，SCAA理事長彼得率領一支由咖啡品質學會（CQI）、SCAE以及日本精品咖啡買家組成的代表團，飛抵阿迪斯阿貝巴，與衣國咖啡專家和艾蓮妮博士展開為期3天的「咖啡高峰會」。席間有數十位通過認證的衣索匹亞杯測師，胸前驕傲掛著Q Grader標章，穿梭會場，他們將負起耶加雪菲、西達莫、哈拉、林姆和金瑪產區的精品豆分級與辨識重任。

半年多來，在衣國大力培訓下，已有七十三人領有Q Grader證照，高居非洲之冠（美國同期也只有九十二人有證照，台灣僅有一人，但2010年增加到3人）。「咖啡高峰會」後，彼得對艾蓮妮博士的作為給予極高評價，也化解各界對新交易制的疑慮。在SCAA與SCAE背書下，衣索匹亞創下兩項先例：一是ECX是全球第一座能夠辨識與行銷精品咖啡的商品交易所（註12）；二是衣索匹亞是世界第一個引進SCAA「精品咖啡評等系統」（Q Grading）的產國，標準之高連巴西與哥倫比亞也望塵莫及。顯示衣索匹亞對拓展精品咖啡的萬丈雄心。

艾蓮妮博士指出，之前精品咖啡約占衣國咖啡銷售量的10%～30%。ECX成立後，農民報酬增加，會更用心提升品質，精品咖啡可望逐漸提高到50%以上。

新版分級制出爐

「咖啡高峰會」在各國專家背書下，揭櫫衣索匹亞最新版的六大類出口咖啡分級制，即水洗（Washed）、日曬（Unwashed）、森林咖啡（Forest coffee）、精品咖啡、商用咖啡、低劣咖啡（Local coffee／Lower grade）。

註12：目前全球阿拉比卡大宗商用豆在紐約商品期貨交易所（NYMEX）銷售，羅巴斯塔則在倫敦商品期貨交易所（LIFFE）進行，這兩交易所並無能力辨識與銷售精品咖啡。衣索匹亞商品交易所是目前唯一能鑑定精品咖啡，並同時行銷商用咖啡與其他農作物的機構。

・**水洗豆：**指咖啡果子去皮後，經發酵池與水洗過程，除去果膠層。產區包括耶加雪菲和她周邊的Wenago、Kochere、Gelana/Abaya，以及西達莫、林姆、金比、貝貝卡、咖法等區。

・**日曬豆：**指不需經過去皮與發酵水洗過程，咖啡果直接曝曬乾燥。產區包括哈拉、金瑪、西達莫、耶加雪菲、列坎提、咖法森林。

・**森林咖啡：**指深山叢林的野生咖啡，多半在西部、西南和南部，全採日曬，亦有精品與商用級。

・**精品咖啡：**指Q Grader對生豆及杯測評等80分以上者，授予Q1和Q2。值得注意是，精品級的日曬或水洗耶加雪菲品質，還細分為A組與B組；經Q Grader杯測鑑定，有橘味與花香，也就是「耶加雪菲風味」為A組，不帶有「耶加雪菲風味」為B組。這是很貼心的分類。譬如Q1A Yirgachaffe表示第一級精品耶加雪菲，帶有「耶加雪菲風味」。Q1B Yirgachaffe表示第一級精品耶加雪菲，不帶有「耶加雪菲風味」。售價以前者最高。

西達莫日曬或水洗的Q1和Q2級精品，也以產區不同細分為A、B、C、D、E五組，雖然都屬精品級但從拍賣價看，以A組成交價最高。另外，台灣很容易買到的金瑪，過去全是中低價位的商用豆，今後在ECX的把關下，增設Q1和Q2級日曬精品，值得咖啡迷一試。

・**商用咖啡：**指評等級數從3到9級，和最後一級的低級品（UG）。換言之，即使耶加雪菲瑕疵太多，亦會被打入商用級或低級品，清楚標示出來，這對消費者是一大保障。

・**低劣咖啡：**指被淘汰的商用級咖啡，主供國內消費，品質比商用最低一級的UG還差，至少有80%是瑕疵豆，亦可供出口，行銷代碼L即表示low grade。（詳細分級表請參考衣索匹亞商品交易所網站：http://www.ecx.com.et/Home.aspx）

增闢精品豆第二窗口

在新交易制下，Q1和Q2級精品雖可追蹤到各產區的合作社或栽種村莊，但挑剔的精品業者仍覺得不夠透明，在新制下無法得知貨源是出自那位農民或農家，艾蓮妮博士也同意增設買家與農民直接洽商的第二窗口，但仍需以ECX為平台。

農民將生豆送到交易所，先由Q Grader鑑定等級，農友再將豆子和鑑定資料一同寄給買家，雙方擇日在ECX碰面，並在公開平台標售，如此即可保住精品咖啡最重視的來源可追蹤性，直接交易（Direct Trade）的精神並不因新制誕生而消失，反而多了ECX的鑑定保證，對買賣雙方更有保障。

可以這麼說，新交易制最大圖利對象是貧苦的農民，昔日中間商被判出局！

2009年11月26日，衣索匹亞宣布精品咖啡正式在ECX掛牌拍賣，首日賣出西達莫Q1和 Q2精品級咖啡豆16,200公斤，是來自該區的哈瓦沙（Hawassa）集貨中心，咖啡豆來源仍有一定的透明度。

2010年1月間，筆者試喝WYCA Q2（即耶加雪菲水洗A組Q2級精品）仍有明顯的「耶加雪菲風味」，可見新交易制並未「謀殺」古優品種的美味。而美國知名網路精品生豆商Sweet Maria的老闆湯瑪士・歐文（Thomas Owen）杯測幾批新貨後，也認為「新分級制雖有點不太習慣，但絕品好豆仍好端端在那裡。」

2010年2月2日，世界銀行總裁佐利克（Robert B. Zoellick）造訪ECX，頗有為艾蓮妮博士背書站台之意，該交易所的電腦軟硬體設備多半是由世界銀行資助。2月17日，首批「精品咖啡直接交易」（Direct Specialty Trade）在ECX平台進行網路拍賣。衣索匹亞精品咖啡邁向新紀元，肯亞與坦桑尼亞亦有意引進這套電腦系統。非洲窮苦的咖啡農今後有了與歐美精品市場直接對話的行銷管道，成了最大贏家，而昔日剝削農民的掮客成了被取締的輸家。

Coffee Box

ECX 做了什麼？

對擴展精品咖啡而言，ECX 運作模式頗具劃時代意義，為了辨識精品豆與一般商用豆，衣國在九大產區增設 20 座大型集貨中心。

各區的咖啡豆先運抵轄區集貨中心，由實驗室裡的 Q Grader 鑑定品質，並標示出 1～9 等級和低級品（Under grade，簡稱 UG）共 10 等級，再送往首都的 ECX。

ECX 的 Q Grader 再把各產區初步評為 1～3 等級的優質豆，進一步評鑑，並採用 SCAA 生豆分級與杯測標準，85 分以上為「第一級精品」（Specialty Grade 1），80～84.9 分為「第二級精品」（Specialty Grade 2），此二等級再以 Q1 和 Q2 標示，這才是官方認證的精品級咖啡。Q1 和 Q2 精品皆能查明來自哪一區的合作社或栽種的村莊。

至於 80 分以下的咖啡，則分屬 3～9 級，為一般大宗商用咖啡，ECX 將之混合後標售，來源較不易追蹤。

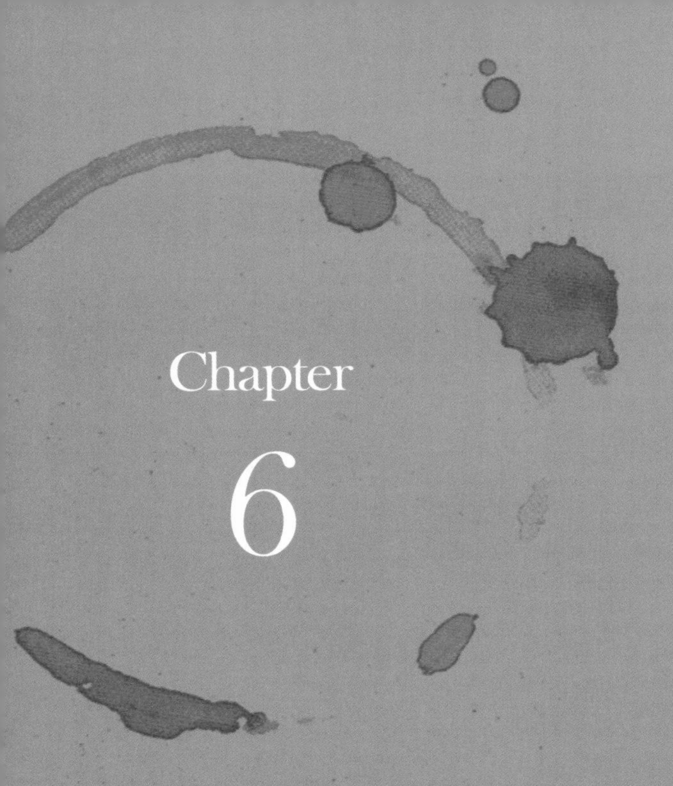

Chapter

6

新秀輩出，新世界改良味（上）

巴西、秘魯、玻利維亞、瓜地馬拉、薩爾瓦多、肯亞

葡萄酒有舊世界與新世界之分。舊世界是指法國為首的歐洲釀酒國，重視土壤與氣候，採用傳統技法，循規蹈矩釀酒；新世界是指美國、澳洲和中南美洲，借助科學、新品種和釀酒新技法，重新詮釋葡萄酒美學。新舊世界，酒款各殊，爭香鬥醇，為酒國增添多元風味。

咖啡栽植業亦有新舊世界之分，「新世界」指的是衣索匹亞與葉門所產的鐵比卡與波旁，十八世紀後，隨著歐洲殖民帝國的侵略足跡，擴散至印尼、加勒比海列島和中南美洲咖啡處女地。短短數十年寒暑，造就產量更大、生產成本更低的新興產區，瓦解「舊世界」壟斷數百年的咖啡產銷鏈。

筆者將這些崛起於十八世紀中葉以後的咖啡新秀——巴西、哥倫比亞、哥斯大黎加、薩爾瓦多、瓜地馬拉、尼加拉瓜、玻利維亞、墨西哥、宏都拉斯、秘魯、巴拿馬、加勒比海列島、肯亞、坦桑尼亞和印尼等地，界定為「新世界」咖啡。沒有「新世界」努力增產，世人恐怕喝不到物美價廉的好咖啡。

新世界品種風雲錄

「新世界」咖啡基因主要繼承自「舊世界」幾株鐵比卡與波旁，基因多態性與抗病力遠遜於古優品種。但二十世紀後，「新世界」咖啡衍出許多變種、栽培品種和混血品種，犖犖大者黃波旁（Yellow Bourbon）、卡杜拉（Caturra）、卡杜阿伊（Catuai）、新世界（Mundo Novo）、阿凱亞（Acaia）、藝伎（Geisha）、帕卡斯（Pacas）、象豆（Maragogype）、帕卡瑪拉（Pacamara）、瑪拉卡杜拉（Maracaturra）、卡帝汶（Catimor）、伊卡圖（Icatu）、魯依魯11（Ruiru11）、SL795、SL288、SL9、SL6、SL28、SL34（註1）……建構一支實力堅強的「雜牌軍」。三百多年來，「新世界」咖啡農對品種的偏好度，似有一窩蜂流行趨勢。

基本上，「新世界」咖啡農以利潤為優先考量，擅長選拔高產能品種。產能較低的美味老品種——鐵比卡與波旁，在經濟掛帥下，常淪為淘汰品。此舉迭遭精品界批評為「重量不重質」，但如果沒有「新世界」的改良品種與增產，世人恐怕喝不到物美價廉的咖啡。

「新世界」對咖啡品種的選擇，既現實也博愛，我觀察到三百多年來被瘋過的品種依序為：

鐵比卡→波旁→卡杜拉→卡帝汶→卡杜阿伊→帕卡瑪拉與藝伎

可以這麼說，「新世界」的品種熱潮，十八世紀最先愛上鐵比卡，到了十九世紀改而迷戀波旁，只因為波旁產量高出鐵比卡30%。1950年後，又從波旁移情別戀到卡杜拉，因為卡杜拉比波旁每公頃多產兩百多公斤生豆；1970年後，再從卡杜拉投懷送抱到卡帝汶，因為卡帝汶被基因學家捧為高產量、高抗病力的超級咖啡；但千禧年後，卡帝汶失寵，因為風味太差，精品界不疼、饕客不愛。2005年後，全球咖啡農的關愛眼神投向卡杜阿伊。雖然卡杜阿伊產量不如卡帝汶，卻比卡杜拉多產，且風味遠優於卡帝汶，近年中南美各國的「超凡杯」（CoE）優勝名單，常見卡杜阿伊的芳名，漸受恩寵可見一斑。巴西、宏都拉斯和哥斯大黎加皆有此新趨勢。

競賽品種出爐

其實，一味抨擊「新世界」只重產能，輕忽品質，失之武斷。這裡也有產量超低、滋味超美、處理與栽植超麻煩，傳供杯測賽奪大獎的混血品種，藝伎和帕卡瑪拉就屬此類。這兩大怪胎豆的味譜迷人，不論酸質結構、活潑度、乾淨度、莓果香、柑橘味、甜度與滑順感均優，潛力無窮，對拓展「新世界」味域，貢獻卓著。

雖然巴拿馬藝伎在2007年創下每磅生豆130美元高價，掀起中美洲搶種熱潮，連知名咖啡顧問布特也捲起衣袖在巴拿馬種起藝伎。然而，2008～2011年，連續四屆SCAA「年度最佳咖啡」杯測賽，巴拿馬翡翠莊園的藝伎，敗給哥倫比亞的卡杜拉與藝伎，未能奪下冠軍，銳氣稍挫，但身價高貴如昔（第7章詳述）。

註1：種間混血的SL795、SL288、SL9雖源自「舊世界」的印度，但皆在二十世紀培育出來，印度位處新舊世界交接點，早期的英國園藝學家在印度培育新品種，開啟品種改良風潮。筆者界定20世紀出現的品種為「新世界」品系。

象豆掀起新風潮

另外，種內混血的「巨怪」帕卡瑪拉，即象豆與帕卡斯種內混血，從2007年起，在瓜地馬拉CoE大賽，連續4年痛宰「老欉」波旁，蟬連冠軍，威震杯測界。而同母異父的瑪拉卡杜拉，即象豆與卡杜拉種內混血（請參考第10章），也擊潰卡杜拉大軍，拿下2009年尼加拉瓜CoE冠軍，寫下該混血品種首次奪冠紀錄。

此二例顯示具有水果酸質的象豆（瑪拉哥吉培）與波旁的矮種帕卡斯或卡杜拉混血，可產出酸質與口感更豪華的品種。然而，缺點是產能低、豆體巨大，為後製處理的去皮與水洗添增麻煩，能否引發下一波搶種潮，亦在未定之天。

品種不同功能有別

「新世界」的植物學家在1970年後，大力鼓勵農民栽種高產量與高抗病力的種間混血品種卡帝汶，卻經不起咖啡迷味蕾考驗而失寵，但切勿咬定「新世界」只會搞些高產量的雜味品種，千禧年後，藝伎與帕卡瑪拉崛起杯測界，洗刷「新世界」重產量不重品質之譏，此二品種的乾淨味譜與寬廣味域，連「舊世界」古優品種也難招架。

我想「新世界」的品種應可分為三大類，一為低檔大宗商用品種：卡帝汶，帶有羅巴斯塔與阿拉比卡基因，產量很大，但雜苦味超重；二為高級商用豆品種：鐵比卡、波旁、卡杜拉、卡杜阿伊、S28與S34，產量不大，但栽培得宜，味譜優雅；三為競賽品種：藝伎與帕卡瑪拉，染病率與死亡率奇高，後製費工，產量極低，但味譜迷死人。

除了改良品種外，「新世界」更擅長改進咖啡後製處理法，而發明水洗、半水洗與蜜處理法，提升咖啡品質的穩定與乾淨度，喝來不像「舊世界」那麼的起伏多變，大好大壞。但「新世界」味譜淨化後，有利有弊，咖啡風味太乾淨的同時，也犧牲優質野味「羽化升天」的振幅。

創新咖啡處理的新大陸

「舊世界」坐享老天恩賜最豐富的咖啡基因，但後製處理法卻很保守，以日曬為主，品質不易控管。歐洲列強移植咖啡到中南美洲後，因循日曬舊法，卻飽嘗日曬豆品質難掌控之苦，於是發明了水洗法，提高味譜的明亮度。1990年後，巴西又發明半水洗法，千禧年後，中美洲改良巴西半水洗法，也就是時興的蜜處理法。

Coffee Box

2011 年 SCAA「年度最佳咖啡」金榜

1. 哥倫比亞，產區（Caicedonia / Valle del Cauca），品種：藝伎， 92.5 分
2. 宏都拉斯，產區（Santa Barbara），品種：帕卡斯， 89.58 分
3. 哥倫比亞，產區（Cauca），品種：波旁， 89.46 分
4. 薩爾瓦多，產區（Apaneca Ilamatepec Mountain），品種：象豆、波旁，88.17 分
5. 玻利維亞，產區（Sud Yungas / La Paz），品種：鐵比卡，87.5 分
6. 瓜地馬拉，產區（Fraijanes - Palencia），品種：瑪拉卡杜拉，87.09 分
7. 薩爾瓦多，產區（Apaneca / Ilamatepec, Ahuachapan），品種：波旁，86.7 分
8. 宏都拉斯，產區（Santiago de Puringla, La Paz），品種：卡杜阿伊，86.68 分
9. 瓜地馬拉，產區（Barberena, Santa Rosa），品種：黃波旁，86.67 分
10. 夏威夷，產區（大島，咖霧），品種：鐵比卡，86.17 分

＊值得注意的是，2010 年與 2011 年連續兩年都看不到「舊世界」衣索匹亞進榜，我覺得很奇怪，SCAA 的回答是這兩年衣國均未參賽，我想可能是衣國咖啡當局這兩年，為新成立的「衣索匹亞商品交易中心」（ECX）忙得不可開交。希望明年會出賽了，要不然榜單內不見「舊世界」咖啡，大有遺珠之恨。
另外，夏威夷的咖霧產區，是 07 年以來第五度打進金榜，並第四度擊敗知名的柯娜產區。

一般而言，「舊世界」日曬法的稠度、甜感與野味較重，但酸度較低；而「新世界」水洗法正好相反，酸度較高，但稠度、甜感與野味較低；半水洗的風味則介於日曬與水洗之間。最特殊的是千禧年後初試啼聲的蜜處理法，製程如無瑕疵，很容易喝到香甜濃郁的水果韻，不輸精緻日曬豆。「新世界」發明的處理法，詳述如下。

荷蘭人發明水洗法

為了改良「舊世界」日曬法的果子容易龜裂發霉，易有雜味的缺點，1740年荷蘭人在西印度群島屬地（加勒比海列島），發覺咖啡果子去皮後，依附在種殼上不溶於水的黏質果膠（Pectin）經泡水發酵後，會從種殼上剝落，即可用水沖洗乾淨，於是發明了水洗法。

取出的咖啡豆色澤藍綠，風味更乾淨，酸香明亮，頗投好歐洲人的口味，水洗法也成了高檔咖啡代名詞，距今有兩百多年歷史。（水洗法牽涉複雜的微生物反應、溫度、時間與酸鹼值，為了本章主旨的順暢度，筆者將咖啡農有興趣的水洗化學反應，簡述於本章末的附錄。）

巴西發明半水洗法

然而，水洗法耗水甚多，平均1公噸咖啡果子用掉10～20公噸水，才能產出大約200公斤咖啡豆，水資源不豐富的產國無力負擔（註2）。1990年以後，巴西利用得天獨厚的乾燥氣候，發明了自然脫除果膠法（pulped natural），亦稱半日曬法或半水洗法。此處理法大幅降低耗水量，也完成巴西咖啡品質大躍進的劃時代進程，扭轉巴西兩百年來，粗糙日曬「重量不重質」的惡評（註3），擠身精品級殿堂。

近十多年來，巴西「超凡杯」大賽得獎豆，幾乎全出自半水洗法。千禧年後，半水洗取代日曬與水洗，成為巴西主流處理法，但太潮濕的產國就不宜採用此法，以免受潮發霉。

蜜處理法讓野味羽化升天

巴西半水洗法傳到中美洲，經過改良，改稱為蜜處理法（Miel / Honey processed），整體風味更凸顯果膠的甜香與水果調，近似芒果、龍眼、榛果和蜂蜜的香味。Body厚實但酸味較為低沈柔順，一入口即可感受到名如其實的滋味。

Coffee Box

看懂巴西半水洗法訣竅

巴西式半水洗經過多次改良。根據已故意利博士（Dr. Ernesto Illy）的版本，咖啡果必須先經水槽剔除瑕疵浮果，接著刨除果皮果肉與部分膠質層，再水洗 1 小時，用水量約每公斤帶殼豆耗水 1 公升。由於浸水發酵時間很短，果膠不易全部沖掉，豆殼上仍殘留果膠，此時再將黏答答帶殼豆平鋪在曝曬場晾乾，最好採用非洲高架網床，透氣較佳。

巴西氣候乾燥，種殼上的果膠層幾天內就脫水變硬，但亦有農友在後段乾燥期使用烘乾機，約七～十天即可完成作業，這比水洗法省水，且節省工作天，但產出的咖啡豆，兼具日曬豆的黏稠度、甜感，以及水洗豆的乾淨度，酸味又比水洗豆柔和，頗適合做濃縮咖啡配方。據意利咖啡的實驗，半水洗法的含糖量比水洗法高出 2%。

註 2：巴西和哥倫比亞為了節省水資源，研發出新型水洗系統，水洗 1 公噸咖啡果僅需 1～6 公噸水，比傳統水洗的耗水量，至少省了 50% 用水，造價雖昂貴，卻很受水洗產國歡迎。

註 3：這不表示巴西日曬豆都很爛，知名的希望莊園（Fazenda Esperanca）日曬豆，處理精緻，喝來酸質優雅香甜，味譜迥異巴西半水洗豆。但巴西日曬豆在龐雜度與振幅上，仍遜於耶加雪菲、西達莫或葉門優質日曬的迷人野香。這應與咖啡基因有關。

Miel的西班牙文為蜂蜜之意，拉丁美洲咖啡農常稱黏質果膠為Miel，因為嘗來甜甜的。2000年左右，巴拿馬與哥斯大黎加開始引進巴西半水洗法，但中美洲濕氣較重，咖啡果去皮後，照著巴西做法沖水一小時後，將黏答答帶殼豆平鋪曝曬，很容易受潮酸敗。於是加以改良，採下紅果後滴水不沾，去掉果皮與部分果膠後，將黏答答帶殼豆，平鋪在晾乾效果極佳的非洲高架網床，而且每隔幾小時要翻動帶殼豆，讓咖啡豆均勻乾燥。

蜜處理相當黏手費工，稍有閃失就會回潮發霉，如果發酵過度會有礙口的尖酸味。一般要忙上幾周才可完成，製程比日曬、水洗和半水洗辛苦，因此多半是由小型莊園或專門處理廠來製作，無法大量生產。2006年以後，哥斯大黎加的蜜處理咖啡常在杯測賽勝出，獨特味譜才引起饕客矚目。

機械式半水洗法

另外，「新世界」還發明了機械式半水洗法，也就是去除果皮後，不需泡水發酵，也不必乾體發酵，直接倒入另一台果膠刮除機，以橡膠磨盤，全部刮掉黏答答的果膠，省水也省工。由於少了發酵失敗的變數，品質較穩定，卻失去優質發酵的精緻風味，喝來風味較呆板薄弱。由於製程容易、變數少，近年在中南美和印尼很流行。

巴西：鑽石高原崛起稱王

咖啡迷都知道巴西三大精品產區為米納斯省中西部的喜拉朵（Cerrado）、南米納斯（Sul de Minas），以及聖保羅省東北部與南米納斯交界處的摩吉安納（Mogiana）。2005

年，位於南米納斯的聖塔茵莊園（Fazenda Santa Inês）以波旁參加CoE杯測賽奪冠，創下95.85高分，以及每磅生豆49.75美元拍賣紀錄，造就了米納斯省與波旁豆在巴西不可撼動的地位。

精品新秀闖出名

筆者前作《咖啡學》曾押寶較北部巴希亞省（Bahia）的鑽石高原（Chapada Diamantina）有望成為巴西精品新產區。果不其然，2009年適逢巴西「超凡杯」十周年慶，鑽石高原的「金綠色莊園」（Fazenda Ouro Verde）擊潰三大主力產區的老牌莊園，贏得該屆杯測賽冠軍。而該屆總分84分以上，榮入金榜的二十六支巴西精品豆中，有六支來自鑽石高原，也創下巴希亞省歷來最亮麗成績。一百年來，鑽石高原以寶石見稱，而今又多了「黑金」作物——咖啡！

Coffee Box

認識蜜處理法

蜜處理與巴西半水洗最大不同點在於前者滴水不沾，因此務必挑選無瑕疵的紅果子，果膠才甜美。而且蜜處理法的果膠刨除機要求更高，須能精準控制果膠刨除的厚薄度，就如同磨豆機一樣。

如果只刮除 20% 以下，也就是保留更厚的果膠，進行乾體發酵，並晾在戶外的高架網，確保乾燥均勻，帶殼豆變為紅褐色，即俗稱的「紅蜜」；若果膠層刮除 50% 以上，也就是保留較薄的果膠，進行乾體發酵，帶殼豆呈黃褐色，即俗稱的「黃蜜」。

基本上，「紅蜜」製程比「黃蜜」困難，但味譜更有深度，一入口略帶野味，但瞬間羽化為濃郁水果甜香味，恰似耶加雪菲知名日曬豆 Biloya 和 Aricha 的精緻發酵香味，令人驚豔。

但是失敗的蜜處理咖啡，會有濃烈的瑕疵日曬味，近似粗糙日曬慣有的洋蔥、榴槤、豆腐乳味，更嚴重是出現酒精的藥水味。正常蜜處理咖啡，酸味柔和，如果入口酸到噘嘴，亦非良品。蜜處理法首重新鮮度，國外進口的蜜處理生豆，距離製造期往往超過十個月以上，迷人的水果甜香味流失嚴重，殊為可惜。

這顯示巴西精品產區的北移趨勢，從早期南部的帕拉納省，逐漸北移到聖保羅、摩吉安納、米納斯省和巴希亞省，也就是說從南緯30度，北移到南緯10度的巴希亞，以減少寒害損失。其實，幅員遼闊的巴西，地勢平坦，土壤貧瘠，氣候乾燥偏冷，常有霜害，並非種咖啡的好地方，多虧精湛的農藝、灌溉和土質改良新科技，才成就最大咖啡產國的美譽。

卡杜阿伊大出鋒頭

喝過鑽石高原的咖啡，很容易察覺其味譜不俗，不輸喜拉朵或南米納斯，甚至更有深度，濃厚的焦糖香帶有甜酸水果味與花香，類似微酸的蜂蜜味，尾韻有明顯的巧克力與可可味，層次與振幅不輸喜拉朵。鑽石高原的咖啡，短短十年間躍為巴西精品新銳，原因有三：

一，此區海拔較高，在1,200～1,400公尺，地貌與微型氣候比米納斯省豐富多變，冬天最高溫18℃，最低溫2℃，不致結霜，日夜溫差大，適合精品咖啡的養成。

二，採行生機互動農業（Biodynamic Agriculture）並遵行有機農法、輪耕、綠肥，強調種下作物就是送給大地的禮物。由於地勢崎嶇，全靠人工採收，有別於巴西慣用的機械式採摘。

三，主力品種為紅皮和黃皮卡杜阿伊，次要品種為阿凱亞、波旁和歐巴塔。

鑽石高原在2009年「超凡杯」勝出的六支精品皆為耐寒抗風的卡杜阿伊，有別於中南部產區的常勝軍黃波旁。換言之，該屆賽事無異向國際宣示，繼米納斯省與黃波旁之後，鑽石高原與卡杜阿伊已然崛起。

新品種產房

衣索匹亞是阿拉比卡的故鄉，巴西則是「新世界」品種改良的兵工廠，位於聖保羅的坎比納斯農業研究所（Instituto Agronômico de Campinas，簡稱IAC）堪稱新品種產房。全球栽植最廣的卡帝汶，是半世紀以前，葡萄牙與巴西科學家的傑作，另外，卡杜阿伊、伊卡圖、阿凱亞、歐巴塔以及各種形態的卡杜拉、新世界等栽培品種，均出自IAC。

就連最高機密的半低因品種，巴西也有成果，知名達特拉莊園的天然半低因咖啡「奇異一號」（Opus 1 Exotic），也就是「阿拉摩莎」，血緣為*Arabica*×*Racemosa*。另外，風味優雅又昂貴的「波旁尖身」，巴西亦有栽種與研究，但至今仍遲未上市，可能與巴西水土迥異於波旁島，死亡率高且風味不如原產地有關。

卡杜拉吃裡扒外

巴西咖啡品種的世代交替，很有趣，1727年最初引進的是鐵比卡，但產量與抗病力低，不符經濟效益。1869年，又從波旁島或葉門引進產能高出鐵比卡30%的圓身波旁，全面取代鐵比卡。1935年，巴西聖保羅發現波旁的侏儒變種，取名為卡杜拉，產量也高於一般波旁，但卡杜拉在巴西的生長情況不佳，無法成為主力品種。有趣的是，移植到海拔較高的哥倫比亞與哥斯大黎加，卡杜拉卻生機勃勃，頻頻得獎，被譏為「巴西吃裡扒外的品種」。

目前巴西以紅波旁、黃波旁、新世界、卡杜阿伊為主力品種。至於新世界與羅巴斯塔混血回交的伊卡圖，產能與風味不差，近年也曾打進「超凡杯」金榜，能否接棒成為巴西咖啡新主力？拭目以待。

巴西貴為世界最大咖啡產國，但品質仍遠遜於哥倫比亞和中美產國，雖然1990年以後，巴西提倡半水洗法，品質大有改進，但味譜的豐富度與厚實度，仍嫌淡薄，尤其與肯亞、印尼、哥倫比亞、瓜地馬拉和巴拿馬，並列杯測，分數最低者，往往是巴西豆，即使是前幾年火紅的達特拉莊園豆，也很容易被其他產國比下去。「淡薄」似乎是巴西揮之不去的地之味，這應該與水土脫不了關係。

秘魯：有機咖啡最大出口國

秘魯，神秘的國度，北與厄瓜多爾、哥倫比亞交界，東鄰巴西、玻利維亞，南與智利接壤，是古印加帝國主體。秘魯西部有安第斯山脈貫穿，屬於乾燥的高原氣候，東有亞馬遜平原，屬潮濕熱帶氣候。兩大地貌與氣候交會，造出豐富的微型氣候，日夜溫差大，秘魯和哥倫比亞同屬先天優良的咖啡樂土。

秘魯年產咖啡二十多萬公噸，是世界第八大產國，在中南美僅次於巴西、哥倫比亞與墨西哥，但在全球咖啡界舉足輕重，因為秘魯是世界最大且最廉價的有機咖啡出口國。

秘魯早在1887年已有大宗咖啡出口，近十多年，發覺有機咖啡在歐美商機龐大，而秘魯山區的咖啡田，沒有自來水與電力設施，窮困的印第安農人自古習於有機栽培，至今仍無力購買也不會使用農藥和化學肥。當局乃順勢發展有機咖啡業，並由政府輔導認證，符合規定即頒發有機咖啡證照，以利出口。

秘魯有機咖啡生產成本很低，幾年前在歐美市場每磅約3～3.5美元，享有很大利基（註4），很快成為全球最大、最便宜的有機咖啡輸出國。另兩大有機咖啡產國為墨西哥和衣索匹亞，但售價較高。

註4：國內有關單位只承認歐美的有機認證，因此秘魯咖啡無法以有機標誌販售。

當局有意將秘魯發展為全球首屈一指的有機咖啡國，如同越南是全球最大羅巴斯塔產國一樣。但低價策略引起諸多產國不滿，認為秘魯故意破壞有機行情。雖然秘魯坐擁好山好水，很容易種出高品質極硬豆，但低價搶市策略，影響咖啡品質，農友為了衝產量，經常輕忽後製處理，瑕疵豆過多，淪為國外有機咖啡進口商壓低成本的重要配方豆。

廉價中仍有精品

秘魯雖賤價傾銷有機咖啡，但不表示精品咖啡已絕跡。2010年SCAA「年度最佳咖啡」杯測賽，秘魯東南部普諾產區（Puno）小鎮敦基瑪尤（Tunkimayo）的塞科瓦薩合作社（Cecovasa）所產鐵比卡，以89.2高分，險勝赫赫有名巴拿馬翡翠莊園藝伎的89.125分，贏得第五名，向世人證明秘魯有機咖啡是惠而不費的絕品。而在美國精品咖啡展覽會場舉辦的「年度最佳咖啡」試喝票選活動，這支秘魯有機得票最多，贏得「民選獎」第一名。據生產者蘇卡提康納（Jaime Sucaticona）表示：「希望這次得獎，能提升秘魯有機的品牌形象，增加國際訂單並拉高成交價格。」

Coffee Box

何謂有機咖啡？

咖啡產國使用大量化學肥和農藥，抑制病蟲害、增加產量，但這些化學製劑，破壞了土壤天然養份，並滲入地下水甚至污染河川，隨著產量擴增，大地受傷愈重。大多數產國均採用化學肥的無機栽培，而且改種不需遮蔭，經得起曝曬的品種，譬如卡杜拉、卡杜阿伊和卡帝汶等，形同鼓勵農友砍林取地，對大自然生態的破壞，實難估計。

有機咖啡，也可稱為「良心咖啡」，強調不用化學肥和農藥，改用有機肥料、廚餘、或是禽畜糞堆肥，並改用古老的遮蔭栽培，這恰好是古老鐵比卡與波旁最愛的栽種方式；但每公頃產豆量僅幾百公斤，遠低於無機栽培的數公噸，因此有機咖啡的生產成本較高。

另外，有機咖啡需經過國際機構認證，才有公信力。基本上，愈落後貧窮的產國，農民無力買化學肥和農藥，大多採行最天然的有機栽培；但農民無力繳納認證規費，也因此失去有機認證的背書。

但有機咖啡和無機咖啡哪個好喝？這就不一定了，這涉及後製過程的複雜問題。

秘魯咖啡田主要分布於北部卡加瑪卡（Cajamarca）和南部庫斯科（Cusco）和普諾一帶，咖啡品種60%以上為古老的鐵比卡，其餘為卡杜拉、卡帝汶和波旁。這是很好的品種組合，如果是以卡帝汶為主力，就很難打進歐美精品市場。秘魯的水土、高海拔和品種組合，是發展精品咖啡最大利基，能拿下SCAA第五大「年度最佳咖啡」，即為實力的展現。

玻利維亞：監獄咖啡變瓊漿

在美國，大型咖啡烘焙廠每天散落地面的受潮生豆、煙蒂或淘汰的瑕疵豆至少有數百公斤，可收集起來以低價賣給各州的監獄，供囚犯飲用，有損健康，美國國會曾為此提出質詢，並稱之為腐臭的「監獄咖啡」。而加州柏克萊知名杯測師巴柏．史蒂芬森（Bob Stephenson）便曾揶揄玻利維亞咖啡，如同囚犯喝的「監獄咖啡」，帶有撲鼻腐敗味。

十年前喝過玻利維亞咖啡的人，常被酸敗味嗆到，市場行情很差，成交價也會七折八扣，紐約咖啡交易員甚至稱之為「意外咖啡」，因為你不知道尾盤會下殺到什麼新低價。不過，2004年後，玻利維亞咖啡轉型成功，擠身精品殿堂，過程猶如灰姑娘變公主。玻利維亞洗盡前恥，躍升為小而美的精品咖啡產國，充分發揮高海拔咖啡硬度高的優點，適合法式烘焙或做為濃縮咖啡配方，香濃醇厚。

死亡之路運咖啡

位於秘魯東南側的玻利維亞是高山之國，首都拉巴斯海拔高達3,660公尺，咖啡無法種在如此高冷之地，但拉巴斯東北部的央珈斯地區（Yungas）與亞馬遜河盆地接壤，海拔稍低，約1,500～2,500公尺，年約溫約10～15℃，冬季無霜害，土壤肥沃是玻國咖啡主產區。

但問題來了，一般產地，咖啡是種在乾爽的山區，再運到山下做後製處理，玻國恰好相反，咖啡種在較低且潮濕的地區，採收後再送上山進一步處理，咖啡果或帶殼豆常在潮濕山路上發酵腐敗。

央珈斯的海拔與水土雖適合種咖啡，但基礎設施落後，並無水洗處理廠與烘乾設備，咖啡農將咖啡果子或黏答答的帶殼豆，以騾馬或開車，送到海拔更高的首都拉巴斯，做進一步水洗與乾燥。但山路險峻，車馬同行，遇到車禍阻塞，得花十多小時才可送抵處理廠，因此拉巴斯與央珈斯的咖啡產業道路被譽為「死亡之路」，沿途車禍喪命的墓碑林立，堪稱奇觀。咖啡果子在遙遠的路途中容易過度發酵腐敗，難怪玻利維亞咖啡常有股嗆味，成了低級品。

反毒大戰，咖啡農受益

更糟的是，2001年全球咖啡生產過剩，大宗商用咖啡跌到每磅45美分，只有正常價的1/3。玻利維亞商用豆收購價還更低，農友三餐不繼，紛紛轉作古柯。2003年，央珈斯地區的古柯產量就增加了20%，雖然玻利維亞人有嚼食古柯葉提神抗餓的傳統，種植古柯並不違法，但國際毒販在此收購古柯葉，提煉古柯鹼，輸往美國。山姆大叔不樂見毒品為禍家園，於是透過美國國際開發署（U.S. Agency for International Development，簡稱USAID）協助農民改種其他無害作物。從千禧年至2004年間，USAID已斥資五億美元投入此項計畫。

美國農業專家評估後，發覺玻國是發展精品咖啡的樂土，除了高海拔、乾濕季分明、遮蔭樹與土質肥沃外，更重要是，兩百年來央珈斯的咖啡品種，以美味的鐵比卡為主，因此只需在產區附近興建一座大型水洗處理廠和烘乾設備，即可解決延誤水洗所造成的瑕疵味。

於是請巴拿馬咖啡農藝家馬可士・莫倫諾（Marcos Moreno）負責在央珈斯產區的小鎮卡拉納維（Caranavi）蓋一座水洗廠，並教導農民提升品質的技巧。而咖啡老農培卓・帕塔納（Pedro Patana）也認同發展精品咖啡提高利潤的理念，於是結合八十五戶咖啡農，在卡拉納維成立「中央咖啡生產協會」（Central Asociados Productores de Café，簡稱Cenaproc），也就是咖啡產銷合作社，統一收購與處理央珈斯的鐵比卡咖啡。

尖酸名嘴驚為天人

USAID還花費15萬美元，將「超凡杯」比賽引進玻利維亞，提升咖啡農對精品的認知。2004年玻利維亞舉辦第一屆「超凡杯」大賽，共有13支精品豆杯測總分在84分以上，入選金榜，而前3名皆出自卡拉納維的Cenaproc，冠軍豆得分高達90.44分，歐美評審團驚為天人。巧合的是，曾批評玻國咖啡如同「監獄咖啡」的史蒂芬森也擔任此次評審，他改口說：「不一樣了，玻國精品咖啡，香醇如蜜汁玉液。」

冠軍豆在拍賣會上，每磅以11.25美元成交，賣給挪威老牌的索柏與韓森咖啡公司（Solberg & Hansen），這是玻國咖啡200年來不曾有過的天價，只要賣出150磅，就超出咖啡農全年所得。冠軍豆有19袋，共售得33,000美元，栽種者發了一筆橫財，成了玻國頭條新聞。即使吊車尾的第13名精品豆，每磅也以4.66美元售出，比一般玻國商用咖啡高出好幾倍，咖啡農終於見證精品豆亦可致富的實例。開始善用老天恩賜的高海拔環境、水土與鐵比卡，收成後直接運到鄰近的合作社水洗廠，品質大幅改進，成了歐美精品界每年競逐的絕品。

2009年，玻國「超凡杯」大賽成績更亮眼，有三十支精品總分超過84分，這比2004年的13支多出一倍以上，而且前六名得分均在90分以上，冠軍豆更高達93.36分，出自Cenaproc合作社的鐵比卡，最後每磅以35.05美元的高價售出。短短5年間玻國咖啡的躍進幅度，令精品界嘖嘖稱奇。卡拉納維的Cenaproc，成了玻國咖啡最高品質的保證。但對山姆大叔而言，Cenaproc是反毒成功的活教材。

極硬豆不怕重焙

可惜的是，玻國咖啡產量少，年產量在六千至一萬公噸左右，這大概是秘魯產量的5%，硬體建設落後，海拔太高是重要原因。但美味又低產的鐵比卡也難辭其咎，近年在專家建議下，也種起產量較多且風味不差的卡杜拉與卡杜阿伊，希望有助產能提高。

一般產國的精品豆較適合淺焙到中焙，罕見有人敢重焙，以免風味走空。但玻國精品就有特異功能，淺、中、深皆宜，既使重焙也不怕，蠻適合二爆尾的法式烘焙，喝來醇厚甘甜，帶有迷人的松脂味與醇酒的嗆香。美國「第三波」的反文化咖啡常以玻利維亞咖啡來法式烘焙。另外，淺焙與中焙的玻國咖啡則有明亮的莓果酸香、杏仁味和榛果的甜香，煞是迷人。

話說回來，咖啡農能否抗拒古柯作物比咖啡高出四倍利潤的誘惑，以及如何提高後製技術兩點，仍攸關玻利維亞咖啡的大未來。

肯亞：水洗典範與新品種出鞘

肯亞雖與咖啡古國衣索匹亞接壤，但遲至二十世紀初，英法勢力介入，肯亞才大搞咖啡栽植業。有趣的是，肯亞咖啡品種與後製處理法，迥異於北鄰的衣索匹亞。

衣索匹亞是渾然天成的古優品種，無需借助品種選拔與基因工程，而且全採用遮蔭式的有機栽培法，不施用化學肥與農藥，後製處理以日曬古法為主，水洗為輔。肯亞恰好相反，咖啡品種全為選拔或混血改良新品種，不屑遮蔭式有機栽種法，獨鍾化學肥、農藥與曝曬式的無機栽種法。氣死人的是，肯亞咖啡的味譜非但不粗俗，還非常細膩雅緻，酸質明亮多變，甜感與厚實度極佳，乾淨剔透度亦勝過一般產國。這要歸功於肯亞傑出的品種SL28、SL34，以及獨步全球的雙重發酵水洗法。

四大品種任務不同

肯亞品種以SL28、SL34、K7、Ruiru11為主，各肩負不同任務，SL28是美味品種，適合種在葉鏽病不嚴重的中高海拔區，每公頃可生產1.8公噸生豆，SL34耐潮性佳亦是美味品種，適合種在中高海拔多雨潮濕區，每公頃可生產1.35公噸生豆。K7則是鐵比卡的變種，對某些類型的葉鏽病和咖啡果病有抵抗力，且風味不差，適合種在低海拔的染病區，每公頃生產2公噸生豆。

惡名昭彰的Ruiru11，是肯亞的卡帝汶，身懷羅巴斯塔基因，抗病力與產能，高居肯亞四大品種之冠，任何海拔皆宜，每公頃生產4.6公噸生豆，但風味卻最差，酸而不香，鹹澀帶苦。肯亞對於低產量的有機栽培，敬謝不敏。前述四大主力品種皆適合曝曬式的無機栽種，咖啡農習於化學肥與殺蟲劑，每公頃產量亦高於一般產國。

雖然肯亞也種有藍山鐵比卡，卻上不了檯面，這與水土環境有關。精品咖啡業專挑美味的SL28、SL34，才能喝到酸質迷人的莓果味。一般消費者誤以為買到Kenya AA，豆粒大就是品質保證，殊不知較廉價的Kenya AA常摻雜有不同比例的Ruiru11和K7，很難體現肯亞國寶SL28與SL34，醇厚迷人的莓果味譜。

雙重發酵提升酸質與乾淨度

除品種特殊外，水洗法亦是一絕。肯亞水洗法與中南美最大不同在於雙重發酵（double fermentation）。水洗槽有高低兩層，傍晚先將採收的咖啡果子剔除瑕疵品，去掉果皮後，黏答答的帶殼豆倒入最上層發酵池，發酵整夜後（但也有採用不入池水的乾體發酵），早上水洗一次帶殼豆，去掉大部分果膠，再入下層淨水池，二度發酵，每隔數小時要更新循環水，以免發臭；然後再導入水洗溝渠，去掉殘餘的果膠。二次發酵加上沖洗，花掉三十六小時，這還沒完，沖洗乾淨的帶殼豆再入淨水槽浸泡十二小時以上，換言之，肯亞式的水洗至少費時四十八小時，甚至長達七十二小時，比中南美的十到二十小時還費時數倍，耗工費水，難怪肯亞咖啡比較昂貴。

近十多年來，研究肯亞咖啡獨特酸香味的學者很多，有人認為是咖啡基因使然，有專家認為是土壤磷酸含量較高所致，更有人認為是雙重發酵的風味，至今仍無定論。

Coffee Box

肯亞豆擠進 SCAA 金榜窄門

2010 年，SCAA「年度最佳咖啡」優勝名單亦出現肯亞名豆，奈耶里產區（Nyeri）的吉恰塞尼莊園（Gichathaini）以 89.222 分，贏得第四名。

筆者有幸喝到碧利咖啡小老板 Steven 帶回的這支樣品豆，由「第三波」龍頭知識分子（Intelligentsia）烘焙，沖泡前先賞豆一番，豆粒比一般 Kenya AA（豆寬 7.2 毫米）還小，應屬 Kenya AB，豆寬 6.35 毫米。試喝後發覺味譜與一般肯亞不同，酸味柔和不霸道，油脂感佳，入口數秒羽化為杏桃的甜香味，還帶有太妃糖與杉木香，挺別緻的味譜。Steven 說，這支精品是知識分子今年初的主力咖啡，早已售罄。奈耶里產區已成為尋豆師重兵部署的「聖地」。

產量銳減六成

肯亞精品咖啡主要栽種在肯亞山附近，以七大產區最著名，包括奈耶里、錫卡（Thika）、基安布（Kiambu）、基里尼亞加（Kirinyaga）、魯伊魯（Ruiru）、穆蘭加（Muranga）、肯亞山西側（Mt. Kenya West）。近年，肯亞年產量停滯不前，約五萬公噸上下，比全盛時期年產十三萬噸少了60%，這涉及氣候、病蟲害、政治、農民與合作社的爭執，頗為複雜。但歐盟已資助肯亞普查境內究竟有多少株咖啡樹，以便對症下藥，提高產量。

普查發現，有不少咖啡樹生長情況欠佳，每年產果量只有2公斤（約可產出400克生豆），遠低於當局規劃的每株咖啡年產10公斤咖啡果標準（約可產出2公斤生豆）。肯亞咖啡樹近年染上葉鏽病與咖啡果病的比率很高，抑制了產量，造成肯亞豆供不應求，價格飆漲，歐美每年要花大錢才買得到肯亞咖啡。

味譜厚實的肯亞咖啡，在國際市場頗為搶手，加上近年豆價飆漲，肯亞豆失竊案日益嚴重。據肯亞咖啡管理局（Coffee Board of Kenya）指出，2010年入帳的咖啡產量是四萬三千公噸，但至少有一萬噸無法入帳，被監守自盜的處理廠或倉管人員，非法走私到烏干達和衣索匹亞銷贓，換言之，去年肯亞的產量至少有五萬噸以上，其中有五分之一失竊，這已重創肯亞咖啡業的健全發展。

新品種巴蒂安出鞘

肯亞咖啡栽植業這幾年遇到瓶頸，原因固然複雜，但欠缺一支既美味又不易染病的超強品種，是關鍵之一。可喜的是，困境終於有解。

2010年9月，肯亞咖啡研究基金會（Coffee Research Foundation，簡稱CRF）宣布，已培育出最新的超強品種巴蒂安（Batian），具有多產、美味與高抗病力諸多優點，每公頃可生產5公噸生豆，比Ruiru11還要多產。巴蒂安已於2010年12月，發放給農民栽種，肯亞植物學家寄望巴蒂安投產後，能協助肯亞咖啡業突破困境。

據悉，肯亞費時十二年才培育出巴蒂安新品種，是由國寶品種S28與高雜味高產能的Ruiru11多代回交的結晶，對葉鏽病與咖啡果病有強大抵抗力，可大幅降低農民噴灑農藥的成本30%。更重要是，Ruiru11的魔鬼尾韻常被精品界罵得體無完膚，肯亞科學家於是以Ruiru11和S28回交，費時十多載，終於洗淨Ruiru11的雜苦與臭酸味，打造出味譜乾淨優美，抗病力超強的新品種巴蒂安。

CRF宣稱，巴蒂安的杯測表現超優，美味度甚至勝過S28，因此以肯亞第一高峰「巴蒂安」命名，彰顯這支新品種是「卓越之顛」（Peak of Excellence）。此言一出，引來精品界關切，是大言不慚的吹牛嗎？會不會重蹈哥倫比亞2010年為了拉抬新品種卡斯提優，而在CoE鬧出的醜聞案翻版？（詳參第7章）

大師也瘋狂

挪威知名冠軍咖啡師提姆．溫鐸柏（Tim Wendelboe）2010年11月，專程殺到肯亞，杯測巴蒂安。CRF也為大師的到來，安排一場杯測會，由挪威與肯亞的杯測師一起為S28、Ruiru11和Batian品香論味，結果揭曉，果然Batian分數最高，但溫鐸柏不服，認為CRF可能動了手腳，只拿出品質中上的S28受測，於是要求肯亞當局讓他帶些Batian樣品豆回國，再與頂級的S28進行杯測，卻遭到拒絕。

不過，CRF刊出SCAA的咖啡品質研究學會（CQI）杯測結果，Batian得分也高於S28，以昭信於天下。然而，信者恆信，不信者恆不信，畢竟S28是名聞遐邇的美味品種，豈能一夕間被無名小子超越！

CRF指出，巴蒂安除了抗病力強與味譜優美外，更厲害的是，只需栽種2年即可開花結果，一般咖啡品種至少要花3年才能產出果子。巴蒂安已開始商業種植，預計2012年至2013年即可收成。肯亞寄望巴蒂安投產後，咖啡年產量能從5萬公噸提高到10萬噸以上，為農民與國家帶來財富。巴蒂安果真如此優秀嗎？風味勝過S28嗎？2012年見真章，咖啡迷不妨一起見證此刻的到來。

瓜地馬拉：巨怪連年咬傷波旁

瓜地馬拉與薩爾瓦多向來獨尊波旁品種，2005年以前，波旁幾乎囊括兩國「超凡杯」杯測賽冠軍。2005年開始變天，源自薩爾瓦多波旁矮種帕卡斯與象豆混血的巨怪帕卡瑪拉，包辦薩爾瓦多「超凡杯」大賽二、五、六、七名。2006年更拿下薩國「超凡杯」大賽前四名，帕卡瑪拉開始揚名。

2007年，薩爾瓦多巨怪帕卡瑪拉撈過界，到瓜地馬拉撒野，一舉擊潰瓜國引以為傲的波旁大軍，奪下瓜國「超凡杯」大賽冠軍，全球精品界為之震撼，帕卡瑪拉如日中天，幾乎與巴拿馬藝伎齊名。

接枝莊園以帕卡瑪拉為貴

2008～2010年，瓜地馬拉老牌的接枝莊園（El Injerto）又以帕卡瑪拉「咬傷」波旁，連續3年拿下瓜地馬拉「超凡杯」杯測賽冠軍，2008年一役最令玩家驚喜，當年接枝莊園的帕卡瑪拉冠軍豆，締造每磅生豆80.2美元拍賣天價。這是「超凡杯」九大會員國歷年冠軍豆的最高拍賣紀錄，截至2010仍未被破。深具意義的是，帕卡瑪拉是「新世界」誕生的混血新品種，身價居然超過「老欉」鐵比卡與波旁。接枝莊園的帕卡瑪拉是種在1600公尺以上高海拔區，猶如翡翠莊園的藝伎一樣出名。

接枝莊園的名字很怪，其來有自。創辦人艾奎瑞・帕納馬（Jesus Aguirre Panama）1874年買下這座位於瓜國西北部薇薇特南果產區的莊園，起先種甘蔗、玉米與菸草，1900年才栽種咖啡。他擔心用種子繁殖咖啡，容易產出變種，會改變原有品種的特質，故以接枝法繁衍純種波旁，確保品質，因此以西班牙文「接枝」（Injerto）稱呼他的咖啡園。不過，當初以純種波旁為榮，今日的接枝莊園卻以雜種帕卡瑪拉為貴。

摩卡小怪豆創高價

本書截稿前，接枝莊園又爆驚喜，2011年6月14日首辨的接枝莊園精品豆拍賣會上，奇豆盡出，爭香鬥醇，「新世界」罕見的葉門小粒摩卡豆（Mocca）每磅居然以211.5美元成交，創下莊園豆拍賣價新高，連翡翠藝伎2011年締造的170美元紀錄也被小怪豆凌駕。據悉，這支刁蠻小豆果酸潑辣，近似葡萄的酸香，是接枝最新引進的品種。

Coffee Box

高深莫測的帕卡瑪拉

帕卡瑪拉產量低，豆粒碩大，不易水洗與烘焙，雖然頻頻得獎，但至今仍不甚普及，以產自薩爾瓦多和瓜地馬拉的品質最佳。

由於味譜莫測高深，捉摸不定，愛者好之，恨者惡之，是很有個性的品種。

黏稠度高，油脂感明顯是帕卡瑪拉最大特色，淺焙的酸質近似青蘋果，很霸道，因此有些人無法適應，但可利用慢炒技巧讓酸質更圓潤順口。

甜感類似餅乾的奶油味。整體風味多變，振幅寬廣。

接枝雖以巨怪帕卡瑪拉揚名於世，但近年試種不少奇豆，光是藝伎就有兩款，包括中美藝伎（Geisha Centro America）和衣索匹亞藝伎（Geisha Ethiopia），拍賣會上，衣索匹亞藝伎以70美元售出，僅次於摩卡豆，中美藝伎以45.5美元成交。至於接枝最搶手的帕卡瑪拉只以16美元售出。接枝的摩卡小粒豆雖改寫拍賣的新高紀錄，但能否持續保有此身價？尚待時間考驗。接枝指出，今後會不斷推出新品種，擴展咖啡新味域，為咖啡迷謀口福。

新世界八大美味品種

根據「超凡杯」官方資料，2000年至2005年，巴西、薩爾瓦多、瓜地馬拉、尼加拉瓜和宏都拉斯「超凡杯」大賽，杯測分數在90分以上，波旁高占29.5%，其次是卡杜拉與卡杜阿伊，各為17.9%，接著是新世界的6.4%、帕卡斯的3.8%、鐵比卡的1.3%、卡杜拉與鐵比卡混豆占17.9%、其他（阿凱亞或伊卡圖）占5.1%。明顯可看出2005年以前，波旁美味程度遙遙領先其他品種。

波旁優勢不再？

但筆者再統計2006～2009年，巴西、哥倫比亞、瓜地馬拉、尼加拉瓜、哥斯大黎加、宏都拉斯、薩爾瓦多和玻利維亞「超凡杯」大賽，杯測90分以上的品種占比，就看不出波旁的優勢，反而以卡杜拉的28.5%占比最高，明顯高於波旁的23.8%。

主因是加入了哥倫比亞、哥斯大黎加和玻利維亞三國，而前兩國以卡杜拉為主力品種，玻利維亞則以鐵比卡為主力，因而壓低了波旁占比。另外，巨怪帕卡瑪拉2007年後異軍突起，也高占90分以上品種占比的20.6%。其他占比較高的為卡杜拉與波旁混豆、鐵比卡與卡杜拉混豆或卡杜拉與卡杜阿伊混豆，也很亮眼。

值得一提是，造就藝伎的巴拿馬並未加入「超凡杯」會員國，因此無法在巴拿馬舉辦「超凡杯」大賽。不過，瓜地馬拉、哥斯大黎、尼加拉瓜、哥倫比亞和巴西，均有栽種藝伎，但截至2010年，藝伎仍未在「超凡杯」奪冠，是否與各國氣候風土有關，頗耐人玩味。

SCAA 常勝八金剛

有趣的是，藝伎似乎吃定SCAA賽事，從2005年以來，年年打進SCAA杯測賽優勝金榜內，是得獎率最高的品種。另外，肯亞也未加入「超凡杯」會員國，但幾乎每年的SCAA杯測金榜，都有肯亞SL28與 SL34的大名，因此筆者尊封鐵比卡、波旁、卡杜拉、卡杜阿伊、藝伎、帕卡瑪拉、SL28與 SL34為「新世界」杯測賽的常勝八金剛。

可確定的是，在相同水土環境下，栽種不同品種，仍然會產出味譜有別的咖啡，此乃基因使然，但我們很難論斷八大金剛的美味度排名，這牽涉到各品種的基因，對施肥、海拔、氣候與後製處理的不同偏好度，問題非常複雜。原則上，多多栽種這八大品種，少碰卡帝汶，對杯測賽較有贏面，這從統計資料亦可佐證。

同理，消費者選購咖啡，不妨多買這八大品種，最容易喝到咖啡的千香萬味。

附錄

水洗法的化學反應

荷蘭發明水洗法後，二十世紀初，又經過哥斯大黎加的英國和德國移民改良，做法更細膩。摘下紅色咖啡果後，數小時內送到水洗處理廠，先倒進大水槽，未熟果或破損果會浮在水面，即可剔除瑕疵品。質量佳且完好的果子會沉到水底，再取出倒進去果皮機，產出黏答答的帶殼豆。

接下來的做法就有分歧，有些農友不過水，豆殼上的膠質層直接乾體發酵，但也有人泡水發酵。一般採用泡水發酵較普遍，數小時後，果膠脫離種殼，再以清水沖洗乾淨，拿到曝曬場晾乾或以烘乾機代勞，脫乾到含水率達12%，即可收藏兩個月，進行熟成，接獲訂單再磨掉種殼，取出咖啡豆。

發酵池水溫酸度攸關成敗

種殼上的果膠是不溶於水的異質型多醣類，主要成分為半乳糖醛酸和甲醇。要發酵多久，果膠才會剝離種殼？時間太長發酵過度，產生酸臭味，時間太短，果膠剝離不全，且咖啡不夠入味，因此發酵時間捏拿，攸關水洗成敗，這牽涉到發酵池的水溫與酸度。

根據艾隆加（Arunga R.O）所著《咖啡的酶促發酵》（Enzymatic Fermentation of Coffee），發酵池水溫在攝氏20～25度，水的酸鹼值pH7，最佳發酵時間約六到八小時，如果拖過十二小時，發酵池的酸鹼值降至4.5以下，就會有發酵過度的酸臭味。pH4.5有多酸？pH6的酸度是pH7的10倍，pH5是pH7的100倍，而pH4則是pH7的1,000倍。

帶殼豆的果膠發酵水解後的初期產物為乳酸、乙醇、酮類、乙醛，雖具有水果芳香味，但為時很短，接著又會降解為醋酸、丙酸和酪酸等刺鼻的腐敗成份或洋蔥味，這是發酵過度的惡味。果膠在發酵池水解，產生很多酸性物，控制得宜可為咖啡增加明亮酸香味，但發酵過度則有酸敗味。

水洗的微生物反應

最新研究指出，體積小增生快的細菌（乳酸菌）、體積稍大增生較慢的酵母菌，以及咖啡果細胞裡的酵素，皆可分泌果膠溶解酶，參與水解盛宴。基本上，細菌在高溫、有氧與中性酸鹼值的環境下，增生最快。酵母菌則在缺氧、低溫與酸性環境增生最快。但不要忽略咖啡果去皮後，本身所含的果膠溶解酶與氧氣接觸後，效力大增，聯手與細菌和酵母菌分解果膠，因此發酵池的酸度會隨著時間而快速增強；數小時後從中性的pH7，降至pH5以下，基本上不要低於pH4.5，以免產生惡味。

發酵時間的長短取決於溫度，如果發酵池溫在15～19℃，可能要花到13～18小時才能完成水解。雖然水溫較高，可減短發酵時間，但矯枉過正的升高水溫，則容易產生酸臭味。不如讓發酵的池水，上下順暢對流，提高溶氧量，並循環發酵水，適量補充新鮮水，即可避免水槽上下發酵不均現象。另外，切勿讓發酵池水停滯超七小時，容易造成底部溶氧量不足，發酵不均。

低溫高酸的補救法

如果發酵池溫太低，或pH值低於4.5，發酵無法順利進行，一般會加入霉菌和真菌製成的果膠溶解酶Cofepec以及Ultrazym或氫氧化納協助發酵，但所費不貲。正常的水洗發酵時間在六到十八小時內完成，以免產生過度發酵的惡臭。但有些農友卻師法肯亞式水洗，也就是浸泡一至三天，才取出晾乾，以為這樣做可製作出近似肯亞濃郁的莓果酸香味，結果產出臭不可聞的腐敗咖啡。原來肯亞是採用二次發酵與二次沖洗方式，取出帶殼豆沖洗乾淨後，再置入乾淨的水槽浸泡十幾小時，其間不停換水，而不是一直長泡在發酵池的「原汁」裡。

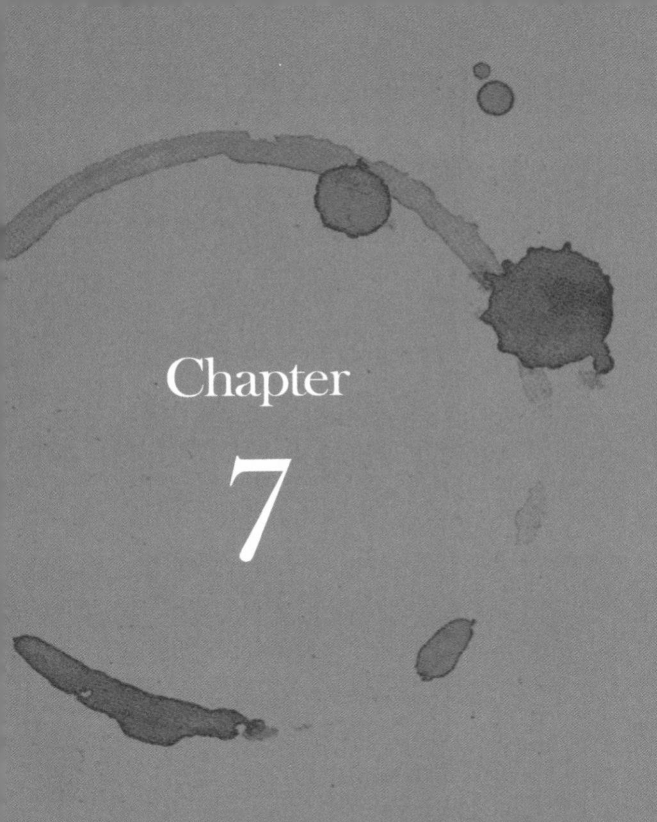

Chapter 7

新秀輩出，新世界改良味（下）

藝伎雙嬌：巴拿馬VS.哥倫比亞

「舊世界」衣索匹亞與葉門的咖啡品種，移植到「新世界」中南美樂土，落地生根，衍生許多混血馴化新品種，其中最富傳奇色彩，味譜最優美，杯測賽獲獎最多，身價最高者，當屬巴拿馬「綠頂尖身」藝伎，2004年，初吐驚世奇香，獨領七載風騷，直到2011年，才在SCAA Coty杯測賽，敗給後起的哥倫比亞藝伎。

咖啡天堂哥倫比亞，歷經六年生聚練兵，出乎意料，種出陳皮梅辛香韻的藝伎，風味與巴拿馬藝伎的橘香蜜味，大異其趣。「藝伎雙嬌」是人生在世，不可不喝的絕品！

藝伎既出，誰與爭鋒

稀世珍品藝伎，是「新世界」最傳奇的咖啡品種，她的併音字Geisha（註1）曾引起歐美咖啡族大論戰。台灣亦不遑多讓，有人音譯為「蓋沙」、「給夏」；也有人望文生義，戲稱為藝伎或藝妓，雖然與日本藝伎毫無瓜葛（註2）；甚至有人乾脆以閩南語發音「假肖」Kuso一下；大陸有人音譯為「玫夏」。諸多奇名怪號，惹人發笑。我個人較偏好藝伎的譯法，喝一口會有國色天香，千嬌百媚的遐想，為咖啡添增幾許浪漫。

註1：在谷歌地圖搜尋引擎必須鍵入Gesha才找得到它位於衣索匹亞西南接近蘇丹邊界處，如鍵入Geisha就找不著了。加上衣國有些村名拼音為Gesha或Gecha，幾無Geisha的拼法，因此美國精品界有些好事者就以此論定Geisha是錯的，應更正為Gesha。
筆者認為這失之武斷與不專業，因為此語音是用衣索匹亞的阿姆哈拉語（Amharic）音譯成英文拼音，混亂不統一是必然的，另個名產區耶加雪菲的拼音也有數種，包括Yrgacheffe、Yergacheffe、Yirgacheffe和Yerga Cheffe，敢問好事者，哪個才對？

註2：此品種在衣索匹亞咖啡研究機構的英文檔案，均拼為Geisha，恰巧與日文藝伎讀音以及英文藝伎寫法相同，更增添她的趣味性。重點是藝伎移植海外七十多年，各研究單位均以Geisha或Abbyssinian（衣索匹亞舊名）稱之，從不曾拼寫成Gesha，筆者寧可採用學術單位及衣國官方的拼法，免得誤認Gesha又是另個新品種，徒增困擾，請好事者不要再惹是生非了。

看見杯中上帝

2004年以降，巴拿馬翡翠莊園的藝伎過關斬將，立下彪炳戰功。藝伎身價從2004年每磅生豆21美元，步步高升，2006年漲到50.25美元，2007年第三度蟬連美國精品咖啡協會麾下烘焙者學會杯測賽（SCAA Roasters Guild Cupping Pavilion Competition）冠軍，暴漲到每磅130美元天價，業界認為這應該是精品豆拍賣的終極價。未料2010年，翡翠藝伎第六度稱王「巴拿馬最佳咖啡」（Best of Panama, 簡稱BOP），身價暴衝創新高，每磅飆到170.2美元，高處不勝寒。巴拿馬藝伎到底要飆漲到何時，沒人知曉。翡翠莊園也成為全球獲獎頻率最高的咖啡莊園。

放眼新舊世界產國，唯翡翠莊園有能耐年年奪大獎，身價步步高。巴拿馬咖啡年產量不多，約在八千噸至一萬一千噸左右，向來不在精品咖啡尋豆師的雷達幕裡，但2004年翡翠藝伎一戰成名，巴拿馬咖啡因藝伎而貴，成為稀有精品豆重要產國，爭得國際能見度。2006年綠山咖啡品管總監兼知名杯測師唐．赫利（Don Holly）獲邀擔任BOP評審，他首嘗藝伎的橘香蜜味與花韻，驚嘆道：「我終於在咖啡杯裡，看見上帝的容顏！」翡翠莊園從此成為全球精品咖啡迷的朝聖地。

Coffee Box

翡翠藝伎戰功錄

- 巴拿馬最佳咖啡杯測賽冠軍（2004、2005、2006、2007、2009、2010）
- 巴拿馬最佳咖啡杯測賽亞軍（2011）
- 美國精品咖啡協會烘焙者學會杯測賽冠軍（2005、2006、2007）
- 美國精品咖啡協會年度最佳咖啡杯測賽亞軍（2008、2009）
- 美國精品咖啡協會年度最佳咖啡杯測賽第六名（2010）

＊美國精品咖啡協會烘焙者學會杯測賽，於 2008 年更名為美國精品咖啡協會「年度最佳咖啡」（Coffee Of The Year，簡稱 Coty）杯測賽。這項國際杯測賽並無地域與國別限制，各產地咖啡均可報名參賽，不同於 CoE 與 BOP 的資格限制，Coty 是當今規模最大，最權威的國際杯測賽。台灣李高明先生的阿里山鐵比卡，曾贏得 2009 年 Coty 金榜第十一名。

藝伎傲世千雄的戰績與身價，絕非一朝一夕的偶然，我認為「地靈人傑」以及「咖啡基因」，兩大要因，缺一不可，經過數十寒暑的醞釀與媒合，終於造就藝伎曠世奇香。

巴拿馬：地靈人傑藝伎出

提到巴拿馬，不免聯想到溝通太平洋與大西洋的巴拿馬運河，以及無惡不作的獨裁將軍諾瑞加（Manuel Noriega），然而，2004年後，世人對巴拿馬又可多下個註記：「人間絕品，藝伎誕生地！」

巴拿馬咖啡主產於西部巴魯火山（Baru）的東麓與西麓。翡翠莊園位於該火山東麓的小山城波凱蝶（Boquete），西班牙語發音為bo-ge-de，每年4月「咖啡花苞齊怒放，鳥語花香蝶飛舞，山霧飄渺如仙境」是最佳寫照。巴魯火山西側的沃坎（Volcan）是巴國第二號咖啡重鎮，國人熟悉的卡門莊園（Carmen Estate Coffee）座落於此。

國人對藝伎誕生地波凱蝶，可能很陌生，但歐洲人早已迷情百年。早在1904年巴拿馬運河興建之初，歐洲大批工程師和高階管理人才，受聘到東部酷熱的巴拿馬城工作。1917年巴拿馬運河峻工後，這批高級知識份子，尤其是北歐人，愛上巴拿馬西部，氣候涼爽四季如春的波凱蝶，很多人回不去了，乾脆買座農場，終老於此，享受丹霞迷霧飄奇香的居住情境。

可以這麼說，百年前歐洲退休工程師，是今日波凱蝶畜牧與咖啡栽植業的先驅，這裡先進的水洗處理廠和農牧硬體設施，均是當年工程師的傑作。波凱蝶老牌莊園Finca

Lerida與Don Pachi Estate等，都是當年歐洲菁英打下的根基。近年暴紅的翡翠莊園也和北歐有緣，1964年瑞典裔的美國金融家魯道夫．彼得森（Rudolph A. Peterson）退休，移民巴拿馬，並買下波凱蝶的翡翠莊園（Hacienda La Esmeralda）以乳業為主。1973年，他的兒子普萊斯．彼得森（Price Peterson）在美國取得神經化學博士，卻扭不過波凱蝶的召喚，不惜放棄高薪職務，返回巴拿馬協助老爸經營農場，藝伎飄香的浪漫傳奇就此展開。

退休工程師的咖啡第二春

好山好水的波凱蝶，向來是歐美菁英怡情養老聖地，1999年「財星雜誌」（Fortune）票選波凱蝶為全球最適合退休養老的五座小鎮之一，全鎮兩萬人，外來高階移民就有兩千多人，此間的咖啡農場主人，英語、歐語說寫流利，頗具世界觀，而且擁有博士或碩士學歷的比率，高居各咖啡產國之冠。

正因如此，巴拿馬咖啡農決定不加入CoE組織，自己的命運自己掌握，自己的比賽自己辦，無需看人臉色，肥水流入外人田。1996年巴拿馬精品咖啡協會（Specialty Coffee Association of Panama，簡稱SCAP）成立後，即規劃BOP賽事。04年藝伎初吐傲世奇香，全球驚豔，BOP聲名大噪，足與Coty、CoE分庭抗禮，成為國際矚目的杯測賽，尋豆師與精品咖啡買家，絡繹於途，好不熱鬧。

上帝吻過的橘香基因

多虧波凱蝶的高素質移民，否則藝伎被上帝親吻過的橘香蜜味基因，恐永遠暗藏在防風林裡，孤芳自賞了。這要從擁有神經化學博士學位的翡翠莊園主人普萊斯以及他的高學歷兒子丹尼爾．彼得森（Daniel Peterson）說起。

早期的翡翠莊園只有一座農場，位於波凱蝶地區的帕米拉（Palmira），主要飼養乳牛，直到1980年才開始種咖啡，普萊斯引進卡杜拉和卡杜阿伊品種，1994年設立水洗處理廠。1996年普萊斯聽說鄰近的哈拉蜜幽

（Jaramillo）有座莊園的咖啡不錯，帶有濃濃柑橘味，於是買下哈拉蜜幽咖啡園，併入翡翠莊園。

彼得森家族初期是把兩座莊園的咖啡混合後販售，但總覺得有一股若隱若現的橘香蜜味與花韻，此味譜迥異於中美洲咖啡的莓果味。2002年某天，普萊斯的兒子丹尼爾，福至心靈，認為此味譜應該來自某一栽植區的單一品種，有必要查個清楚，不能再混水摸魚下去。於是逐一杯測哈拉蜜幽與翡翠莊園，各不同海拔栽植區的所有品種，以找出到底是何方神聖，暗藏稀世奇香。

防風林韜光養晦

杯測結果出爐，萬人迷的花香蜜味與柑橘韻，居然出自哈拉蜜幽邊陲的防風林，這一帶的海拔最高，約1,500至2,000公尺，但咖啡樹瘦高葉稀，其貌不揚，各分枝的垂直間距比一般咖啡樹來得大，而且各樹枝開花結果的每個芽結（即結間）距離，長達3英寸（7.62公分），這表示同一樹枝單位，可供開花結果的「生財區」不夠密集，屬於低產品種，經濟價值低，可能因此才被前任莊主貶到最偏僻，風勢最強勁的地區，充當防風樹，為其他結間較短且緊密的高產品種，遮擋強風。

普萊斯和丹尼爾還發現，這些長相怪異的低產咖啡樹，亦星散在哈拉蜜幽1,400公尺以下，較低海拔處，但味譜卻差很多，不但橘香蜜味不見了，苦味也更強，兩人的結論是防風林裡不知名咖啡樹，擁有獨特基因，必須在1,500公尺以上的高海拔區，接受冷月寒風與山氣的淬煉，方能孕育驚世味譜。一般咖啡樹種在哈拉蜜幽防風林都無法存活，因為風勢太強，溫度太低，但這些瘦高咖啡樹卻怡然自得，咖啡果子也比一般品種肥碩，而且不易被勁風吹落，雖然產果量稀少，大概只有卡杜拉的25%～35%，但橘香蜜味迷死人，於是請教附近農友，這究竟是什麼品種。

藝伎教父引進

巴拿馬栽種這款怪胎咖啡的人很少，很多農友跑來看也搞不清楚，幾經折騰才得到正解，此品種叫做Geisha，1963年由義大利裔，任職巴拿馬農業部的唐・巴契・法蘭西斯科・賽拉欽（Don Pachi Francisco Serracin）向哥斯大黎加知名的「熱帶農業研究與高等教育中心」（簡稱CATIE）引進的抗病品種，並分贈給巴國農友，過去均種在1,200公尺的低海拔區，產量低、豆粒瘦小且風味不佳，早已被巴拿馬農友棄種，不過，唐・巴契的自營莊園Don Pachi Estate仍存活一些Geisha，但2004年以前，不曾用來參加比賽，至今業界仍尊封唐・巴契為「巴拿馬藝伎教父」。

伯樂相馬識真味

雖然藝伎不是由普萊斯與丹尼爾引進的，但父子倆卻是最先發覺藝伎必須種在高海拔，冷風淒淒處的秘密，於是扮演「伯樂」，將防風林裡的藝伎咖啡豆獨立出來，並以哈拉蜜幽精選（Jaramillo Special）參加2004年BOP杯測賽，由國際評審敏銳的感觀，檢測藝伎的香氣、滋味與口感，果然迷倒評審團，一戰成名，拍賣會創下每磅21美元破紀錄天價，在此之前，巴拿馬咖啡不曾有此身價，精品界為之沸騰。

評審團也瘋狂

2004年知識份子的生豆採購專家傑夫，恰巧擔任BOP評審，他回憶這段往事說：「共有25支巴拿馬精品進入決賽，但其中有一支頗令評審團困惑，她散發的柑橘味、萊姆酸香、甘蔗甜、茉莉香…彌漫屋內，啜吸入口，猶如百花盛開，嘴裡放煙火般的炫麗，比賽進行一半，冠軍已經決定……但我們都是老手，杯測過的中美洲咖啡，豈止千百杯，卻不曾喝過如此迷人的味譜。評審團擔心主辦單位在搞鬼，故意擺一款衣索匹亞精品豆，來測試大家味蕾，能否挑出非巴拿馬的咖啡。可是耶加雪菲也不可能有這麼濃郁的橘香蜜味……怪怪，究竟是何方奇豆？大夥滿臉狐疑地評分。結果揭曉，翡翠莊園壓倒性勝出。」

莊主普萊斯向大家解釋說，這支豆子是Geisha品種，已在波凱蝶存活數十載，是道地巴拿馬咖啡。藝伎聲名大噪後，2005年，唐·巴契依樣畫葫蘆，將自家莊園不受正視的藝伎，獨立出來，參加BOP，雖敗給翡翠藝伎，但唐·巴契藝伎贏得亞軍，更確立藝伎絕非曇花一現，而是可長可久的奇香品種。

接下來幾年，翡翠藝伎無往不利，在SCAA與BOP杯測賽連年痛宰波旁、帕卡瑪拉、鐵比卡、卡杜拉、卡杜阿伊與衣索匹亞古優品種大軍，奪冠如探囊，藝伎成為常勝軍人氣王，大家都在問：「Geisha到底來自何方，為何如此美味？」

藝伎的身世尋根

就連杯測界也不敢相信中美洲能種出「橘香四溢花韻濃」的咖啡，根據經驗法則，這應該是「舊世界」衣索匹亞古優品種獨有味譜，為何出現在巴拿馬？普萊斯也為藝伎身世傷透腦筋，於是請教他的好友，法國國際農業發展研究中心（CIRAD）的咖啡育種專家尚皮耶·拉柏斯（Jean-Pierre Labouisse），巧合的是2004～2006年間，拉柏斯正好在衣索匹亞西南部的金瑪農業研究中心工作，他趁便查閱衣國官方文件，終於找出蛛絲馬跡，並整理出藝伎從咖法森林移植出境，周遊列國的「一系列監護」過程。

數十年前，衣國英文檔案對藝伎品種寫法以Geisha為主，偶爾也用衣國舊名阿比西尼亞（Abyssinian）稱之。

檔案顯示，早在1931年、1936年和1964～1965年，聯合國糧食及農業組織（FAO）的植物學家，在英國公使協助下，三度深入咖法森林，採集珍貴的抗病咖啡種籽，並與「新世界」的阿拉比卡混血，以改善中南美咖啡基因狹窄化與體弱多病。拉柏斯考證後認為，目前哥斯大黎加以及巴拿馬藝伎的血緣，應該與1931年英國公使在衣索匹亞Geisha Mountain所採集的種原有關係。以下是他根據衣索匹亞和哥斯大黎加官方檔案，彙整的編年紀事：

- **1931年：**英國公使深入Geisha Mountain採集幾個地區的不同咖啡種子。
- **1931～1932：**種子以Geisha和Abyssinian之名移植到肯亞的基泰爾（Kitale）試種。
- **1936年：**幼株從肯亞移植到烏干達和坦桑尼亞的賴安穆古咖啡研究中心試種。
- **1953年：**哥斯大黎加的CATIE，開始多次從坦桑尼亞的賴安穆古，以及其他國家引進VC496幼株，她的母株至今仍種在坦桑尼亞。
- **1963年：**巴拿馬咖啡農唐・巴契，從哥斯大黎加的CATIE引進抗病藝伎品種，分贈給巴國農友，但產果量稀，風味差，並不受歡迎。
- **1965年：**聯合國擔心衣索匹亞咖法森林濫墾問題，造成阿拉比卡基因嚴重淪喪，於是指派糧農組織的科學家，遠赴Geisha Mountain採集種原數千，分送到肯亞和中南美進行保育或進一步研究，但並未流出。因此今日哥斯大黎加與巴拿馬藝伎的血緣，應該和1931年英國公使所採集的種原有關。

衣國官方檔案還載道：「這些抗病種原，係1931年採集自西南部Geisha Mountain，海拔5,500至6,500英尺，年雨量50～70英寸。咖啡樹的主枝下垂且長，分枝增生蔓延，頂端嫩葉古銅色，葉片狹小……先送到肯亞的基泰爾農業中心試種，並選拔出五種不同形態的Geisha 1, Geisha 9, Geisha 10, Geisha 11, Geisha 12。1936年移植到坦桑尼亞的賴安穆古咖啡中心試栽，又選拔出VC496～VC500等五種形態，其中的VC496和VC497，於1953年混血。坦桑尼亞的賴安穆古藝伎系列（Lyamungu Geishas）後來又移植到肯亞的魯伊魯。」

原生藝伎味譜差

衣國官方文件最有意思的一段話是：「1931年英國公使採集的咖啡種籽，並非高產品種，豆貌尖瘦，也非農友喜歡的豆形，而且泡成飲料的品質不佳，但對葉鏽病有強大抵抗力，可供混血使用。」由此可知，衣國在種子送出國前，曾做過檢測，評語是豆相很差，味譜也糟，所以才安心放行，如果豆貌佳，風味好，衣國農業單位恐怕不會隨便送出國，來打擊自己的咖啡農。

哥斯大黎加是中美諸國最先引進藝伎的國家，但衣國官方檔案並未記載哥斯大黎加何時引進藝伎，拉柏斯後來又在哥國知名咖啡研究機構CATIE的檔案找到重要資料，哥斯大黎加早在1953年，就從坦桑尼亞引進VC496，後來又多次從其他國家引進同款藝伎VC496。1963年，CATIE同意贈送抗病藝伎給巴拿馬咖啡農唐．巴契，並種植在波凱蝶。因此，巴拿馬藝伎來自哥斯大黎加，殆無疑義。

新舊藝伎演化百變形態

從以上資料可看出，今日巴拿馬稱霸杯測賽的藝伎，早在四十多年前，引種自哥斯大黎加，而哥國的藝伎是五十多年前從坦桑尼亞引進。這看似一脈相承，不過，普萊斯卻認為翡翠莊園的藝伎應該與歷史檔案中的藝伎不同，光是哈拉蜜幽就有兩種藝伎，一種為綠色嫩葉，果子成熟較慢但風味極優，另一種為古銅色嫩葉，果子成熟較快，風味稍遜。另外，衣國文獻指出，藝伎抵抗葉鏽病的能力很強，但風味不佳，有趣的是今日的巴拿馬藝伎恰好相反，也就是抗病力不佳，但味譜優美、風味絕佳。

因此，普萊斯認為，藝伎有新舊品種之分，移植到中南美的，可稱為「新藝伎」，說她是百變藝伎絕不為過，半世紀來，她到底衍生出多少種形態，無人知曉，有待基因鑑定來釐清。普萊斯敢這麼說是有所本的，他指出，2006年2月，拉柏斯曾寄來一封電子信，寫道：「1931年涉險進入藝伎山採集咖啡種子的那位英國公使，很可能把採集自不同地區，不同品種的咖啡種子，混在一起，事先未做好分類，事後又以藝伎品種一筆帶過，這使得藝伎的血緣，更為複雜，混沌未明。」

形態不同，味譜各殊

如果再加上藝伎種子送到肯亞和坦桑尼亞等國，進行一系列品種選拔，藝伎的形態就更難細數了。而且巴拿馬和衣索匹亞的咖啡育種專家皆不排除藝伎移植到巴拿馬後，又與當地阿拉比卡發生種內混血的可能性（詳參第10章），換言之，這批源自Geisha Mountain，有不同基因特質與味譜的品種，不管在衣索匹亞、坦桑尼亞、肯亞或中美洲皆稱為Geisha。

我對藝伎亂局，亦有深刻體驗。巴拿馬藝伎，豆貌尖長肥碩，饒富橘香蜜味；衣索匹亞的「75227號品種」亦稱Geisha，但豆相尖長瘦小，風味普普；至於哥斯大黎加、肯亞與馬拉威的藝伎，豆貌短圓，味譜猶如稀釋版的巴拿馬藝伎。面對這麼多基因有別的藝伎，消費者選購時務必先問清楚栽種國並留意豆貌形態，以免買到「上帝尚未親吻過」的清淡版藝伎。

即使產自巴拿馬翡翠莊園的藝伎，品質也不盡相同，會因栽植區的海拔與採收期不同，而有不小差異。基本上，海拔愈高的小產區，身價愈貴，近年迭創新高價的藝伎幾乎出自哈拉蜜幽，海拔區間在1,500～1,650的馬利歐藝伎（Geisha Mario），採收期是每年2月。但2011年，翡翠莊園海拔高達1700～1800公尺新產區卡尼亞維蝶（Cañas Verdes）所生產的蒙塔尼亞藝伎（Geisha Montaña）異軍突起，在翡翠自辦的拍賣會上，每磅生豆以53.5美元成交，超越馬利歐藝伎的51.5美元，引人矚目。至於海拔在1,500公尺以下的小產區，身價較低，每磅十幾美元就買得到，橘香蜜味淡薄許多，雜苦若隱若現。

翡翠藝伎年產僅百袋

近年，翡翠莊園雖不斷墾地增產，但藝伎產量仍有限，從最初年產50～100袋，增加到目前100～200袋左右，年產量不超過12公噸，遇到氣候不佳的歹年，甚至只產3公噸。最值錢的競賽版頂級藝伎年產約200～300公斤而已。翡翠莊園除了藝伎外，還有鐵比卡、卡杜拉和卡杜阿伊，咖啡每年總產量約4,000袋，也就是說藝伎最多只占翡翠莊園咖啡總產量的4%～5%。

2011年5月翡翠莊園的水洗藝伎在BOP杯測賽上，以些微差距，敗給新近崛起瓦倫提娜莊園（Finca La Valentina）的「農業鋒芒藝伎」（Geisha Arista Agrario），這是翡翠藝伎八年來第二次在巴拿馬杯測賽失利。不禁令人納悶：究竟是彼得森家族的藝伎退步了？抑或其他莊園的藝伎進步了？

亞軍比冠軍貴

但耐人玩味的是，最後BOP拍賣價，翡翠水洗藝伎還是貴氣逼人，每磅75.25美元成交，雖然未刷新2010年170.2美元紀錄，卻創下亞軍豆比冠軍豆更高貴的「反常」紀錄，冠軍豆「農業鋒芒藝伎」每磅只賣到70.25美元，足見翡翠莊園的招牌有多硬。

2011年BOP賽事，另一勁爆點是，古早味的日曬藝伎初試啼聲，與水洗藝伎一較高下。唐・巴契的日曬藝伎雖以89.15分，贏得第四名，卻以每磅111.5美元成交，比冠軍的「農業鋒芒藝伎」還要貴，成為2011年身價最高的藝伎，而翡翠日曬藝伎則以87.42分，贏得第10名，卻以每磅88.5美元的第二高價售出。

顯見日曬藝伎的身價高於水洗，但為何杯測分數低於水洗？這不難理解，因為日曬豆多少有點雜香，振幅較大，乾淨度稍差，並非所有的人都喜愛，可能因此被扣分，但是迷戀古早味的人，再貴也不惜千金搶標。

然而，翡翠藝伎連年征戰，參加國際大小杯測賽事，難免出現彈性疲乏，衛冕失利，畢竟翡翠莊園最精銳的一軍藝伎有限，很難照料所有賽事，而且氣候、病蟲害、後製處理以及基因退化等諸多變數，非常複雜，要做到年年皆佳釀，強人所難，翡翠莊園已是近八年來，全球獲獎頻率最高的傳奇莊園，她締造的傲世紀錄，短期內不易被超越，咖啡迷無需過度苛責。

打破巴拿馬壟斷局面

2004年翡翠藝伎初吐驚世奇香，大幅拓展咖啡新味域，接下來幾年間，巴拿馬、哥斯大黎加、瓜地馬拉、尼加拉瓜、玻利維亞、哥倫比亞和馬拉威，掀起藝伎搶種熱潮，但橘香蜜味與花韻，均不如巴拿馬藝伎濃郁，巴拿馬因而壟斷頂級藝伎市場多年，非產自巴拿馬的藝伎，均被視為次級品。

然而，2011年SCAA「年度最佳咖啡」（Coty）優勝金榜公布，冠軍竟然是名不見經傳的哥倫比亞藝伎，創下非巴拿馬藝伎擊敗巴拿馬藝伎的首例，精品界譁然，更不可思議的是，翡翠藝伎居然未擠進前十名金榜內，也創下2005年參加SCAA杯測賽以來，頭一次落榜的紀錄，這究竟是氣候或其他因素造成？費人疑猜。其實，2010年Coty賽事，翡翠藝伎已退步到第六名，似已預發警訊了。

哥倫比亞過去也曾以卡杜拉與波旁聯軍，三次擊敗翡翠藝伎，但今年是首次以哥國獨特水土栽種的藝伎，單挑翡翠藝伎，並奪下冠軍，更確立哥倫比亞在「新世界」精品咖啡一哥地位。哥倫比亞與巴拿馬的「雙伎」對決，方興未艾，料將成為未來Coty爭霸賽的壓軸好戲，咖啡迷拭目以待。

哥倫比亞：山高水好出豆王

哥倫比亞與巴西均是重量級咖啡產國，但兩者對比強烈，巴西地貌單調，氣候乾燥，海拔偏低，土壤貧瘠並非種咖啡好地方，全靠土質改造、品種改良和高科技灌溉，彌補先天不足，成就今日最大咖啡產國美譽。但哥倫比亞坐擁老天恩賜的好山好水，地貌豐富、火山成群，土肥雨沛，是天造地設的咖啡仙境，若說哥倫比亞是冠軍豆產房，恰如其分。2004年以來，哥國的品種聯軍，已連奪四屆SCAA杯測賽冠軍，比巴拿馬藝伎連霸三屆更搶眼。

哥國跨越南北半球，咖啡園主要分布於北緯2～8度間。從北到南，各產區因雨季不同，有兩大採收期，主收穫期在10月至來年2月，次收成期在4月至9月，換言之，哥國一年四季皆有咖啡採收。

哥國以重山峻嶺與高原著稱，首都波哥大位處2,600～3,000公尺海拔區，我記得十年前參訪哥國莊園，還需從波哥大開車下山，到海拔1,300至2,000公尺，才看得到咖啡園，這與一般上山看咖啡的感覺很不一樣，此行更見識到哥國峻嶺、山谷、雨林與高原，交錯天成的龐雜地貌與微型氣候，是古柯樹與咖啡寶地。哥國2008、2009、2010、2011年，連續四載拿下SCAA「年度最佳咖啡」榜首，我不覺意外。

精品豆高占三成

任何難照料的咖啡品種，到了哥國樂土，怡然自得，難怪咖啡豆明顯比其他產國來得肥碩。此間的咖啡品種極為多元，鐵比卡、波旁、卡杜拉、象豆、帕卡瑪拉、卡帝汶、藝伎、摩卡、波旁尖身，應有盡有。由於土質肥沃，日夜溫差大，在巴西養不活的卡杜拉，到了哥國，如魚得水，結果茂盛，成為哥國主力品種。另外，1980年哥國培育出多代回交的卡帝汶改良品種，尊貴的被冠上國名「哥倫比亞」，並與卡杜拉形成雙主力品種。

勢力龐大的咖啡生產者協會（FNC）向來不遺餘力改良品種，哥國採行雙主力品種，卡杜拉帶有波旁基因，主攻精品，「哥倫比亞」帶有羅巴斯塔基因，產量高抗病力強，主攻商業豆，一般莊園均以這兩大品種為主力，再搭配少量鐵比卡與波旁。但FNC希望在2015年以前，將咖啡產量拉升80萬公噸以上，近年又推出第二代「哥倫比亞」，名為卡斯提優（Castillo），強力宣導農民改種新品種。

哥國是世界第二大阿拉比卡產國，過去以商業豆為主，1990至2000年，精品豆僅占哥國咖啡產量5%，千禧年後，FNC嗅出精品商機與潛力，強力輔導農民轉進更有利可圖的精品豆栽植業，目前FNC認證的精品咖啡已高占哥國咖啡總產量的30%，足見當局推展精品豆的萬丈雄心。

中部主產商用豆

哥國以高海拔著稱，但北部的布卡拉曼卡（Bucaramanga）產區，海拔較低，約1,000公尺左右，所產咖啡低酸醇厚，甜感不錯，味譜近似印尼曼特寧，很有特色但產量不多，已打進歐美精品市場。中部為哥國大宗商業咖啡產區，即俗稱的「MAM」，M是指安蒂奧基亞省（Antioquia）的首府梅德因（Medillin），A是指金迪奧省（Quindío）首府亞美尼亞（Armenia），最後一個M是指卡爾達省（Caldas）首府馬尼薩萊斯（Manizales）。中部這三大城市是大宗平價咖啡集散地，哥國栽植條件較平庸或處理較粗糙的商用豆，均集中這三大區混合後銷售，是哥國最大咖啡產區。

中南部主產精品豆

中南部地區，則為哥國高價位精品咖啡專區，同時也是游擊隊出沒，為禍最烈的地方。歷屆「超凡杯」以及SCAA「年度最佳咖啡」勝出者，幾乎全出自中南部產區，包括托利馬省（Tolima）、梅塔省（Meta）、考卡山谷省（Valle del Cauca）、考卡省（Cauca，Popayan為集散地）、薇拉省（Huila，San Augustin為集散地）、娜玲瓏省（Nariño，Pasto為集散地）（註3）。

哥國中南部火山林立，是臥虎藏龍的精品產區，2008年托利馬省，2009與2010年薇拉省，聯手精選卡杜拉和波旁混合豆，三度力擒巴拿馬藝伎，贏得08、09和10年SCAA「年度最佳咖啡」冠軍。2011年考卡山谷省更出人意表，推出秘密武器「尖身綠頂」藝伎，擊敗同門師姊巴拿馬翡翠藝伎，哥國第4度贏得SCAA「年度最佳咖啡」冠軍殊榮，當今只有哥倫比亞擁有傲世的四連霸紀錄。

換言之，05、06和07年，三度蟬連SCAA杯測賽冠軍，並創下每磅130美元天價的巴拿馬藝伎，08年起，連續四年都栽在哥倫比亞的卡杜拉、波旁和藝伎聯軍手下，雖敗猶榮。哥倫比亞不愧為SCAA冠軍豆產房。

我統計一下，藝伎品種打從2005年開始參加SCAA國際杯測賽事，七年以來，共拿下四次冠軍，分別是05、06和07的巴拿馬翡翠藝伎，以及2011年的哥倫比亞藝伎，奪冠機率將近60%，堪稱最有冠軍相的競賽品種。哥倫比亞不但延續藝伎常勝的傳奇，更打破只有巴拿馬種得出絕品藝伎的神話。然而，哥倫比亞贏得很辛苦，經過六年操兵演練與巨額投資，才種出冠軍藝伎。

註3：台灣慣稱 Huila 為薇拉省，但西班牙發音應為烏伊拉。另外，國人習稱 Nariño 為娜玲瓏省，但西班牙發音為娜玲妞才對。

哥國藝伎偷師巴拿馬

哥倫比亞藝伎（Geisha Colombia）產自考卡山谷省，整個栽植過程，諜影幢幢，相當有趣。早在2005年，哥國的希望莊園（La Esperanza）先在巴拿馬翡翠莊園的哈拉蜜幽隔鄰，租一塊地，就近「學習」彼得森家族如何種藝伎，並掌握正確品種—「綠頂尖身」藝伎，以及高海拔、冷月淒風與多施有機肥的秘訣，07年希望莊園從巴拿馬自營的卡列達莊園（La Carleida）移植三萬五千株小藝伎，到哥倫比亞考卡山谷省希望莊園新購進的藍色山巒莊園（Cerro Azul）試種，開啟該省的藝伎栽種熱潮。

藍色山巒莊園占地兩公頃，位於西部山脈楚吉尤（Trujillo）地貌多變處，微型氣候豐富，是希望莊園專門侍候藝伎的寶地，海拔高達1,700～1,950公尺，日夜溫差大，亦有涼風吹拂。可喜的是，希望莊園在巴拿馬的「分身」卡列達莊園，練兵試種的藝伎，參加2008年BOP，很爭氣以91高分贏得冠軍，每磅生豆拍賣價47美元，更增強哥國種藝伎的信心。

弔詭的是，2008年BOP優勝名單，並無翡翠莊園的名字，她有出賽嗎？耐人玩味。

希望莊園總經理米蓋．吉梅內茲（Miguel Jimenez）指出，幾年前先在巴拿馬練兵學經驗，對藝伎品種有了深入了解，決定移植回哥倫比亞，相信在考卡山谷省的氣候與風土加持下，藝伎味譜會更優。他還透露哥倫比亞藝伎水洗後，如果採全日曬乾燥，很容易引出迷人薄荷味，這是哥、巴「雙伎」味譜最大不同處，但是藝伎收穫時節的後製處理，恰逢考卡山谷省的雨季，全日曬不易完成，需仰賴電力烘乾，而減損了薄荷味，大夥正在想辦法凸顯哥國藝伎的薄荷味，以別於巴拿馬藝伎的橘味，讓咖啡迷一喝就知道這是「Geisha Colombia」的地域之味。

哥國藝伎驚吐陳皮梅韻

藝伎雙嬌的味譜果真有別嗎？這確實是個趣點。2011年6月，我手邊恰好有翡翠莊園Mario產區，以及哥倫比亞Cerro Azul這兩支藝伎，於是與黃緯綸來一場「藝伎雙嬌」杯測PK賽。

結論是「雙伎」味譜果然有別，哥倫比亞藝伎以莓香蜜味為主軸，是我第一次喝過濃郁陳皮梅辛香韻的咖啡，而且蜜糖香氣厚實，一入口就有驚喜感，我和黃緯綸給了88～89分。我不知陳皮梅味是否就是吉梅內茲所稱的薄荷味，有可能每人感受有別，描述不盡相同吧。不過，碧利進口的第三批Cerro Azul藝伎，味譜又變，以橘香蜜味為主調，神似翡翠藝伎。怪怪，不同批的哥國藝伎居然呈現不同味譜。

翡翠藝伎品質下滑

但我對2011年翡翠藝伎就很失望，經典的橘香蜜味不見了，只剩下剔透的酸香味，可喜的是花韻猶存，有點像黃箭口香糖的香水味，但強度比往常衰減許多，究竟發生了什麼事，只有天知道。我和黃緯綸只給83分，雖然還是精品級，但離金榜門檻還有段差距，難怪翡翠藝伎會在2011年Coty慘遭滑鐵爐。

如果以翡翠藝伎全盛時期濃郁的橘香蜜味與花韻，卯上今日哥國藝伎的莓香蜜味與辛香韻，各有千秋，就有得拚了。簡單的說，翡翠藝伎以橘韻見長，哥國藝伎以莓韻凸出，相當有趣。

藝伎品種開創新味域的能耐果然不同凡響，未來雙嬌對決，勢所難免，我認為雙嬌同屬「綠頂尖身」形態，芳香基因相同，輸贏關鍵，取決於栽種地的Terroir，即氣候、土質與風雨變數，當然，後製過程是否細膩，亦是決勝要因。

哥倫比亞藝伎尚在啼聲初試階段，產量極微，論精品咖啡，必須再往南看，尤其是薇拉省與娜玲瓏省，是哥國精品主力產區。

火山灰增香提醇

考卡山谷省往南，可抵考卡省，再往東南可抵哥國第二大咖啡產區薇拉省，也是最大精品豆產地，這幾年薇拉咖啡「爆香」全球，可能與沉寂四百年的薇拉火山（Nevado del Huila）復活有關。2008年該火山噴出大量泥漿和泥灰，當局疏散了一萬多居民，美國CNN還連線報導，所幸未噴出熱岩漿，災情不嚴重。薇拉火山至今仍間歇噴出泥灰，但咖啡農卻不擔心，還巴望繼續噴不要停，因為火山灰富含礦物質，滋補咖啡田養分，有助咖啡孕育百香，甚至有農友認為薇拉省在2008年後，頻頻奪下杯測賽首獎，火山灰功不可沒。

有趣的是，位於考卡省與薇拉省之南的精品產區娜玲瓏省也有一座賈雷拉火山（Nevado del Galeras）最近不斷噴出肥沃的泥灰，加上薇拉火山南飄的火山灰，也讓此間咖啡農喜出望外。

薇拉與娜玲瓏是哥國南部最著名產區，但產季不同，薇拉省一年有兩穫，主產季在10月到2月，次產季在夏季但品質稍差。而更南邊的娜玲瓏每年只有一穫，收成期在春夏季。此二產區的風味相似，皆以酸甜水果調見稱。薇拉約占哥國咖啡產量的10%至20%，娜玲瓏約占3%至5%。

既生「娜」何生「薇」

娜玲瓏與薇拉幾乎每隔一年，輪流包辦哥國「超凡杯」大賽前二十名金榜。因為薇拉主產季在秋冬的10至2月，而娜玲瓏在春夏的4至9月，哥國「超凡杯」當局為了公平起見，杯測賽今年如果在夏天舉行，明年就在冬天舉行，因此出現兩強每隔一年，輪流囊括金榜的有趣現象。不過，SCAA「年度最佳咖啡」均在每年4月中旬開賽，競賽豆3月就要寄達，正中薇拉省的產期，而娜玲瓏產期在夏季，無緣參賽，這是為何SCAA「年度最佳咖啡」只見薇拉得獎，不見娜玲瓏勝出的原因，更加深兩強的芥蒂。

品種更替，青黃不接

哥國咖啡近年頻頻在國際杯測賽奪冠，但2009年卻只生產了七百五十萬袋，跌破一千萬袋大關，創下1976年以來新低紀錄，造成哥倫比亞咖啡大缺貨，烘焙業者備感壓力。主因是氣候不穩定，有些產區鬧水災，有些則鬧旱災，另外，哥國咖啡田近年進行一場品種轉換工程，從飽受抨擊的「哥倫比亞」換成較先進的卡斯提優，青黃不接，折損產能，亦難辭其咎。

哥國咖啡品種的世代交替相當有趣，從最早十八世紀的鐵比卡流行到波旁，但十九世紀後，農友覺得波旁產量雖大於鐵比卡，但波旁的豆粒較短小，賣相不如肥大的鐵比卡，於是回頭栽種鐵比卡。這是波旁在哥國較少見的原因。但鐵比卡產量太少，1950年後，在經濟考量下，又從巴西引進波旁變種卡杜拉，生長情況極佳，至今仍是哥國主力品種。

但卡杜拉抗病力差，1980年後哥國再引進高抗病與高產能的卡帝汶，並改名為「哥倫比亞」，試圖替換易染病但滋味美的鐵比卡與卡杜拉，卻遭致精品界抨擊。早期的「哥倫比亞」風味不佳，農民栽種意願不高，但經過二十多年馴化，風味逐年改進，甚至打進「超凡杯」金榜，是哥國僅次於卡杜拉的第2號量產品種。不過，FNC仍對兩大主力品種卡杜拉與「哥倫比亞」的產能不滿意。2008年，當局宣稱植物學家以「哥倫比亞」與卡杜拉回交，培育出多產、耐旱、高抗病力又美味的新品種卡斯提優，完全洗淨羅巴斯塔的魔鬼尾韻，而且抵抗葉鏽病的能力優於「哥倫比亞」。但薇拉與娜玲瓏精品產區興趣缺缺，就連美國知名咖啡專家喬治·豪爾也為文看衰卡斯提優。近年，FNC大力宣導農民轉種卡斯提優，希望2015年以前，能夠提高產量一倍至一千四百萬袋，約八十四萬公噸，但品種轉換工程並不順利，因為農民對卡斯提優仍有疑慮，擔心風味不如舊品種。

拉抬卡斯提優，超凡杯爆醜聞

哥倫比亞於2005年加入「超凡杯」會員國以來，哥國歷屆杯測賽打入優勝金榜的品種，卡杜拉占比最高，其次是「哥倫比亞」和鐵比卡，但2010年卻大爆冷門，「超凡杯」冠軍豆，居然是新品種卡斯提優，而且杯測分數高達94.92分，創下哥國「超凡杯」最高分紀錄。咖啡農與歐美精品界譁然，為何「名不見經傳的混血雜種」，能擊敗卡杜拉而且拿下破紀錄高分？

接著娜玲瓏產區傳出栽種這支冠軍豆的拉諾瑪莊園（La Loma），其實是以卡杜拉為主力，卡斯提優僅少量栽種而已，甚至有內幕消息指出，拉諾瑪莊園的參賽豆是百分百卡杜拉。還有消息說拉諾瑪的參賽豆並未出具品種組合，直到奪下冠軍後，哥國勢力龐大的FNC才為拉諾瑪補送品種資料，居然在品種欄填入100%的卡斯提優。很多人質疑FNC造假，旨在拉抬新品種卡斯提優聲勢，以冠軍品種的威望，提升農民對卡斯提優的信心，加快汰換「哥倫比亞」和卡杜拉的速度。

此事件鬧得很大，「超凡杯」主辦單位也發表聲明，要請專家為冠軍豆驗明正身。其實，只需使用近紅外線光譜（Near-infrared spectrometry）即可分析卡杜拉與卡斯提優的不同化學組成，而真相大白，但稽查人員並未這麼做，卻跑到娜玲瓏省的拉諾瑪莊園，統計咖啡樹的品種，結果卡斯提優只占30%，終於揭穿FNC白色謊言。一般認為稽查人員已顧及FNC顏面，未當場分析冠軍豆化學組成，因為很可是100%的卡杜拉，卻改而統計該莊園的品種占比，近年在當局強力推廣下，各莊園或多或少，都會栽種一些卡斯提優。調查結果出爐，雖然推翻FNC所稱冠軍豆是百分百的卡斯提優，但拉諾瑪確實種有一些卡斯提優，這也讓FNC保住了些許顏面。

所幸，2011年哥國「超凡杯」競賽，5月底揭曉，品種醜聞不再，薇拉省咖啡農艾努佛·雷奎札莫（Arnulfo Leguizamo）栽種的100%卡杜拉，以94.05分奪冠，但他卻很上道的說：「我已開始育苗新品種——卡斯提優，過幾年可投產！」顯然冠軍咖啡農不忘為FNC苦心培育的新品種卡斯提優做宣傳。

Chapter 7

新秀輩出，新世界改良味（下）：藝伎雙嬌——巴拿馬vs.哥倫比亞

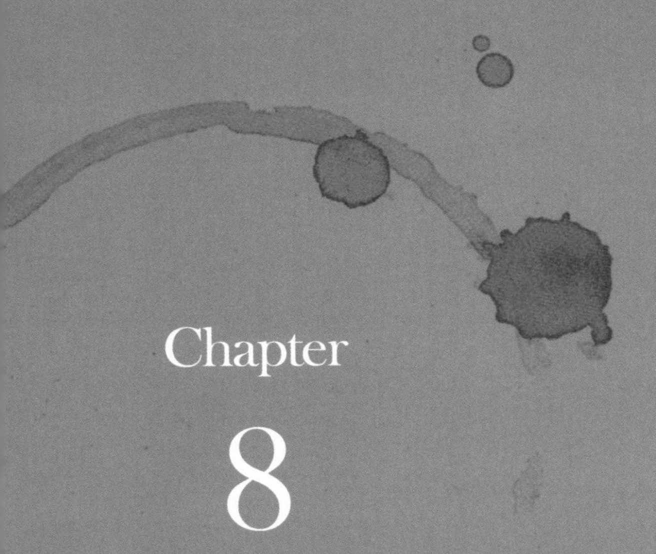

Chapter

8

多明尼加、波旁、聖海倫娜
夏威夷、牙買加、古巴、波多黎各、
量少質精，汪洋中海島味

「海島型」咖啡是「新世界」的分枝，同樣崛起於十八與十九世紀，卻孤懸於汪洋中，未與陸地連結。台灣、波旁島、聖海倫娜、夏威夷、牙買加、波多黎各、多明尼加、海地和古巴，均屬柔香軟調的海島味，可歸類為「海島型」。

海島咖啡雖屬於柔香軟調，卻有不容小覷的硬底子，其中以夏威夷新近崛起的咖霧新產區，頻頻贏得國際杯測賽大獎，堪稱「海島型」新霸主。

海島型咖啡大放異彩 搶進SCAA

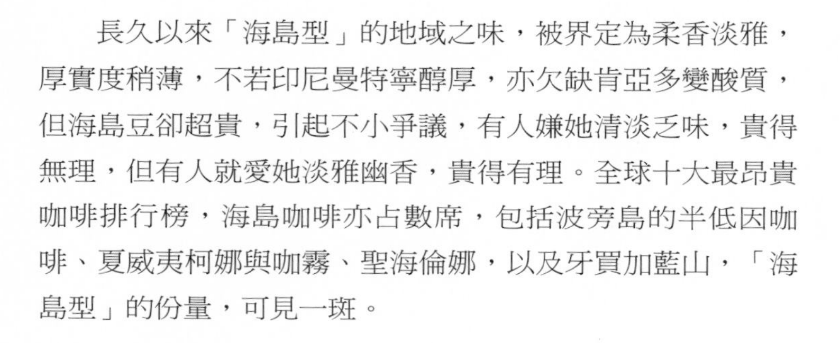

長久以來「海島型」的地域之味，被界定為柔香淡雅，厚實度稍薄，不若印尼曼特寧醇厚，亦欠缺肯亞多變酸質，但海島豆卻超貴，引起不小爭議，有人嫌她清淡乏味，貴得無理，但有人就愛她淡雅幽香，貴得有理。全球十大最昂貴咖啡排行榜，海島咖啡亦占數席，包括波旁島的半低因咖啡、夏威夷柯娜與咖霧、聖海倫娜，以及牙買加藍山，「海島型」的份量，可見一斑。

「海島型」的品種、地貌、海拔、栽植面積與後製處理法，均不如「新世界」和「舊世界」那麼壯闊與多元，致使地域之味較為淡雅。就品種而言，波旁島與聖海倫娜島以綠頂波旁為主，其餘島國則以紅頂鐵比卡為主力，這兩款低產的古老品種，是島國咖啡量稀味美的要因。

另外。島國土地面積狹小，生產成本與人工較貴，售價偏高。而且島國的後製處理極為保守，除了夏威夷新近崛起的咖霧（K'au）產區，以及台灣李松源牧師打破傳統，改採日曬、半水洗或蜜處理法外，「海島型」傳統上仍以水洗為主。從有利面看，水洗法保住海島豆的淡雅味譜；從負面看，則不利新味域的開拓與進化。

夏威夷咖霧是近年崛起的新產區，從2007年起，已連續五年榮入SCAA「年度最佳咖啡」優勝金榜，並於08、09、10、11年，四度擊敗赫赫有名的夏威夷柯娜（Kona），較之「新世界」與「舊世界」知名產區，不遑多讓。反觀日本人捧得高高的牙買加藍山，卻從未在國際杯測賽勝出過，若說藍山是沽名釣譽的「花瓶」並不為過。台灣咖啡雖遠不如藍山出名，但李高明栽種的阿里山咖啡，曾在2009年賽事，扮豬吃老虎，擊敗一百多個莊園，入選SCAA「年度最佳咖啡」第十一名，又為海島味爭口氣，連美國評審團也大呼Stunning Result！

海島味新霸主：夏威夷咖霧傳奇

最美味的「海島型」咖啡，應屬夏威夷的柯娜（註1）與咖霧。夏威夷群島由八座主要島嶼構成，但只有可愛島（Kauai）、歐胡島（Oahu）、莫洛凱島（Molokai）、茂宜島（Maui）和夏威夷島（Hawaii）有產咖啡。咖霧與柯娜位於群島最南端，面積最大的夏威夷島，廣達10,432平方公里，俗稱為大島。柯娜產區在大島的西側與西南一帶，從柯娜再往東南40公里可抵達咖霧新產區，也就是位於大島最南端，介於北緯19.1度至19.4度間，稱得上美國最南隅的國土。

註1：夏威夷農業當局對柯娜咖啡有嚴格規範，唯有產自大島的柯娜產區，也就是大島西側冒納羅亞火山與華拉萊火山（Hualalai）之間，北從凱魯亞柯娜（Kailua-Kona）南至宏努努（Honaunau）約1200～1600公頃狹長地帶，所產咖啡才可冠上100%柯娜來行銷。產於夏威夷其他各島則不能冠上柯娜名稱行銷。另外，當局對柯娜風味綜合咖啡（Kona Style）亦有規定，必須明示綜合豆裡添加柯娜豆的百分比，而且不能用100%純柯娜之名銷售。

世界最大火山冒納羅亞（Mauna Loa）隆起於大島中央，氣候型態極為多元，專家指出，全球十三種氣候，有十一種可在柯娜和咖霧周遭找到，大島有沙漠、雨林、熱帶、溫帶、季風和高山氣候型態，相互影響，雲霧時起，細雨霏霏。入夜氣溫驟降，中午回溫，日夜溫差大。大島最特別的是乾濕季分明，短暫乾季後，進入雨季，巧合的是，降雨量隨著咖啡果子逐漸成熟而增多，到了準備採收時節，雨量開始減少又進入乾季，此一降雨型態最適合咖啡增香提味，也孕育出大島獨特的咖啡風味。

柯娜與咖霧分別位於冒納羅亞火山的西側與南側，栽植海拔雖只有200～800公尺，但年均溫不到攝氏20℃，午後又有厚雲飄來，提供咖啡最佳蔽蔭。大島涼爽氣候與乾濕季分明，是其他各島所不及。歐胡島、可愛島和茂宜島氣候單調，年均溫偏高，達攝氏25℃以上，咖啡風味遠遜於大島。近年，咖霧在杯測賽青出於藍，搶盡柯娜峰頭，但論及輩份、面積與產量，咖霧算是柯娜的後生晚輩。柯娜咖啡的栽種面積及產量是咖霧十倍大，以下是筆者歸納出的比較表。

圖表 8-1 柯娜與咖霧比較表

	柯娜	咖霧
面積	1,200 ～ 1,600 公頃	130 ～ 180 公頃
海拔	200 ～ 600 公尺	600 ～ 750 公尺
農戶	600 ～ 700 戶	30 ～ 45 戶
產量	1,500 ～ 2,500 公噸	150 ～ 300 公噸
品種	主力：瓜地馬拉鐵比卡	主力：巴西與瓜地馬拉鐵比卡
二線品種	卡杜拉	卡杜拉、波旁
處理	水洗為主	水洗為主，日曬、半水洗為輔，另有可樂與海水處理法
歷史	1828 年至今	1996 年甘蔗園轉型咖啡園
區域	冒納羅亞火山西側	冒納羅亞火山南側

咖霧咖啡一戰成名

從以上資料，咖霧怎麼看都不是老大哥柯娜的對手。1828年柯娜栽種咖啡至今已有一百八十年歷史，但咖霧一百多年來，都以種植甘蔗為主，直到1990年以後，甘蔗喪失競爭力，咖霧蔗農流離失所，生計困難，在美國農業單位輔導下，1996年有三十多名甘蔗農開始轉種咖啡。雖然距離知名的柯娜產區僅四十多公里遠，專家建議咖霧咖啡農不妨掛上柯娜商標，有利行銷，但農友卻不想沾柯娜光彩，堅持採用咖霧名稱。

辛苦轉種十年，咖霧咖啡終於闖出名堂，2007年SCAA「年度最佳咖啡」杯測賽，咖霧新產區的威爾與葛蕾絲莊園（又稱昇陽莊園）（Will & Grace Farm/Rising Sun）以及阿羅瑪莊園（Aroma Farm）擊敗全球一百多個農莊，分別贏得「年度最佳咖啡」第六名與九名，優勝金榜中，咖霧產區就高占兩名；反觀更有名氣的柯娜產區，盡付闕如。美國媒體大肆炒作，盛讚名不見經傳的菜鳥產區咖霧，小兵立大功，並揶揄：「大名鼎鼎的柯娜躲到哪裡？懼賽就是浪得虛名……」精品界才開始了解美國最南端的國土——咖霧，所產咖啡已勝柯娜。

Coffee Box

咖霧的美味秘密

昇陽莊園由日裔的威爾．塔比歐（Will Tabios）經營，該莊園於2007與2010年，兩度榮入金榜。

昇陽莊園位於咖霧地勢較高處，約海拔600公尺的小鎮帕哈拉（Pahala），品種以瓜地馬拉鐵比卡、巴西鐵比卡以及波旁為主。

塔比歐2010年以蜜處理法參賽，近年，咖啡專家發覺咖霧咖啡比柯娜多了一股淡淡的花香味，且果酸更為明亮，甜感尤佳，難怪連年在杯測賽大吃柯娜豆腐。而咖霧似隱若現的花香從何而來？有人認為是水土關係，也有人說是神秘的巴西鐵比卡所致，更有專家咬定是多元的處理法所賜。

柯娜立志雪恥

有趣的是，柯娜咖啡農不甘受辱，認為2007年賽事咖霧囊括兩席金榜，是因為運氣好，巧逢柯娜缺席未賽，但為了杜悠悠眾口，證明實力，2008年柯娜一定赴賽雪恥，儘管不少柯娜農友認為名氣已夠大了，無需靠比賽爭名取寵。

2008年，柯娜產區果然精銳盡出，初賽一路挺進，柯娜在太平洋產區組僅次於巴布亞紐幾內亞，以第二名之姿打進決賽，咖霧在該組以第八名進入決賽。柯娜咖啡農雪恥有望，樂不可支。但弔詭的是，瓜地馬拉早就看好咖霧產區，並以轉投資的咖霧森林咖啡（Ka'u Forest Coffee）、菲利普卡斯塔尼達（Felipe Castaneda）兩支咖霧「傭兵」，轉戰中美洲組，也進入決賽。換言之，打進決賽的五十支精品豆，咖霧地區就包辦三支，這也是歷來首見。

幾經分組淘汰，決賽成績揭曉，柯娜產區的洋槐咖啡園（Koa Coffee Plantation）以83.62高分，贏得2008年SCAA「年度最佳咖啡」前十三名金榜的第十二名，雖證明了實力，但瓜地馬拉投資的咖霧森林咖啡園卻魔高一丈，以84.23險勝柯娜，贏得第十一名榮銜，柯娜還是栽在咖霧裙襬下，雪恥失敗。

咖霧五度進榜，四度凌遲柯娜

2009年，咖霧再下一城，凱利阿瓦莊園（Kailiawa Coffee Farm）水洗豆贏得SCAA「年度最佳咖啡」第七名，柯娜不幸二連敗。（同年，李高明的阿里山咖啡贏得金榜的第十一名。）2010年賽事更為激烈，夏威夷各島有十八支精品豆報名角逐SCAA「年度最佳咖啡」金榜，其中有十支夏威夷咖啡的初賽成績84分以上，進入決賽，而咖霧就占了六支，將與全球進入決賽的七十四支精品豆，一較高下。最後咖霧的昇陽莊園（The Rising Sun）以87.5高分贏得SCAA「年度最佳咖啡」第七名，柯娜再度落榜，這是咖霧新產區07年以來，第四度打進金榜，也是08年以來，連續第三年凌遲老大哥柯娜。

2011年，咖霧繼續寫傳奇，09年曾進過榜的凱利阿瓦莊園，今年再以86.17分擠進SCAA「年度最佳咖啡」第十名金榜，柯娜依舊無緣進榜，這是咖霧第五度榮入「年度最佳咖啡」金榜，也是第四度睥睨老大哥柯娜。有趣的是，咖霧勝出的莊園均座落於海拔較高的「雲憩」（Cloud Rest）一帶，兩度進榜的昇陽與凱利阿瓦莊園皆為此山區的模範莊園。

咖霧神秘品種

咖霧咖啡農認為頻頻得獎，是早年種甘蔗的善果，甘蔗美味成分已深入土壤，滋養咖啡。但專家指出，土質不同是致勝要因，咖霧土壤的酸鹼值（pH值）大於柯娜產區，即咖霧土壤的酸性較低，種出的咖啡比柯娜更甜美。但咖霧土壤的礦物質，尤其是硫，已被甘蔗田耗盡，近年積極以有機肥彌補土力，對咖霧咖啡的增香亦有貢獻。

不過，亦有專家認為，咖霧神秘的老欉扮演重要角色。早在1825年，英國園藝家約翰．威基森（John Wilkinson）從巴西引進葉片內捲的老種鐵比卡，並種在歐胡島（Oahu），但溫度偏高，水土不服，幾乎夭折。1828年，山繆．魯葛（Samuel Ruggles）牧師又將歐胡島奄奄一息的巴西鐵比卡，移植到大島西側氣候涼爽的柯娜、東側的普納（Puna）、哈瑪庫亞（Hamakua）以及大島南端的咖霧地區，生長情況不錯，從而開啟大島的咖啡栽植業。

柯娜曾靠巴西鐵比卡闖出名

夏威夷大島最初引進的就是巴西鐵比卡，很適合大島的水土，1845年，大島首次出口112公斤生豆到加州，品質佳，價格逐年提高；但1850年後，大島咖啡田遭介殼蟲為害，損失慘重，農民很失望，紛紛轉種容易管理且利潤更高的甘蔗，可是柯娜高低起伏的狹窄火山坡地形，不適合甘蔗生長，農民只好專心種咖啡。換言之，柯娜是當時夏威夷諸島唯一堅持種咖啡的地區，咖霧則轉作甘蔗。

1873年，亨利．尼可拉斯．葛林維爾（Henry Nicholas Greenwell）栽種的柯娜咖啡，在維也納萬國博覽會上獲頒「品質優等證書」，一舉打響柯娜咖啡的國際知名度，而葛林維爾的住屋，至今仍是大島名勝古蹟，他經營的葛林維爾莊園（Greenwell Farm）目前也是柯娜重量級咖啡園。

柯娜早期栽種的巴西鐵比卡雖闖出名號，但農民發覺巴西鐵比卡有兩大缺點：咖啡果子成熟後，稍遇風雨很容易脫落，造成農民損失；而且產量有周期性起伏，多產一年，隔年產量銳減。1892年，夏威夷王國的德籍法官威德曼（Hermann Adam Widemann）引進瓜地馬拉改良的鐵比卡，農友試種後，發覺果子不易脫落而且每年產量穩定，生長情況優於巴西鐵比卡，於是柯娜咖啡農的「舊愛」巴西鐵比卡，很快被「新歡」瓜地馬拉鐵比卡取而代之。

咖霧仍保有少量巴西鐵比卡

瓜地馬拉鐵比卡（Guatemalan Typica）也就是今日所稱的柯娜鐵比卡（Kona Typica）。至於被遺棄的巴西鐵比卡，也就是俗稱的「夏威夷老種鐵比卡」（Old Hawaiian Typica）。後者雖已在柯娜絕跡了，但仍存活在咖霧甘蔗園的四周，任其自生自滅一百年。直到1996年，咖霧蔗農轉種咖啡，才發覺甘蔗園周邊的咖啡，葉片明顯內捲，形態與柯娜鐵比卡不相同，經鑑定才確認是最早期引進的巴西鐵比卡，未料竟仍存活在咖霧。

夏威夷知名咖啡顧問米蓋．梅札（Miguel Meza，註2）認為，咖霧咖啡的花香味來自「夏威夷老種鐵比卡」，也就是巴西鐵比卡，由於咖霧混種柯娜鐵比卡與巴西鐵比卡，才會出現若隱若現的神秘花香味。沒想到一百年前被柯娜拋棄的巴西老種，今日成為咖霧凌遲柯娜的秘密武器。

咖霧多元處理法

咖霧咖啡在短短十年間能有今日榮景，梅札功不可沒。梅札曾在家族知名的天堂烘焙廠（Paradise Roasters，明尼蘇達州）擔任首席烘焙師及咖啡採購師，2007年咖霧咖啡大放異彩後，他轉進夏威夷大島發展，目前擔任柯娜頗負盛名的草裙舞老爹莊園（Hula Daddy Farm）首席烘焙師，並輔導咖霧農友嘗試更多元的處理法，包括古早日曬、巴西半水洗、中美洲蜜處理法、印尼濕刨法，以及另類的百事可樂和海水處理法。

Coffee Box

認識老種鐵比卡

葉片內捲的巴西鐵比卡值得一提。巴西鐵比卡族譜，最早是 1706 年荷蘭東印度公司，將爪哇的鐵比卡樹苗移植到阿姆斯特丹的暖房。1714 年，阿姆斯特丹市長贈送一株鐵比卡苗給法王路易十四；1715 年，法國又移植到中南美的屬地蓋亞納。1727 年，蓋亞納總督夫人與巴西外交官帕西塔產生情愫，厚贈他鐵比卡苗，帕西塔返回巴西後種在帕拉省，從而開啟巴西咖啡栽培業，巴西鐵比卡繼承爪哇鐵比卡的基因，特色是葉子有內捲現象，風味佳但抗病力差。
在下一章節「阿拉比卡大觀」中，還會有更詳細的編年紀事，詳列鐵比卡傳播路徑表。

註2：2011 年初，梅札曾應邀來台講習後製處理，並宣傳促銷咖霧咖啡。

可樂與海水發酵法：咖霧甘蔗農改種咖啡後，較能拋開傳統水洗的包袱，在梅札協助下，大膽嘗試日曬或另類水洗法，擴大與柯娜風味的區隔。咖霧農友甚至拿海水、百事可樂來做水洗發酵實驗。梅札家族的天堂烘焙廠與咖霧農友合作，破天荒開發出可樂水洗發酵法，咖啡果去皮後，浸泡百事可樂十二小時，除去果膠層，再取出曬乾，天堂烘焙廠杯測給予93高分，評語為：「乾淨柔順甜美，帶有草本的清香與巧克力和可樂味。但酸香味、厚實感與悶香調，取得完美平衡。幾乎喝不出是咖霧的調性。」

另外，梅札還和夏威夷咖啡協會杯測賽常勝軍露絲蒂夏威夷莊園（Rusty's Hawaiian）合作，以太平洋海水取代淡水的發酵法。咖啡風味非常乾淨，果酸佳，黏稠度高，略帶海味，每250公克熟豆售價19.95美元。

作怪不落人後的梅札，甚至大膽採用印尼曼特寧的濕刨法來處理咖霧咖啡，也就是帶殼豆含水率仍高達30%以上，即以機械力刨除種殼再日曬，居然打造出低果酸、藥草味與悶香調的曼特寧風味。換言之，採用「濕刨法」法亦可喝到類似曼特寧味的咖霧咖啡，為精品咖啡添增趣味，但不便宜，每100公克售價25美元。

柯娜擺脫水洗窠臼

過去柯娜咖啡農墨守水洗法，近年已採納梅札的建議，嘗試新處理法，開拓柯娜新味域。以2008年贏得SCAA「年度最佳咖啡」第十二名的洋槐咖啡園為例，就是採用巴西半水洗法。梅札甚至為柯娜的草裙舞老爹莊園，以及咖霧的昇陽和露絲蒂夏威夷莊園，開發出高架網床的日曬豆，趕搭近年復古流行風。

近年咖霧與柯娜不再死守鐵比卡，已引進波旁、黃波旁、卡杜阿伊和卡杜拉等品種，將有助開擴更多元味域，以卡杜拉而言，種在大島的水土上，香酸勁道與律動感，超乎內斂的鐵比卡，是不錯的嘗試。

茂宜島的混血摩卡

夏威夷當局近年積極開發其他地勢平坦島嶼種咖啡的潛力。柯娜鐵比卡若栽種在茂宜島或可愛島等低海拔又悶熱的地區，生長情況不佳，風味亦差，但夏威夷農業研究中心（Hawaii Agriculture Research Center）經多年努力，以矮株摩卡與鐵比卡混血，成功培育高株摩卡，很適合種在這兩座島嶼。豆粒雖然比鐵比卡瘦小，但風味不差，正大力推廣中。可喜的是，茂宜島的高株摩卡這幾年已打進夏威夷咖啡協會杯測賽前十名榜單，逐漸受精品界重視。

筆者試喝後，印象深刻，高株摩卡屬於悶香調的咖啡，酸味低甜感佳，蠻適合日曬處理，厚實度佳，略帶雜香，做濃縮咖啡比濾泡更有味。不過，柯娜與咖霧目前仍未引進矮株與高株摩卡，可能與水土有關。

大島南部的咖霧產區揚名國際後，大島東南部的普納與東岸的哈瑪庫亞的蔗農也見賢思齊，捲起衣袖改種咖啡，並引進柯娜鐵比卡、巴西鐵比卡、卡杜拉和摩卡品種，能否複製咖霧傳奇？拭目以待。

Coffee Box

可樂水洗法洗出什麼風味？

在好奇心驅使下，筆者也向天堂烘焙廠買了 1/4 磅可樂水洗法的咖霧熟豆試喝。
初入口覺得鈍鈍的，香氣與滋味不甚明顯，數秒後「開花」了；貯藏在油脂裡的氣化焦糖香氣，徐徐入鼻腔，甜感極佳，尾韻有巧克力與可可滋味，果酸適中不霸道，香味振幅不錯，比一般水洗柯娜和咖霧更有個性。
這支咖啡史上首創的可樂發酵咖啡在 2009 年問世，製作成本高，每 4 盎司（約 120 公克）熟豆售價 22 美元，仍屬實驗性質，天堂烘焙廠目前似已停產。

第三波加持夏威夷咖啡

拜高科技栽培之賜，夏威夷平均每公頃咖啡農地，可產2～2.4公噸生豆，遠高出1.2公噸的世界平均水準。夏威夷各島的咖啡總產量約4,000噸左右，大島約占總量之半；另一半由其餘四島貢獻。近年柯娜與咖霧盛行新處理法並引進新品種，恰好體現美國精品咖啡「第三波」的精髓，也就是重視品種與處理法，以開拓新味域。此現象無異說明產業鏈末端的消費面亦能牽動產業鏈前端的生產方式，「第三波」的深遠影響力，不言可喻。

牙買加藍山：香消味殞風華老

國人和日本人對牙買加藍山，存有浪漫情懷，迷戀她如詩如夢的美名，迷戀她幽香與清甜，但此番迷情已成雲煙。

在競爭激烈的精品咖啡業中，藍山品質每況愈下，凸槌頻率高於佳釀。售價居高不下，但口碑如江河日下，不知伊於胡底。夏威夷柯娜或咖霧，身價雖高，但經得起考驗，頻頻榮入SCAA「年度最佳咖啡」金榜；反觀身價更高貴的藍山咖啡，不曾在國際杯測賽勝出，說她浪得虛名，並不為過。與其花大錢買藍山，不如選購柯娜或咖霧，更物超所值。

牙買加藍山與夏威夷柯娜或咖霧，有許多神似處；品種同屬鐵比卡，皆孤懸汪洋中，生產成本也同樣高，但牙買加藍山位處北緯18度，比夏威夷大島的緯度略低，也更接近赤道，因此藍山栽種海拔更高，在1,000公尺以上，高於大島的200～800公尺，顯見阿拉比卡的種植海拔恰與緯度成反比。

經常試喝比較夏威夷與牙買加咖啡的玩家，會發覺柯娜或咖霧明顯比藍山厚實夠味，品質也較穩定。這應該與藍山近年風災蟲害頻仍有關，加上牙買加幾座頗負盛名的水洗處理廠財務吃緊，品管鬆動難辭其咎。最近如果看到蟲蛀的藍山，或喝到香消味殞又有朽木味的藍山，不要驚訝，要忍痛接受幽香清甜的古早藍山味，愈來愈遙遠的事實。

Coffee Box

選購柯娜與咖霧要訣

柯娜產區有 600 ～ 700 戶咖啡農，咖霧也有 40 戶，但切勿以為買到此二產區的生豆或熟豆，就是品質保證；至少有七成以上，貴而不惠，喝來普普而已。這涉及到莊園位置、後製處理精緻度、咖啡園管理等複雜問題。花大錢選購前最好多試喝比較，要不然乾脆選擇雄心萬丈，種咖啡旨在參賽得獎的莊園（註 3），品質反而更有保障。

就筆者經驗，咖霧咖啡喝來確實與柯娜有別，不論酸香、甜感與厚實度，均優於柯娜。但選購咖霧咖啡，最好以位於「雲憩」（Cloud Rest）一帶的莊園為佳，得獎者幾乎出自此一較高海拔區，午前陽光普照，午後時而雨飄，時而霧起，因而得名。百分百的柯娜或咖霧熟豆，每磅在 25 美元以上，甚至高達 60 美元。如果僅售十幾美元，肯定是柯娜風味的綜合豆，僅含 10% 的柯娜或咖霧。大島的柯娜與咖霧咖啡產區，位處山麓處，地勢起伏，無法以機械採收，全靠昂貴的人工採收。反觀可愛島、茂宜島、莫洛凱等地勢平坦的島嶼，多半以機械採收，生產成本比大島低廉許多，因此售價也比柯娜和咖霧便宜一半以上。但別以為柯娜或咖霧咖啡農賺翻了，其實扣掉生產成本，農友的利潤甚薄。

近年全球氣候異常，夏威夷各島的雨量亦有減少趨勢，大島 2009 ～ 2010 產季雨量創下數十年來新低，許多咖啡樹枯死，勢必影響新產季品質與產量。更糟的是，今年鑽果蟲肆虐夏威夷產區，災情嚴重。柯娜 2008 ～ 2009 年生產 1,818 公噸生豆，其他四島生產 2,090 公噸生豆，專家預料，這幾年新產季，因天災蟲禍，產量只會少不會多。此訊息值得柯娜和咖霧迷留意。

註 3：大島得獎莊園中，柯娜產區有：Onouli Farm、Greenwell Farm、Kowali Farm、Kuaiwi Farm、Brazen Hazen Farm、Hula Daddy、The Kona Coffee & Tea、Heavenly Hawaiian Farm、Koa Coffee Plantation 等。
咖霧產區為：R&G Farm、Pavaraga Coffee、Rusty's Hawaiian、Kailiawa Coffee Farm、Will & Grace Farm、Rising Sun 等。

新舊鐵比卡重演？

除了天災蟲禍以及後製處理凸槌外，品種的淘汰選拔也有關係。目前眾所周知的藍山鐵比卡（Blue Mountain Typica）對某些形態的咖啡果病（炭疽病）具有抵抗力，頗受農友歡迎，但此一品種係改良自1728年牙買加總督羅威（Sir Nicholas Lawes）從馬丁尼克島引進的鐵比卡老樹種。

早期的老種與後來改良的藍山鐵比卡，最大不同是，老種的葉片內捲，風味佳但抗病力差；改良後藍山鐵比卡，葉片較平坦，抗病力較強但風味變差了。在利潤掛帥下，葉片內捲的老樹種早被藍山產區淘汰，但在牙買加較低海拔產區仍有栽種。換言之，無法冠上藍山商標的次等級牙買加咖啡，或許還喝得到早期的古優風味。這類似柯娜與咖霧的新舊鐵比卡，相當有趣。

占地大但農技差

經認證的藍山咖啡地帶（註4），占地約6,000公頃，雖比柯娜的咖啡農地大四倍，但比起中南美就小巫見大巫。巴西一座稍具規模的莊園面積就比藍山大，以巴西知名的達特拉莊園為例，總面積就達6,000公頃，雖然其中有3,000公頃是保護區。藍山咖啡的栽植面積雖比柯娜大，且同為鐵比卡品種，但農藝科技以及農民素質遠不如美國，因此產能遠遜於柯娜。

註4：正宗藍山與柯娜一樣，皆有官方認證與規範的栽種區域，藍山位於牙買加東部，唯有聖安德魯（St. Andrew）、聖湯瑪士（St. Thomas）、聖瑪麗（St. Mary）與波特蘭（Portland）四大行政區內，海拔1,000～1,700公尺所種的咖啡才可冠上官方認證的藍山標誌。換言之，即使栽種在藍山，但海拔只有500～1,000公尺，就不得蓋上藍山標誌，只能以牙買加高山咖啡（Jamaica High Mountain）行銷；低於500公尺則為牙買加上選咖啡（Jamaica Supreme）。

高價反映成本

牙買加咖啡年產量維持在1,200～2,400公噸，但正宗藍山大概只有600～1,000公噸，產量少加上90%被日本壟斷，造就今日高身價。藍山熟豆每磅至少2.500元台幣，並不是她有多香醇、味譜有多華麗，充其量只反映出「海島型」產量稀成本高的殘酷現實，牙買加咖啡農與水洗處理廠並未因藍山昂貴而賺到翻，至今仍慘澹經營苦撐待變。

常有人問，到底那個藍山品牌較佳？這就難了，每座莊園、處理廠或合作社都有自己的咖啡來源，有些是自家莊園栽種，但大部分是與藍山地帶的小農簽有供貨合約，品質起伏甚大；加上天災蟲禍，沒有一家敢保證年年有佳釀。購買前先試喝樣品豆，才是最佳保證。有趣的是，筆者發覺有些較便宜的牙買加高山咖啡，味譜甚至優於藍山，是不是被踢下藍山的老種鐵比卡暗中加持提味？尚待更多證據支持此論點，卻可為細品牙買加咖啡增添不少話題。

Coffee Box

牙買加認證的藍山品牌

牙買加當局認證的藍山品牌包括：

1. Mavis Bank（屬於 Jablum Group）
2. Wallenford（前身為牙買加咖啡管理局的商業部門）
3. Moy Hall（該國唯一的咖啡合作社）
4. Clydedale（近年竄出，與 Mavis Bank 同為牙買加藍山最大出口公司）
5. Clifton Mount Estate（產量仍少）
6. RSW Estate（是由三大莊園 Resource Estate、Sherwood Forest Estate、Whitfield Hall Estate 合組而成）
7. 老客棧

當然，幽香清甜的藍山調並未絕跡，這涉及更妥善的後製處理、莊園管理與挑除瑕疵豆，而這些全會反映在豆價上。筆者喝過每公斤生豆至少60美元的日本獨賣極品藍山，就保有幽香清甜的藍山古早味，可謂一分錢一分貨。藍山迷不妨試試藍山小圓豆，甜感、酸質與味譜均優於一般扁平豆，值得細品。柯娜小圓豆就不如藍山小圓豆甜美。近年不少產國也引進藍山鐵比卡栽種，包括台灣，但結果不理想，風味單調貧乏，台灣種的藍山甚至還有土腥與朽木味，可能與水土有關，或水洗不當所致。

古巴咖啡：洗淨鉛華歸平淡

1720年，法國軍官狄克魯在加勒比海東部的法屬馬丁尼克島，種下中美第一株鐵比卡母樹，鄰近的牙買加、古巴、波多黎各、海地和多明尼加，因地利之便，很快燃起咖啡栽種熱，且悉數銷往歐洲宗主國，坐享長達兩百年的咖啡黃金歲月。然而，二十世紀中葉以降，政治板塊大挪移，牽扯複雜的政經情勢，目前僅剩牙買加與多明尼加的咖啡栽植業，尚能苦撐，未被崛起的「新世界」產國擊倒，但已淪為二線產國。至於古巴、海地與波多黎各，則已氣息奄奄，咖啡農地大幅萎縮，產值銳減。昔日人聲鼎沸的咖啡業從絢爛歸於平淡，咖啡品質亦受波及，從早期的華麗香醇，衰變為呆板乏味，淪為三流產國，令人唏噓。

古巴的名字源自西印度群島一支已絕種的印第安人泰諾族語（Taino），意指「遍地是沃土」。提到古巴咖啡，就會想到古巴水晶山，好美的名字，由於豆貌與風味神似藍山，國內業者以其成本僅藍山的三分之一，常以之取代藍山咖啡，稱為古巴藍山或大藍山，更添增古巴水晶山的話題性。

水晶山浪得虛名

水晶山（Sierra Cristal，海拔900～1,200公尺）位於古巴東北部，是第二高山系，並與東南部最高的主幹山（Sierra Maestra）以及中南部的艾斯坎培山（Sierra Escambray）並列為古巴三大咖啡產區，但古巴並無火山。市面上買到的水晶山並非全數出自該山區，其實水晶山只是古巴咖啡最高等級的名稱，換言之，水晶山咖啡有可能來自中南部艾斯坎培山或東南部主幹山，只要符合分級標準即可。水晶山是日本人基於行銷考量，為最高等級的古巴咖啡所取的「雅名」，代表顆粒最大又工整的古巴咖啡，主要外銷日本、法國、義大利和德國，古巴人反而喝不到。

古巴咖啡品種以鐵比卡為主，採水洗和半水洗處理。遺憾的是，水晶山貴為最高等級，卻浪得虛名，筆者近幾年多次細品，印象不佳，缺香乏醇，屢試「不爽」，喝來空空如也。藍山雖然不如昔日香醇，但起碼還保有幾許令人愉悅的滋味與內涵，不過，古巴水晶山除了乾香還可唬唬人外，入口的滋味呆滯平窄，如一潭死水，跟即溶咖啡沒兩樣，很難置信這是最高等級的咖啡。或許以「海島型」天生平淡無奇來自我安慰，會舒暢點，但我不甘受氣，做了些研究與考證，終於找出水晶山風味大退化的曲折原委。

Coffee Box

古巴咖啡分 9 級

依序如下：

1. 水晶山（Crystal Mountain）
2. 頂級特奎諾峰（Extraturquino）
3. 特奎諾峰（Turquino，古巴最高峰）
4. 頂級（Altura）
5. 高山（Montana）
6. 小型豆（Cumbre）
7. 高級山巒（Serrano superior）
8. 中級山巒（Serrano corriente）
9. 小圓豆（Caracolillo）

強人惡搞，菜鳥種咖啡

十八世紀中葉以降，古巴咖啡主要輸往西班牙，甚至供不應求。1790年，法屬海地大革命，動亂不安，海地大批有經驗的咖啡農轉進古巴，助使古巴咖啡質量大躍進。1820年以後，咖啡對古巴經濟貢獻度已超越甘蔗，直到1956年古巴革命之前，咖啡每年出口量在兩萬公噸以上，是當時舉足輕重的咖啡大國。

然而，1959年，卡斯楚革命成功，取得政權後，亟思整頓咖啡業，但古巴咖啡主要分布於中南部、東北部與東南部偏遠山區，交通不便，增產有限，強人卡斯楚決定在首都哈瓦納近郊，也就是古巴較先進的西北部建立大規模咖啡帶，並組織一支咖啡志願軍。然而，這批大軍皆是咖啡菜鳥，毫無栽種經驗，致使劣幣驅良幣，東部老練咖啡農反而被淘汰，菜鳥惡搞數十年，咖啡質量一落千丈。

1990年後，又碰到最大金主蘇聯解體，古巴經濟陷入困境，農民紛紛遷往市區某生，咖啡田乏人照料，任其荒蕪，當局只好找不支薪的初高中學生，義務照料咖啡田，這些學生跟本不懂農藝，更無咖啡常識，古巴咖啡業，萬劫不復。

產量暴跌，回升無望

早年全盛時期1940～1970年間，古巴咖啡年產量至少兩萬到六萬公噸，但千禧年後，已跌破一萬公噸，2009年產量更跌到五千五百公噸，創下歷來新低。除了人禍外，美、巴交惡也是要因。美國從1960年就對古巴實施禁運，古巴咖啡無法與全球最大咖啡市場連結，在可預見的未來，不必奢望質量提升。

有趣的是，佛羅里達州有許多餐飲店販售古巴咖啡（加糖的Espresso）以解大批古巴移民思鄉之苦，但高高掛的Cuba Coffee大招牌，卻沒有半顆咖啡豆來自古巴，而是巴西、哥倫比亞或尼加拉瓜的綜合配方。這件事惹惱古巴當局，幾年前一狀告到世界貿易組織，指控美國掛羊頭賣狗肉，嚴重侵犯古巴咖啡的智慧財產權，想借此逼迫美國進口古巴咖啡，但此案纏訟至今，仍無結果。

古巴咖啡在美國長達半世紀的禁運，以及菜鳥種咖啡的惡搞下，品質大崩落，但為了賺取外匯，古巴所產咖啡精選一部分供外銷，所幸日本對清淡無個性的海島豆存有浪漫情懷，成了古巴水晶山最大「恩公」。但古巴咖啡品質不佳以及國內需求量大，咖啡出口量節節下滑，從2004年的一千四百九十公噸劇降到2008年的兩百三十一公噸。古巴為了滿足國內每年約一萬三千公噸的咖啡需求，改從越南進口更低廉的羅巴斯塔或阿拉比卡解癮。

精品咖啡玩家理應規避咖啡田乏人照料，栽種技術大倒退的產國，免得花錢買氣受，古巴水晶山雖有美名加持，但距離精品殿堂愈來愈遠，不妨等古巴咖啡業恢復生機再採買不遲。

波多黎各咖啡：日薄西山難回神

波多黎各與古巴皆是咖啡業的難兄難弟，面臨往日盛況成追憶的困境。

昔日咖啡王

十九世紀，是波多黎各咖啡鼎盛時期，品種以鐵比卡為主，年產量約一萬五千至二萬八千公噸，是當時全球第六大產國，赫赫有名的尤科精選咖啡（Yauco Selecto AA）果酸溫和，黏稠度極佳，一改海島豆清淡如水之譏，且堅果味濃，曾經被譽為島國咖啡之王，也成為各海島產國競相學習的對象。

然而，百年後卻因人工高漲及風災頻繁，波多黎各咖啡農難抵物美價廉的「新世界」競爭，產量及品質劇降，淪為三流產國。

波多黎各原先是西班牙殖民地，1898年美西戰爭，西班牙戰敗，割讓波多黎各給美國；1917年，美國國會通過法案，賦予波多黎各人美國公民權，可參加各政黨初選，但不得選美國總統。目前波多黎各是美國聯邦領土，享有高度自治權，而且雇主必須遵守美國勞工法，勞工待遇比照美國，大幅提升咖啡生產成本，莊園紛紛棄作或轉作收益更高的甘蔗。

波多黎各咖啡田主要分布於西南部山區，尤科一帶品質最佳，但咖啡農多半是法國移民。命運轉捩點發生在1926～1928年間，連遭超級颱風侵襲，咖啡田破壞殆盡，農民破產。低廉的巴西咖啡趁虛而入，取代波多黎各在美國的市場。隨著美國對波多黎各的投資增加，波國從昔日農業經濟轉為工業經濟，咖啡栽培業沒落，乃大勢所趨。目前尤科產區年產量僅兩百公噸而已，品質亦大不如前，昔日榮景不復，走向夕陽話當年！

多明尼加：加勒比海之星，偶有佳釀

1492年12月，哥倫布的艦隊駛離加勒比海的巴哈馬群島和古巴，踏上一座不知名小島，讚嘆道：「這是人眼所見最美麗的景物！」於是為該島取名為「西班牙島」（La Española），這正是今日的多明尼加。當年，哥倫布為尋找珍寶、絲綢和香料而來，未料幾百年後，多明尼加咖啡成了「加勒比海瑰寶」。2008年，多明尼加過關斬將，贏得

SCAA「年度最佳咖啡」金榜第13名，這是加勒比海諸島的咖啡產國，歷來最佳成績。昔日的「西班牙島」，今日分屬多明尼加（東邊）與海地（西邊）。

品種古老未經改良

多明尼加的咖啡品種90%是鐵比卡，據稱全是法國軍官狄克魯當年在馬丁尼克島種下的鐵比卡後代，至今仍旺盛繁衍，並未被品種改良或淘汰。另外的10%則為卡杜拉、波旁和卡杜阿伊。

多明尼加咖啡產區主要分布於北中南平行走向的四個山系，依序為北部山脈（Cordillera Septentrional）、中部山脈（Cordillera Central）、中南部奈巴山脈（Sierra de Neyba）、西南部巴赫魯科山脈（Sierra de Bahoruco）。

較有名的產區，北部以奇寶區（Cibao）為主，此區的印第安語，意指「山岩圍繞」；中部有兩區很有名，一為拉維加省（La Vega）以康斯坦札市（Constaza）為集散地，另一個為阿朱亞省（Azua）的拉加古納（Las Gagunas）；中南部則以聖荷西歐柯瓦省（San José de Ocoa）的歐柯瓦市（Ocoa）為中心；南部則以培拉維亞省（Peravia）的首府班尼市（Bani）為中心；西南部以巴拉宏納省（Barahona）的山城波洛（Polo）為中心。

因此，奇寶、康斯坦札、拉維加、阿朱亞、歐柯瓦、班尼、巴拉宏納和波洛的名稱，常出現在多明尼加咖啡麻布袋上。一般以中部的La Vega和Azua，中南部的Ocoa，南部的Bani，以及西南的Barahona品質最佳。

2008年多明尼加打進SCAA杯則賽第13名的咖啡，產自中部山脈拉維加省的康斯坦札一帶。另外，近年名氣響亮的金色多明尼加莊園（Oro Dominicano Estate）位於中部阿朱亞省的拉加古納，以鐵比卡、波旁和卡杜拉的綜合配方豆見稱。酸香活潑，有明顯太妃糖、巧克力與堅果香味，略帶花香，價錢雖只有藍山的1/3，味譜卻更為精彩華麗，可謂惠而不費。

味譜厚實多變

多明尼加咖啡雖為「海島型」，但喝來卻不空洞、平淡或乏味，她的味譜厚實多變，優於牙買加藍山、古巴和海地，亦不輸早期的波多黎各，堪稱物美價廉的海島味。而其咖啡味譜之所以能在加勒比海諸島中，成為最厚實有深度者，應該和地貌多元有關。

中部山區的杜亞特峰（Pico Duarte）海拔3,146公尺，是加勒比海島國最高峰，而西部的安瑞奎尤鹽水湖（Enriquillo）則低於海平面四十多公尺，亦有雨林與沙漠；更特別的是，多明尼加土質不屬火山岩，而是石灰岩與花岡岩，礦物質豐富，土質與中南美產區不同，因而打造出獨特的味譜。

近十年來，多明尼加咖啡年產量維持在兩萬到三萬公噸間，相當穩定，是加勒比海地區的最大產國，也是少數未受美蘇角力影響的國家。鄰國海地年產量在一至兩萬公噸間，但喝來清淡乏味，是典型的海島味，且品質遠遜於多明尼加。因此，加封多明尼加為加勒比海之星，應不為過。

波旁島、聖海倫娜島：飄香萬古醇

這是咖啡史上最具話題性的兩座咖啡島，均位於南半球，波旁島（南緯20.9度）在非洲東岸的印度洋，聖海倫娜島（南緯16度）位於非洲西岸的南大西洋，皆屬產量稀少，卻不乏萬世傳頌的故事。

名人加持添香

兩島面積雖小，但在咖啡品種的命名與辯證，舉足輕重。法國人宣稱波旁品種源自波旁島，但聖海倫娜島卻扮演正本清源的實證價值，證明了葉門老早就有此品種，揭穿法國的謊言。兩島雖隔著非洲大陸遙遙相望，卻也相映成趣。

Coffee Box

波旁的血緣之爭

業界提到波旁品種，常誤以為源自非洲東岸的波旁島，足見法國人行銷波旁有多成功。如果沒有聖海倫娜島的比對與驗證，法人的西洋鏡恐無揭穿之日。晚近的咖啡學者勘察聖海倫娜島的咖啡品種，頂端嫩葉為綠色，經 DNA 鑑定確實為波旁品種，也就是俗稱的「綠頂波旁」或「圓身波旁」。

然而，根據文獻記載，這些波旁品種係 1732 年英國東印度公司從葉門運來的，意義重大的是，英國並未到法屬的波旁島取種，而是直接到葉門引種，由此可見波旁品種早已存在葉門。法國人宣稱葉門摩卡移種到波旁島後才出現新的「圓身」變種，故取名為「波旁圓身」，以茲紀念，此說法顯然站不住腳。因此，波旁島對波旁品種普及化的貢獻，顯然被誇大了。其實，葉門才是鐵比卡與波旁從衣索匹亞擴散出去的橋頭堡。

筆者在下一章「阿拉比卡大觀」中，有關波旁傳播路徑，歸納出兩個結論：

1. 豆身短圓的波旁品種，老早就存在葉門，絕非法國人 1715 ～ 1717 年間移植葉門摩卡到波旁島後，才出現的新變種。好大喜功的法國人只是搶到「波旁」的命名先機罷了。

2.1810 年波旁圓身豆出現變種，豆身從短圓變成尖瘦，也就是晚近所稱的「波旁尖身」（Bourbon Pointu），樹身更矮小，咖啡因減半，葉片也縮小了，很像月桂葉，因此「波旁尖身」的學名為 *Coffea laurina*。

波旁島在非洲東岸馬達加斯加島以東六百多公里處，面積2,512平方公里，是座火山島，古時印度人稱之為「毀滅島」（註5）。1635年，葡萄牙人發現該島，取名為聖阿波隆妮亞（Saint Apollonia）島，後來又被法國人占領，於1649年改名為波旁島（Ile de Bourbon），以彰顯法國波旁王朝的偉業。1792年法國大革命後，又改名為留尼旺島（La Réunion），延用至今，屬於法國海外領土，也是歐盟一員。不過，咖啡界至今仍習慣以舊名稱之，因為波旁品種就是以波旁島為名。

半低因「波旁尖身」，巴爾札克最愛

波旁島有兩個波旁品種，一為1715～1717年間從葉門引進的圓身豆，也就是法人所稱的「波旁圓身」（Bourbon rond）。另一為1810年發現的「波旁圓身」新變種「波旁尖身」。目前巴西等中南美洲、肯亞、坦桑尼亞大規模栽種的波旁，皆屬一般「圓身波旁」或其嫡系。至於她的變種「波旁尖身」原以為絕種了，但千禧年後發現仍殘存在波旁島，法國與日本科學家，正鼎力復育珍稀的「波旁尖身」。

法國文豪巴爾札克正是「波旁尖身」的死忠，迷戀她的水果酸甜味。大師宣稱，一生至少灌下三萬杯咖啡，筆者認為這可能跟「波旁尖身」咖啡因含量較低有關，才能如此狂飲咖啡。原來當時的科技水準並不知道這支突變新品種的咖啡因僅占豆重的0.4%～0.7%，比傳統波旁的咖啡因低了50%。另外，英國前首相邱吉爾與法國前總統席哈克也是「波旁尖身」的死忠，更添增傳奇色彩。

註5：一～十三世紀，印度半島東南部塔米爾（Tamil）一帶的朱羅古國，最早登上目前的波旁島，發覺火山經常爆發，稱之為毀滅島。波旁島與模里西斯島（Mauritius）、羅德里蓋茲（Rodrigues）等小島屬於馬斯卡林列島（Mascarene）的一部分。

然而，波旁島咖啡業好景不常，十九世紀中葉以後，競爭不過物美價廉的巴西咖啡，波旁咖啡農紛紛轉種甘蔗，最後一批「波旁尖身」在1950年運抵法國後就消聲匿跡了。直到1999年，日本上島咖啡（UCC）的專家川島良彰前往波旁島尋找傳說中「多喝亦能好眠」的「波旁尖身」，才開啟了日法聯手的復育計劃。（詳參第11章）

聖海倫娜「綠頂波旁」，拿破崙的絕品

位於南大西洋上的聖海倫娜島，是十八世紀末英國用來囚禁要犯的海上堡壘，法國軍事家拿破崙在滑鐵盧一役被英國和普魯士聯軍擊潰，1815～1821年間，拿破崙遭軟禁於此，與世隔離。

不知是天意還是巧合，英國早在1732年從葉門運來摩卡樹苗（即綠頂波旁），種在這座占地僅425平方公里的小島，咖啡樹熬過數十載的冷風苦雨，竟然成為拿破崙虎落平陽，唯一的美味與精神慰藉。六年後，他氣絕前不忘討喝一小匙聖海倫娜咖啡，傳為美談。聖海倫娜也因拿破崙的加持而萬古飄香。

1996年，英國人大衛．亨利（David R.Henry）受到拿破崙與聖海倫娜咖啡「生死緣」的感召，決定行銷美味的聖海倫娜，並設有專屬網頁。然而，2006年以後，品質不穩定，這與該島氣候善變有關。大衛的聖海倫娜網頁近年突然關閉了，市面上很難買到，是否經營出問題，不得而知。

就筆者所知，目前美國明尼蘇達州老牌的「咖啡與茶」（Coffee & Tea LTD，註6）烘焙廠仍買得到正宗聖海倫娜咖啡，身價不菲，每磅熟豆89美元，半磅46美元，1/4磅24美元，雖然貴，但比起半低因的「波旁尖身」還是便宜多了。

註6：「咖啡與茶」烘焙廠的網址為
www.coffeeandtealtd.com/sthelena.html

波旁前景贏過聖海倫娜

波旁島與聖海倫娜島雖有不少神似處，但兩島的咖啡前景，仍以波旁較佳。因為半低因的「波旁尖身」是咖啡栽培業的新寵，千禧年後已獲得日本、法國和歐盟接濟，正大力復育中。反觀聖海倫娜咖啡，則日走下坡，原因出在該島的「綠頂波旁」並無特異功能，與一般精品波旁並無二致。或許咖啡迷可寄望聖海倫娜，儘快出現變種的半低因咖啡，就能獲得歐美日關愛眼神，否則光靠拿破崙的威名，終有用老之時。

Coffee Box

海島型品種差異

不同地區的海島咖啡產國，咖啡也有不同的表現。

以加勒比海列島來說，因地之便，咖啡品種皆以 1720 ～ 1723 年，法國軍官狄克魯在馬丁尼克島栽下的鐵比卡所衍生的品種為主。

印度洋上的波旁島與南大西洋上的聖海娜島，咖啡品種則因歷史因素（詳參阿拉比卡大觀）以波旁為主，而非加勒比海列島常見的鐵比卡。

這 2 大古老品種，味譜各殊；鐵比卡的風味較平衡，中規中矩；但波旁的果酸與莓果味，強過鐵比卡，酸質更為華麗，甜感更龐雜，多了一股奶油糖的香氣，令歐洲騷人墨客、政要與軍事家魂牽夢繫。

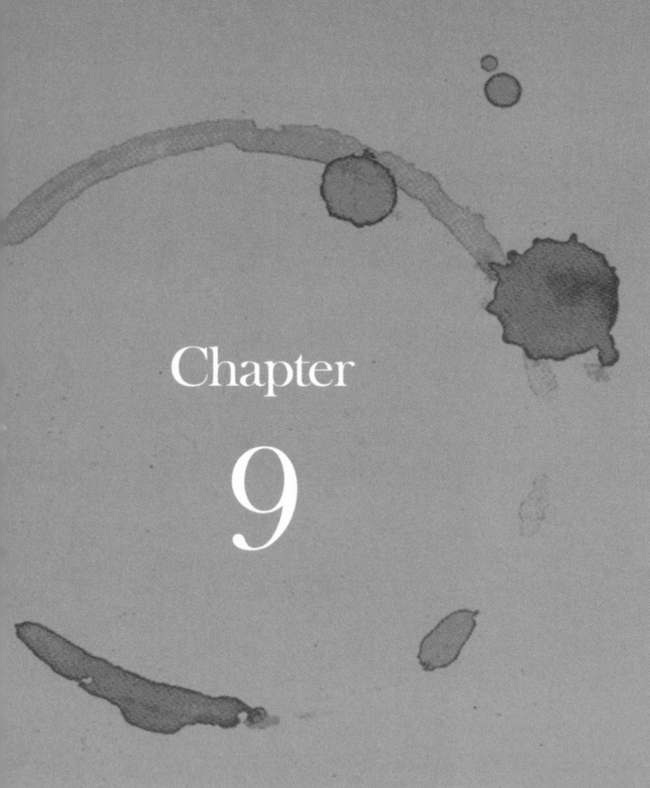

Chapter

9

1300年的阿拉比卡大觀(上)

族譜、品種、基因與遷徙歷史

全球究竟有多少咖啡物種？沒有肯定答案，只知道每隔幾年又會有新發現。咖啡物種已從數十年前的六十多種，增加到2007年的一百零三種。換言之，目前具有商業價值的阿拉比卡、坎尼佛拉與賴比瑞卡，僅占已知咖啡物種數的一百零三分之三。而每個咖啡物種（species）因地域水土與氣候不同，加上人工培育與基因改造，各咖啡物種又衍生出許多不同形態的品種或變種（varieties），也就是說，阿拉比卡種底下，還有數千個不同品種或變種。

光是阿拉比卡種（Arabica species）的原產地衣索匹亞，至少有兩千五百個品種（varieties），這還不包括中南美培育的數百新品種。最近波旁島和衣索匹亞還發現阿拉比卡麾下的半低因新品種，更是震驚咖啡界。

§ 品種數千的阿拉比卡

常喝咖啡一定聽過「阿拉比卡種」（*Coffea arabica*）、「坎尼佛拉種」（*Coffea canephora*）與「賴比瑞卡種」（*Coffea liberica*）。其中，原產於衣索匹亞的阿拉比卡，風味溫和優雅，是精品咖啡主力，而且咖啡因含量也較低，約占咖啡豆重量的0.9%～1.5%，商業價值最高，是當今咖啡產業的主要物種，占全球咖啡產銷量的60%～70%。

第二號咖啡物種「坎尼佛拉」，看似陌生，但講到她底下知名品種「羅巴斯塔」（*Robusta*）就不會陌生。羅巴斯塔原產於中非和西非，約占全球咖啡產銷量30%～40%，僅次於阿拉比卡，但羅巴斯塔雜苦味重，咖啡因含量高，占豆重的1.8%～4.2%，主攻即溶、三合一或罐裝咖啡的低價市場。

第三號咖啡物種「賴比瑞卡」，原產於西非的賴比瑞亞，嗆騷味更重，僅占全球咖啡產銷量1%～2%，經濟價值不高，但西非、馬來西亞、菲律賓、印尼和越南獨沽此味。歐美、日本和台灣則敬謝不敏。

除了這三種具商業栽培價值的咖啡外，還有兩種鮮為人知的咖啡物種值得介紹，生長於中非和東非的「剛果西斯」（*Coffea congensis*）與「尤更尼歐狄」（*Coffea eugenioides*），雖然幾無商業栽培，但遺傳學研究有重大發現，科學家認為尤更尼歐狄是阿拉比卡的母源，而坎尼佛拉或剛果西斯很可能是阿拉比卡的父源。

很多人誤把阿拉比卡視為單一品種（variety），其實，「阿拉比卡」並不是品種名，而是更高一階的物種名（species），是個集合名詞，阿拉比卡與坎尼佛拉、賴比瑞卡、尤更尼歐狄與剛果西斯等一百零三個咖啡物種，位階相等，皆是咖啡屬（Coffea）底下的物種名，而這一百零三個物種底下還有不勝枚舉的品種與變種。植物分類學的位階排序為界、門、綱、目、科、屬、種。而種的底下有數不清的品種、變種或栽培品種。

四套染色體，稀罕咖啡物種

然而，阿拉比卡卻是咖啡屬底下一百零三個物種中，最特殊的一個。目前所知，阿拉比卡是咖啡屬底下，唯一的四倍體植物（有四套染色體），且為自花授粉，特色是咖啡因較低，味譜乾淨。其餘的一百零二個咖啡物種，均為二倍體植物（有兩套染色體），且為異花授粉。因此阿拉比卡是咖啡屬中，彌足珍貴的物種。

Coffee Box

阿拉比卡旗下知名品種

阿拉比卡種麾下，品種繁浩如星辰，以下是「新世界」耳熟能詳的品種或變種：

- 鐵比卡（Typica）
- 帕卡斯(Pacas)
- 波旁（Bourbon）
- 尖身波旁（Bourbon Pointu）
- 新世界（Mundo Novo）
- 藝伎（Geisha）
- 帝汶混血（Tim Tim）
- SL34
- 瑪拉哥吉培（Maragogype，象豆）
- 帕卡瑪拉（Pacamara）
- 黃波旁（Yellow Bourbon）
- 卡杜拉（Caturra）
- 卡杜阿伊（Catuai）
- 卡帝汶（Catimor）
- SL28

認識品種刻不容緩

國人買咖啡只問產國，不問品種，常以產國做為衡量咖啡好壞的標準，這失之粗糙與不專業。即使你買到知名產國的阿拉比卡，不表示買對了品種。因為各產國或莊園不可能只栽種阿拉比卡旗下的單一品種，至少會同時栽培三～四個品種甚至更多。而不同品種的前驅芳香成分，也會隨著莊園水土、海拔高低、有無遮蔭樹、雨量溫度、微型氣候以及日曬、水洗、半水洗或濕刨法等處理方式，而有優劣表現。若能多充實咖啡物種與品種常識，不但可提升喝咖啡樂趣，對日後採購上亦是一大保障。

美國新近崛起的「第三波」精品咖啡，如波特蘭的樹墩城、芝加哥知識分子、北卡羅萊納反文化咖啡等業者，非常重視精品咖啡的品種與水土，在包裝袋上標示出該咖啡的產國、莊園、栽種海拔和處理方式外，還標明這支豆子是阿拉比卡所屬的哪個品種，讓消費者了解買到的是波旁、黃波旁、橘波旁、鐵比卡、卡杜拉、卡杜阿伊、帕卡瑪拉、瑪拉卡杜拉（Maracaturra）、SL28、S795、或伊卡圖（Icatu）等，以滿足饕客求知欲，增加喝咖啡樂趣。

認明品種，免做冤大頭

選購咖啡前，對品種多一層了解，即多一層保障。比方說，買夏威夷咖啡，如果買到小粒品種摩卡、大粒混血摩卡、卡杜拉或卡杜阿伊等品種，多半出自茂宜島或歐胡島，論風味與身價，皆遠遜大島的柯娜或咖霧產區的柯娜鐵比卡；正宗柯娜風味乾淨，酸甜宜人，品種是1892年從瓜地馬拉引進的鐵比卡，經數十載馴化，已適應大島涼爽氣候與火山岩土質，才能孕育出柯娜鐵比卡有別於其他品種的風味。

另外，肯亞咖啡迷人的莓果酸香與蔗香，係波旁育種選拔的SL28與SL34獨有的地域之味，如果在肯亞買到從牙買加移植來的藍山鐵比卡（Blue Mountain Typica），因肯亞水土關係，風味反而貧乏無奇，更糟的是買到阿拉比卡與羅巴斯塔跨種雜交的魯伊魯11（Ruiru 11），喝來有魔鬼的尾韻，豈不成了冤大頭？

再看看最火紅巴拿馬翡翠莊園的藝伎（Geisha），豆貌比藍山、柯娜更為尖長，如果不察，買到另一較圓身形態的藝伎，或巴拿馬鐵比卡、波旁，花了冤枉錢也喝不到藝伎獨有的橘香與直衝腦門的焦糖香氣。

咖啡饕客自保鐵則

另外，國人頗愛的蘇拉維西托拉賈（Toraja），選購時也要明辨買到的是古老鐵比卡（優），或1970年代大量移入的S795（良），抑或1990年以後引進的跨種混血卡帝汶（Catimor）（劣）。原則上愈古老的品種，產果量愈少，風味愈優雅。切記，購買精品咖啡，除了看產地莊園外，更要了解該莊園口碑最佳的是那些品種，以及處理方式。平常多充實品種的常識，不但為咖啡美學加分，亦是自保之道。

大師錯認阿拉比卡發源地

然而擁有最多美味咖啡的阿拉比卡種，學名到底是如何被制定出來的呢？這美麗的錯誤增添了咖啡史上的一頁浪漫。

咖啡原產於非洲，但古埃及、羅馬、希臘史料乃至可蘭經和聖經，卻對咖啡隻字未提，直到西元九世紀，波斯名醫拉齊（al-Razi，西元865～925）才在《醫學全集》(Kitab al-Hawi fi al-tibb)提到治療頭疼的「布恩」（Bun），這是人類史上最早描述咖啡特性的用語，也是咖啡的古早音，衣索匹亞至今仍稱咖啡為「布納」（Buna），咖啡館的發音為Bunna bet，「咖啡是我們的麵包」（Buna dabo naw）更是衣索匹亞家喻戶曉的古諺。

衣索匹亞的「布納」主產於西南部的咖法（Kaffa）森林，學者認為Kaffa是後來Coffee的字源。不過，另有學者認為土耳其人將阿拉伯「美酒」的語音Qahwa轉成較順口的土耳其發音Kahvé，並借用「美酒」語音來形容咖啡。因此，咖啡的字源有可能是Kaffa或Qahwa。直到1601年，Coffee才出現在英文字典裡。

阿拉比卡正式定名

到了十七世紀中葉，歐洲才有咖啡館，十八世紀，荷蘭、法國、英國等歐洲列強驚覺咖啡龐大商機，靠著船堅炮利，盜取葉門咖啡樹，移植印度、印尼和中南美洲殖民地，並強徵非洲黑奴到殖民地種咖啡，一舉打破回教徒壟斷咖啡栽植業局面。然而，這種可提神醒腦，製造快樂的植物，遲至1753年才有了舉世通用的學名—*Coffea arabica* L.，也就是大家耳熟能詳的阿拉比卡種咖啡樹。

這要歸功瑞典知名植物學家卡爾．林奈（1707～1778），在1753年大作《植物種誌》（Species Plantarum）首創「二名法」分類系統，為7,300種植物命名。

美麗的錯誤

林奈誤以為咖啡原產於阿拉伯半島南部，也就是當時歐洲人慣稱「快樂的阿拉伯」（Arabia Felix，即今日葉門），遂以拉丁文Arabica，也就是「阿拉伯的」做為種名。阿拉比卡學名*Coffea arabica* L.，中文意為：「咖啡屬底下，阿拉伯的種，林奈命名」，以彰顯咖啡產自阿拉伯。

其實，咖啡屬底下，何止阿拉比卡種而已？但阿拉比卡風味佳，是最早被人類飲用的咖啡物種，因此最先被學術界定出學名。至於坎尼佛拉種（*Coffea canephora*）底下的品種羅巴斯塔，由於風味差，足足比阿拉比卡晚了一百多年，直到十九世紀中葉才被發現，這不難理解。

集三千寵愛於一生的阿拉比卡，雖然是最早被命名的咖啡物種，但林奈卻弄錯了，阿拉比卡並非原產於阿拉伯半島南部的葉門，而是起源於衣索匹亞西南部咖法森林與蘇丹東南的波瑪高原（Boma plateau），以及肯亞西北部接壤的原始森林地帶。但這不能怪林奈，因為十八世紀的非洲，是蠻荒野地的黑暗大陸，歐洲人不敢貿然進入，不可能知道東非高地是阿拉比卡發源地。反觀阿拉伯半島南部，也就是今日葉門，因地利之便，是歐洲商船駛往印度和亞洲必經之地。

十六至十七世紀，歐洲人最早在阿拉伯半島之南的葉門，發現咖啡樹，因此誤以為「快樂的阿拉伯」是咖啡發源地。然而，早在西元七至八世紀，東非紅海濱的阿克蘇姆帝國（Kingdom of Aksum）也就是今日的衣索匹亞，與阿拉伯半島的部族發生戰爭，互有輸贏，當時阿克蘇姆官兵或奴隸，將衣索匹亞高地的咖啡種子帶到葉門，因而開啟了葉門咖啡栽植業。

可以這麼說，阿拉比卡學名是在美麗的誤會中誕生。事後諸葛亮，咖啡的種名阿拉比卡，如果改為衣索匹卡（Ethiopica）或許更能反應她的真實發源地。

上帝錯造的香醇

就連上帝也陰錯陽差創造了阿拉比卡。咖啡屬裡的一百零三個物種中，唯獨阿拉比卡是「異源四倍體」（allotetraploid，即雙二倍體），其他咖啡物種皆為二倍體（diploid）。所以四倍體阿拉比卡的遺傳基因、生長環境、化學組成、習性及香醇度，迥異於其他一百零二個二倍體咖啡物種。（註1）

雖然阿拉比卡的學名比其他二倍體咖啡物種早了一百多年制定出來，但近代遺傳學研究卻發現阿拉比卡是較晚近才有的物種，也就是出現年代晚於其他二倍體咖啡樹，因為阿拉比卡父源與母源，皆來自二倍體的祖先。

自然界的奇蹟

異源四倍體的阿拉比卡，是由兩個不同源的二倍體咖啡物種，在罕見的因緣下雜交，又在極低的機率下，額外增生兩套染色體，且四套染色體皆能配對，產出有生育力的四倍體新物種，因此阿拉比卡堪稱自然界的奇蹟。基本上，不同種的二倍體植物雜交，產出的下一代，因父系與母系的染色體不同源，生殖細胞在減速分裂中，無法配對，而失去生育力，但二倍體在陰錯陽差下亦有可能再增生兩套染色體，也就是四套染色體，解決無法配對的問題，而產出有生育力的穩定四倍體新物種。若說阿拉比卡是上帝錯造的香醇，並不為過。

註1：所謂的二倍體是指染色體兩套，繼承自父系及母系各一套，每套11個染色體共22個，即2n＝22。四倍體是指染色體四套，繼承自父母各兩套，每套11個，共44個染色體，即4n＝44。換言之，阿拉比卡的染色體，較其他咖啡物種多出兩套，即多出22個染色體。

阿拉比卡的父源與母源

有趣的是，1930～1940年間，植物學家鐸提（I.R. Doughty）在坦桑尼亞吉利馬札羅山腳下的賴安穆古咖啡研究中心（Lyamungu Research Station）以二倍體咖啡物種「坎尼佛拉」（也就是俗稱的羅巴斯塔）與「尤更尼歐狄」雜交，雖產出近似阿拉比卡的新品種，卻無生育力。但老天有眼，居然有一株在上帝旨意下，奇蹟式額外增加兩套染色體，而且彼此能配對，產出有生育力的異源四倍體新物種，且習性與羅巴斯塔或尤更尼歐狄完全不同，卻很近似阿拉比卡。

可惜二次大戰爆發，實驗室混血成功且近似阿拉比卡的苗株已遺失。不過，此實例呼應了近年遺傳學家認為二倍體的「羅巴斯塔」與「尤更尼歐狄」，可能是阿拉比卡先祖的論述。

近年遺傳學家利用分子生物學科技，分析咖啡屬底下二倍體物種與唯一的四倍體阿拉比卡的親緣關係，終於找出羅巴斯塔是阿拉比卡的父源，但亦有學者懷疑剛果西斯（即剛果咖啡，類似羅巴斯塔）也可能是父源，至於母源則確定為尤更尼歐狄，她的基因不但與阿拉比卡最接近，就連黃酮類化合物（Flavonoid compounds）也幾乎相同。

此結果並不令人意外，因為阿拉比卡雖然是咖啡屬裡唯一的四倍體，但它與「尤更尼歐狄」、「羅巴斯塔」和「剛果西斯」均為「真咖啡亞屬」的成員（稍後詳述），基因歧異不致太大，跨種雜交，產出有繁殖力的後代並非不可能。

烏干達，阿拉比卡濫觴地

從地緣關係來看，四倍體「阿拉比卡」與二倍體「羅巴斯塔」和「尤更尼歐狄」，亦有耐人玩味的發現。阿拉比卡的父源「羅巴斯塔」，性喜高溫潮溼，主要分布於西非和中非一帶，到了海拔較高氣候乾涼的東非高地，就不太適合「羅巴斯塔」生長，烏干達是「羅巴斯塔」往東部非洲蔓延的界限，過了烏干達再往東的肯亞或東北的衣索匹亞，就看不到羅巴斯塔。

至於阿拉比卡的母源「尤更尼歐狄」，則分布於東非的肯亞、坦桑尼亞、莫三比克、馬達加斯加和烏干達一帶。因此阿拉比卡的父源羅巴斯塔與母源尤更尼歐狄，最可能在烏干達奉主之意結連理，「合體」產下四倍體怪胎。

衣索比亞，阿拉比卡基因庫

加拿大知名植物學家拉奧．羅賓森（Raoul A. Robinson）認為，烏干達最可能是阿拉比卡的誕生地，但阿拉比卡不適應烏干達高溫潮溼氣候以及病蟲害，經由古代部族的移植或鳥獸播種，才落戶到鄰近較乾爽的肯亞西北、蘇丹東南和衣索匹亞西南部交界處的高地，順利繁衍。

其中以衣索匹亞水土最適合，因而成為阿拉比卡基因倉庫。有趣的是，衣索匹亞的咖啡物種全為四倍體，科學家至今仍無法在衣國找到二倍體的咖啡物種，反觀中非與西非的咖啡物種則全為二倍體。

千百年來，阿拉比卡在衣國高原獨霸繁衍，孕育出舉世無雙的四倍體阿拉比卡基因，衣國研究單位歸類阿拉比卡的野生品種、變種或栽培品種，就接近一千個，歐美學者則預估阿拉比卡底下還有許多品種未被發現，衣國至少有兩千五百個品種。由於衣國阿拉比卡基因形態龐雜，有些品種對葉鏽病和爛果病具有抵抗力，這和中南美和亞洲貧瘠的阿拉比卡基因，抗病力極低，有天壤之別。

自花授粉的怪胎

四倍體阿拉比卡是一百零三個咖啡物種中，唯一的雌雄同株，以自花授粉繁衍，二倍體咖啡物種則為雌雄異株，採異花授粉。據研究顯示，巴西和哥倫比亞的阿拉比卡，自花授粉率高達80%～90%，而異花授粉僅10%，但衣索匹亞野生阿拉比卡的自花授粉率稍低約60%，異花授粉率約30%～40%，這也是衣國阿拉比卡基因最豐富的要因之一。基本上，阿拉比卡以自花授粉為常態，異花授粉較少見。這造成阿拉比卡基因多樣性不如二倍體龐雜。

自花授粉的好處是不易雜交，基因來自同株，容易維持本身優良性狀代代傳承下去，但缺點是族群的基因變異性減低了，較無法適應新環境。反觀異花授粉，好處是可增加染色體的基因重新組合，增加基因多樣性，物種容易隨著環境變遷而進化出更強的適應力與抗病力。

羅巴斯塔等二倍體咖啡物種均屬自花不孕，必須以異花授粉繁衍，因此體質較阿拉比卡更為強悍。這也是二倍體咖啡樹與四倍體阿拉比卡最大不同處。若說阿拉比卡是體弱的貴婦，羅巴斯塔是粗獷的壯漢，並不為過。

阿拉比卡富含前驅芳香物

阿拉比卡的染色體較其他咖啡物種多出兩套或22個染色體，除了反應在習性、授粉與分布地域不同外，也表現在前驅芳香物占比的不同，這是阿拉比卡較二倍體咖啡物種更香醇美味的原因。

表 9-1　阿拉比卡指標化學成份占生豆重量百分比（%）

化學成分	偏低	中等	偏高
咖啡因	<0.9	0.9 — 1.2	>1.2
蔗糖	<7.0	7.0 — 9.0	>9.0
綠原酸	<4.5	4.5 — 6	>6.0
胡蘆巴鹼	<1.0	1.0 — 1.8	>1.8
咖啡白醇	<0.1	0.1 — 0.3	>0.3

從上表可看出，阿拉比卡咖啡因占豆重低於0.9%則為偏低，在阿拉比卡並不多見，最普遍的占比為0.9%～1.2%，高出1.2%則超出標準值亦不多見。

科學家最關注的是蔗糖與胡蘆巴鹼兩大前驅芳香物的占比，蔗糖在烘焙過程會衍生更多酸香物，並促成焦糖化的甘苦味和梅納反應的奶油甜香(註2)；胡蘆巴鹼則會降解成菸草酸、吡咯、吡啶等芳香物，增加咖啡厚實度。阿拉比卡的咖啡因雖不及羅巴斯塔，但蔗糖與胡蘆巴鹼占比卻明顯高於所有的二倍體咖啡物種，因此風味最甜美香醇。

表 9-2　羅巴斯塔指標化學成份占生豆重量百分比（%）

化學成分	偏低	中等	偏高
咖啡因	<1.8	1.8 — 2.5	>2.5
蔗糖	<4.5	4.5 — 7.0	>7.0
綠原酸	<7.0	7.0 — 8.0	>8.0
胡蘆巴鹼	<0.6	0.6 — 1.2	>1.2
咖啡白醇	<0.01		

＊以上數據參考自

11th International Scientific Colloquium on Coffee-ASIC. Vol. 1, pp. 252-262.PlantScience, 149: 115-123

從表9-2可看出羅巴斯塔的咖啡因占比，明顯高於阿拉比卡，但蔗糖與胡蘆巴鹼的前驅芳香物遠遜於四倍體的阿拉比卡。因此羅巴斯塔等二倍體咖啡物種的整體風味表現較差。

豆貌豆色有別

由於阿拉比卡的細胞染色體44條，比羅巴斯塔的22條，多出兩倍，這也反應在兩物種的豆貌上，基本上，阿拉比卡的豆粒大於羅巴斯塔，以便容納更多的遺傳物質與化學成份。就連豆色也有別，阿拉比卡一般種在海拔1,000公尺以上，空氣較薄，氣溫較低，成長較慢，硬度愈高，豆色愈藍綠，反觀羅巴斯塔多半種在平地或海拔500公尺以下，空氣較充足，氣溫較高，成長較快，硬度愈低，豆色愈偏黃。

Coffee Box

阿拉比卡的健康飲用法

值得留意的是，阿拉比卡所含油溶性雙萜類的咖啡白醇（Kahweol）占豆重 0.1%～0.3%，是羅巴斯塔的十到三十倍，因此咖啡白醇常用來區別此二物種的重要化學物。

從阿拉比卡萃出咖啡白醇和咖啡醇（Cafestol），均多於羅巴斯塔，因此更易提高血液膽固醇濃度，不利健康。

雖說香醇阿拉比卡暗藏「邪惡」，但不用擔心，泡煮時只需加一張濾紙即可擋掉咖啡醇與咖啡白醇，而喝出健康與香醇。

註2：梅納反應是咖啡烘焙的主要造香反應，遠比焦糖化複雜，焦糖化是指糖類受熱脫水的褐變反應，會產生甜香與苦味。梅納反應是指碳水化合物與胺基酸結合的反應，會生成奶油甜香、巧克力味、堅果、甘苦味等，是食品工業最重要的提香增味反應。本套書下冊會有詳細論述。

阿拉比卡的誕生

了解阿拉比卡的親緣、可能誕生地與芳香物占比後，我們可以繼續探討她的出世年代。

西元七世紀誕生

烏干達、衣索匹亞和葉門，雖與阿拉比卡源遠流長，但這三國不曾有史料記述她出現的年代。目前所知，最早論及咖啡的文獻，是西元九世紀波斯名醫拉齊的《醫學全集》，但這只能推論阿拉比卡的誕生不會晚於九世紀。至於比九世紀早多久？仍無確切證據。

不過，加拿大植物學家羅賓森在《恢復抵抗力：培育抗病作物減少依賴殺蟲劑》（Return to Resistance：Breeding Crops to Reduce Pesticide Dependence）第二十一章，對此問題有精闢分析。他認為香料貿易（Spice trade）興盛了數百年，於西元476年隨著西羅馬帝國告終而瓦解，然而，香料貿易卻不曾提及咖啡，因此阿拉比卡出世年代，應在西元476年香料貿易之後，至九世紀《醫學全集》問世之間，也就是介於五世紀至九世紀間，羅賓森大膽推斷：西元七世紀是阿拉比卡現身的年代。

香料貿易的啟示

此話怎講？香料貿易最早可追溯到西羅馬帝國時代，即西元前27年至西元476年間，活躍於東南亞的南島民族，包括台灣原住民、印尼人、馬來西亞人、玻里尼西亞人、菲律賓和馬達加斯加土著，就利用印度洋季風，以船隻運送東南亞的肉桂、薑黃等香料至非洲東岸的馬達加斯加島，再抵目前的肯亞。北上進入衣索匹亞後，兵分兩路：西路溯藍尼羅河至埃及的亞歷山卓港，再搭船駛抵羅馬；東路則由衣索匹亞抵紅海濱，乘船抵蘇伊士，短暫路程可抵地中海，再乘船直抵羅馬。

這就是西元前27年至西元476年知名的香料貿易路徑，龐大香料商隊在衣索匹亞整裝，沿路還大肆採購奴隸、野獸與珍貴香料，一起運抵羅馬，供富豪享用或競技場搏鬥之用，如同電影《神鬼戰士》裡的場景。

重點是，衣索匹亞位處香料貿易路線的分支點，如果西元476年香料貿易瓦解之前，阿拉比卡早已存在衣索匹亞，那麼香料貿易不可能沒有咖啡的記載，西羅馬帝國的文獻更不可能沒有咖啡記錄。因此，植物學家認為合理的解釋是，西元476年之前，阿拉比卡根本不存在，或當時衣索匹亞尚無咖啡樹。

雖然羅巴斯塔、賴比瑞卡和尤更尼歐狄等二倍體物種早已在西非和中非興盛繁衍，但並不在東非的香料貿易路徑上，不易被發覺，再者這些咖啡物種風味不佳，即使有人知道，亦不可能納入香料商隊的採購單。因此，早期香料貿易文獻與西羅馬帝國史料，均無咖啡的隻字片語。一直拖到九世紀，咖啡古音Bun才首度出現在拉齊的《醫學全集》。

但羅賓森等知名學者認為，從新植物的誕生到被人類發現，進入實際運用，其間醞釀期，至少要一個世紀，因此從西元九世紀往前推到西元七世紀，做為二倍體咖啡物種雜交，造出美味四倍體新物種阿拉比卡的年代，較為合理。阿拉比卡出生地就在烏干達，再轉進到更涼爽的衣索匹亞，生生不息。

經典品種：鐵比卡與波旁的傳播地圖

七世紀阿拉比卡在衣索匹亞紮根繁衍後，直到九世紀間的兩百年，阿拉比卡隨著阿克蘇姆帝國（即衣索匹亞）與阿拉伯半島的民族戰爭，被阿兵哥移植到目前的葉門。兩種不同形態的阿拉比卡在葉門生根落戶。其中之一，頂端嫩葉為古銅褐色（紅頂），樹體較高、葉片窄狹、豆貌尖長，也就是今日的鐵比卡（Typica），學名為：*Coffea arabica* L.var. typica Cramer。

另一個移植到葉門的品種，形態與鐵比卡不同，頂端嫩葉為青綠色（綠頂），葉片較寬，豆貌短圓，也就是今日所稱的波旁（Bourbon），學名為：*Coffea arabica* L.var.bourbon Rodr.Ex Choussy。

換言之，葉門是鐵比卡與波旁離開衣索匹亞的第一站，這兩大古老品種又被稱為產量低、風味佳的古優品種（Heirloom varieties）。然而，Typica是1913年後才被命名，早期的歐洲人直接稱之為Arabica或Abyssinia（衣索匹亞的舊名）。後來學術界認為Typica是阿拉比卡的典型品種，倒也順理成章。

揭穿波旁騙局

至於「波旁」就有更有意思了，她是「鐵比卡」的變種，但過去大家都被法國人擺道，誤以為法國人移植鐵比卡到波旁島後，才出現波旁變種。

非也！在法人移植之前，此品種早就存在葉門與衣索匹亞。法國人好大喜功，1715～1718年，移植葉門咖啡苗到馬達加斯加以東的屬地波旁島（後來改名為留尼旺島），發覺長出的咖啡豆較為短圓，有別於一般長身的阿拉比卡咖啡豆，故取名為「波旁圓身豆」（Bourbon rond），以誇示波旁王朝的偉業。這就是今日波旁品種名稱的由來，明明取之葉門卻冠上法國味的名字，不知葉門人氣不氣？！

Coffee Box

世界第一貴的咖啡

「波旁圓身」或「綠頂波旁」皆是源自葉門的品種，卻被法國人和英國人張冠李戴，吃足葉門豆腐。但另一個更為珍稀的品種——「波旁尖身」（Bourbon pointu），才是波旁島衍生出來的變種，也是當今最昂貴的咖啡，學名為：*Coffea arabica* L.var. laurina P. J. S. Cramer。（白話文為「咖啡屬底下，阿拉伯的種，林奈命名，其變種蘿芮娜，克拉莫命名。」）

正常的波旁品種，豆身短圓，但1810年波旁島的咖啡農雷洛伊（Le Roy）發現園裡有株矮個兒咖啡，葉子更小，狀似月桂葉，咖啡豆也更為尖瘦，產量比一般波旁更少，經當時植物學家證實是新變種。由於豆體兩端很尖，因此俗稱為「波旁尖身」，以區別一般圓身波旁。但克拉莫博士於二十世紀初發覺此變種的葉片像極了月桂葉，因此以拉丁文 laurina，也就是英文的 laurel（月桂葉）做為變種名，不過業界仍習慣以「波旁尖身」稱之。

波旁島雨水不豐，使得圓身波旁的基因突變，出現更矮身、葉小、果稀的抗旱品種，相對的咖啡因也減半，約占豆重的0.4%～0.7%，也就是半低因咖啡，但香醇未減，饒富水果調，是巴爾札克等法國文豪魂牽夢縈「千杯亦能好眠」的美味咖啡。

然而，二十世紀中葉，波旁島農民捨棄咖啡，搶種更好賺的甘蔗，波旁圓身與尖身幾近絕跡，直到千禧年後，日本上島珈琲（UCC）的專家川島良彰考察該島後，登高一呼，與法國國際農業發展研究中心（CIRAD）的植物學家，聯手復育半低因「波旁尖身」，2006年產出700公斤尖身豆，精選240公斤運抵日本，由上島珈琲烘焙後包裝成每單位100公克的袖珍包，要價7,350日圓，一天就被搶光。

2011年，更漲價到每100公克8,400日圓，約2,989台幣，比藝伎和麝香貓咖啡更貴，是當今最高貴的咖啡。

法國當局非常重視「波旁尖身」，因為她是波旁島獨有的半低因變種，至於圓身波旁豆則不稀奇，葉門老早就有了，且傳遍世界。

法國人搶到先機為阿拉比卡另一形態的圓身豆取名為「波旁」，讓人誤以為所有的波旁品種皆源自波旁島。最先揭穿法國西洋鏡的是英國人，1732年，英國東印度公司趕搭咖啡栽種熱，到葉門取得咖啡苗，種在南大西洋上的聖海倫娜島，這批葉門咖啡樹的形態與波旁相同，頂端嫩葉為翠綠色，豆身橢圓，但重點是英國人並未透過波旁島取種，逕自從葉門進口，無異證明了葉門早有法國人誇耀的Bourbon rond，法國西洋鏡不攻自破。但聖海倫娜島至今仍稱這批老欉咖啡為「綠頂波旁」（Green-Tipped Bourbon），也成了1815～1821年法國軍事家拿破崙被英國軟禁該島，臨終前不忘喝一口的絕品咖啡。

從葉門輻射出去

了解鐵比卡、波旁約在七至九世紀從衣索匹亞傳播到葉門的歷程，接著我們以編年紀事，鋪陳兩大古優品種以葉門為跳板，開枝散葉到全球的路徑。

鐵比卡路徑

- 1500～1554年間：回教徒試圖將葉門咖啡移植到敘利亞和土耳其栽種，因水土、氣候不合而失敗。
- 1600年左右：印度回教徒巴巴布丹在麥加朝聖的回途中，盜取七顆葉門咖啡種子，返回印度西南部的卡納塔卡省（Karnataka），並栽種在他修行的山區，由於氣候水土適宜，成功繁衍，屬於紅頂咖啡樹（鐵比卡），帶動了印度西南部的咖啡栽植業。
- 1658：荷蘭人從印度移植鐵比卡到錫蘭，但錫蘭人栽種意願不高。
- 1690～1696：荷蘭人占領印度西南的馬拉巴，並將巴巴布丹從葉門引進印度的鐵比卡移植印尼哇爪，卻遇到地震與海嘯，首嘗失敗。

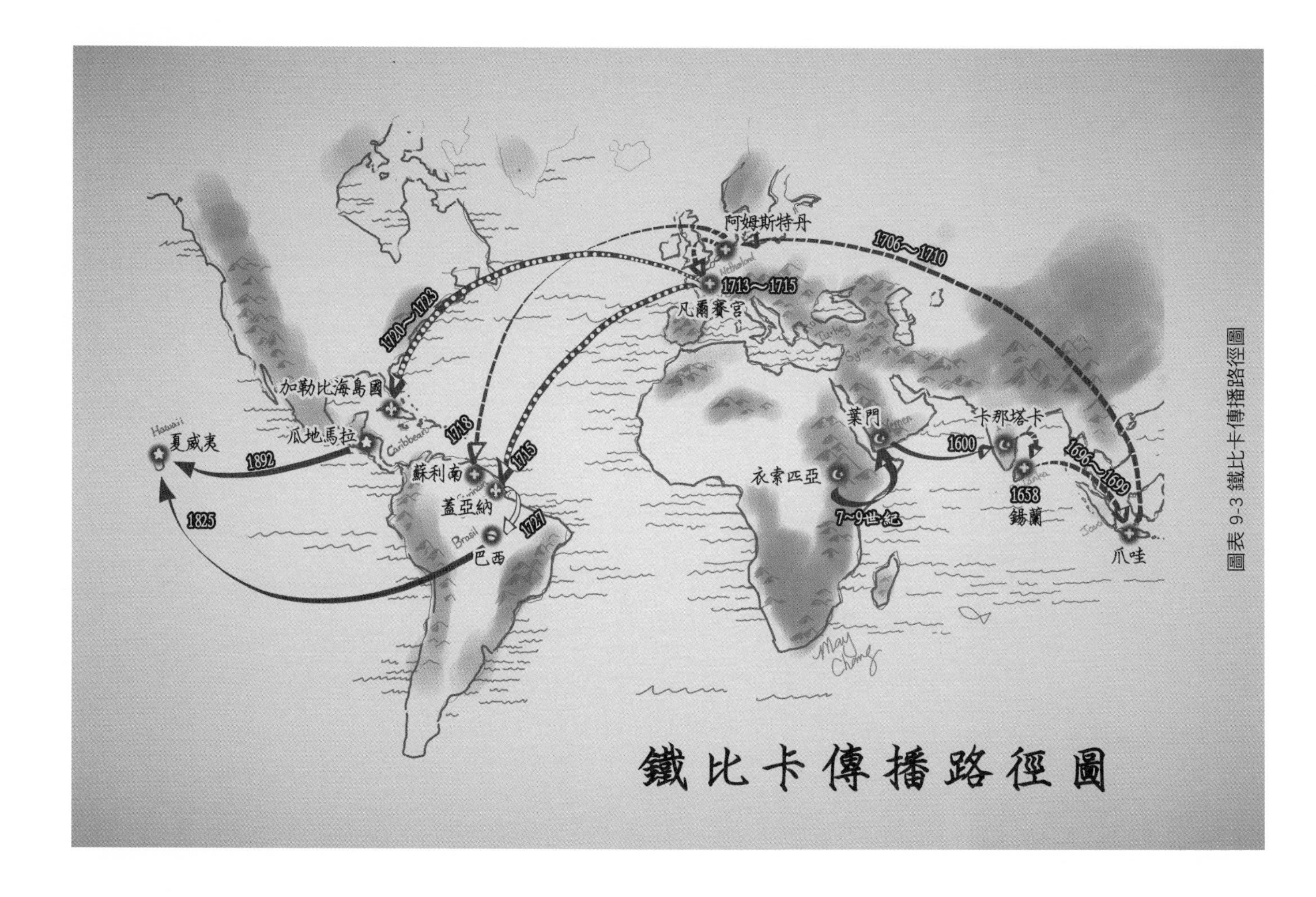

圖表 9-3 鐵比卡傳播路徑圖

- 1696～1699年間：荷蘭人又將錫蘭的鐵比卡移植爪哇，相當成功且印尼人栽種意願高，開啟荷蘭在印尼的咖啡栽植業，這也是歐洲人首度在海外試種咖啡成功。鐵比卡因此從葉門傳播到印度和印尼，也主宰了亞洲早期的咖啡栽植業，此一歷史因素使得波旁品種在亞洲相當罕見。台灣的咖啡品種亦以鐵比卡為主。
- 1706～1710年：荷蘭東印度公司總督范宏（Joan van Hoorn，1653—1711）為了誇耀在印尼種咖啡告捷，將一株爪哇培育的鐵比卡樹苗，千里迢迢運抵阿姆斯特丹，並蓋一座暖房由植物學家悉心照料。阿拉比卡是自花授粉，只要一株存活就能傳宗接代，1713年開花結果，後來竟成了中南美洲的鐵比卡母樹。
- 1713～1715年：阿姆斯特丹市長贈送法王路易十四，一株鐵比卡樹苗，以彰顯荷蘭在咖啡栽植競賽的領先地位。法王如獲至寶，在凡爾賽宮興建暖房由植物學家侍奉這株小祖宗，順利開花結果，葉片有內捲傾向。1715年法國又將暖房裡的鐵比卡苗移植到南美的屬地蓋亞納，成為南美最先種咖啡的地區，後來成為巴西鐵比卡的來源。
- 1718年：荷蘭人看到法國人在南美種咖啡成功，緊起直追，移植阿姆斯特丹暖房裡的樹苗到南美屬地蘇利南。
- 1720～1723年：法國海軍軍官狄克魯（Gabriel Mathieu de Clieu）以美人計迷惑凡爾賽宮植物園裡的植物學家，並盜走鐵比卡苗株，搭船護送小樹苗至加勒比海的法屬馬丁尼克島，試種成功，並將種子和樹苗分贈牙買加、多明尼加、古巴、海地、瓜地馬拉等中美洲國家。換言之，1706年荷蘭人在阿姆斯特丹暖房培育的那株爪哇鐵比卡母樹，成了今日中美洲海島國鐵比卡的小祖宗。這也顯示中美洲鐵比卡，一脈單傳，基因多樣性嚴重不足的毛病。
- 1727年：法國早在1715年搶先在南美屬地蓋亞納栽種鐵比卡，但與荷蘭的蘇利南爆發爭端，瀕臨戰爭，巴西指派一表人才的陸軍軍官帕西塔前往調停，卻與法國蓋亞納總督夫人產生情愫，並獲夫人贈送鐵比卡苗。帕西塔返回巴西後辭官，1727年在西北部的帕拉省種下鐵比卡，開啟巴西的咖啡栽植業。十八世紀的巴西咖啡全為鐵比卡，葉片亦有內捲傾向，巴西直到1869年才引進產量更多的波旁。

· 1825年：夏威夷王國的英國園藝家約翰．威基森（John Wilkinson）從巴西引進葉片內捲的老種鐵比卡，並種在歐胡島，但水土不服，1828年由一位牧師移植到夏威夷群島較涼爽的大島並種在柯娜、咖霧、普納和哈瑪庫亞。

· 1892年：夏威夷又引進產量更穩定的瓜地馬拉改良鐵比卡，種在大島的柯納，也就是今日的柯娜鐵比卡。

波旁路徑

· 1715年～1727年：十八世紀，法國人大力擴展中南美屬地的咖啡栽植業，也同時經營非洲，1715年法國東印度公司參考荷蘭一本植物畫冊，到葉門盜取六十株咖啡樹，運抵法屬波旁島，但這批樹苗最後只存活兩株，由於豆形較圓，與荷蘭人種植的紅頂長身豆（也就是1913年命名的鐵比卡）明顯不同，因此法人率先取名為圓身波旁（Bourbon rond）以便區別。1717年法國人葛蕾尼（Fougerais Grenier）又從葉門運來一批圓身波旁咖啡苗，擴大波旁島的咖啡栽植業，1727年收穫十萬磅咖啡豆。

· 1732年：英國東印度公司搶搭咖啡栽植熱，取得葉門咖啡苗，運至英屬聖海倫娜島，由於頂端嫩葉為綠色，豆身短圓，形態與波旁相同，島上咖啡農至今仍稱綠頂波旁，但重點是英人並未透過法屬波旁島，而是直接從葉門取苗，運至聖海倫娜島，這也證明了葉門早就有綠頂或圓身的品種，只是被法國人搶先命名，並冠上法國味十足的波旁名稱，大吃葉門豆腐。

· 1810年：波旁島的圓身波旁出現變種，樹株與葉片更小，豆粒更尖瘦，咖啡因也較低，形態迥異一般波旁，被譽為半低因「波旁尖身」。這是波旁島獨有的變種，但近年植物學家懷疑衣索匹亞應該也有半低因的波旁變種。

· 1860年：法國人移植「波旁尖身」至澳洲東部，南太平洋上的法屬小島新喀利多尼亞（New Caledonia），至今仍有小量栽種，但產量極稀。

· 1860～1870年：巴西發覺1727年栽種的紅頂鐵比卡產量少且易生病，直到

圖表 9-4 波旁傳播路徑圖

1860年後引進另一個古優品種波旁，增加阿拉比卡基因的龐雜度。由於波旁產果量高出鐵比卡30%，深受農民喜歡，逐漸取代鐵比卡。巴西的波旁品種究竟是從葉門或波旁島引進，已不可考，以引自波旁島較為可靠，波旁品種開始在中南美紮根。

· 1900年以後：法國傳教士從波旁島引種至肯亞、坦桑尼亞和盧安達等國，因此東非產國除了衣索匹亞外，至今仍以綠頂波旁或波旁嫡系SL28、SL34為主，這與亞洲以鐵比卡為主大異其趣。
· 2000年以後：筆者考證發現除了喀利多尼亞外，目前哥倫比亞與巴西亦有少量栽種波旁尖身。

從以上的傳播路徑可看出，鐵比卡最先染指印度、印尼和東南亞，接著進軍中美南洲，可以這麼說，十九世紀中葉以前，中南美洲全是鐵比卡天下。1860年後，巴西驚覺鐵比卡體弱多病，產量又少，於是引進另一個古優品種波旁，以增加拉丁美洲咖啡基因的豐富度。然而，亞洲至今仍以紅頂鐵比卡為主，波旁相當少見，反而是阿拉比卡與羅巴斯塔的雜交品種橫行亞洲。東非一直到二十世紀初，才由法國傳教士引進波旁品種。

基因鑑定，認祖歸宗

從文獻看，今日亞洲和中南美的鐵比卡與波旁，皆源自葉門與衣索匹亞，這有科學證據嗎？

2002年，歐盟及法國的發展暨研究組織資助一項研究計劃，以生物分子學的基因指紋鑑定技術「增殖片段長度多態性」，AFLP）以及「簡單序列重複區間」，探索拉丁美洲和亞洲，鐵比卡與波旁的遺傳關係，結果與文獻所載不謀而合，鐵比卡與波旁的親緣，皆指向葉門，而非波旁島，顯然波旁島在咖啡基因的傳播上被過度渲染了，葉門才是最重要的跳板。

另外，該研究也比較葉門咖啡與衣索匹亞的親緣關係，結果發現葉門的基因多型性遠遜於衣索匹亞，葉門咖啡的型態皆能在衣國的原生咖啡找到，而衣國咖啡基因龐雜的型態，卻無法在葉門發現。

咖法森林是基因庫

接著還比較葉門咖啡與衣國西南部咖法森林以及東部哈拉高地，咖啡基因的遺傳距離，結果出乎意料，葉門的遺傳距離竟然與更遙遠的咖法森林野生咖啡最接近，這也顛覆過去以為葉門咖啡源自衣索匹亞東部哈拉高地的看法。換言之，鐵比卡與波旁是由咖法森林傳到哈拉高地，再由哈拉擴散到葉門，哈拉只是個中繼站而非發源地。此研究也證實了咖法森林是阿拉比卡的基因倉庫。

基因多樣性與多型性淪喪

此研究另一重大發現是，阿拉比卡的基因多樣性與多型性（Genetic diversity polymorphism）隨著不斷移植而不停流失，因為阿拉比卡主要以自花授粉繁衍，單株樹苗即可在異域繁殖，加上各產國一系列的淘汰與篩種，使得基因多樣性與多型性淪喪，更趨同質化與單純化。

難怪亞洲與中南美的鐵比卡和波旁體弱多病，反觀阿拉比卡原產地衣索匹亞，有些品種對葉鏽病和咖啡果病已有抗病基因。因此，中南美、印度和印尼等咖啡產國，近半世紀在聯合國協助下，不時引進衣索匹亞的多樣性咖啡基因，以改善咖啡體質，增強抗病力。

請參考圖9-5，即可明瞭阿拉比卡移植出衣索匹亞後，面臨基因狹化的難題。

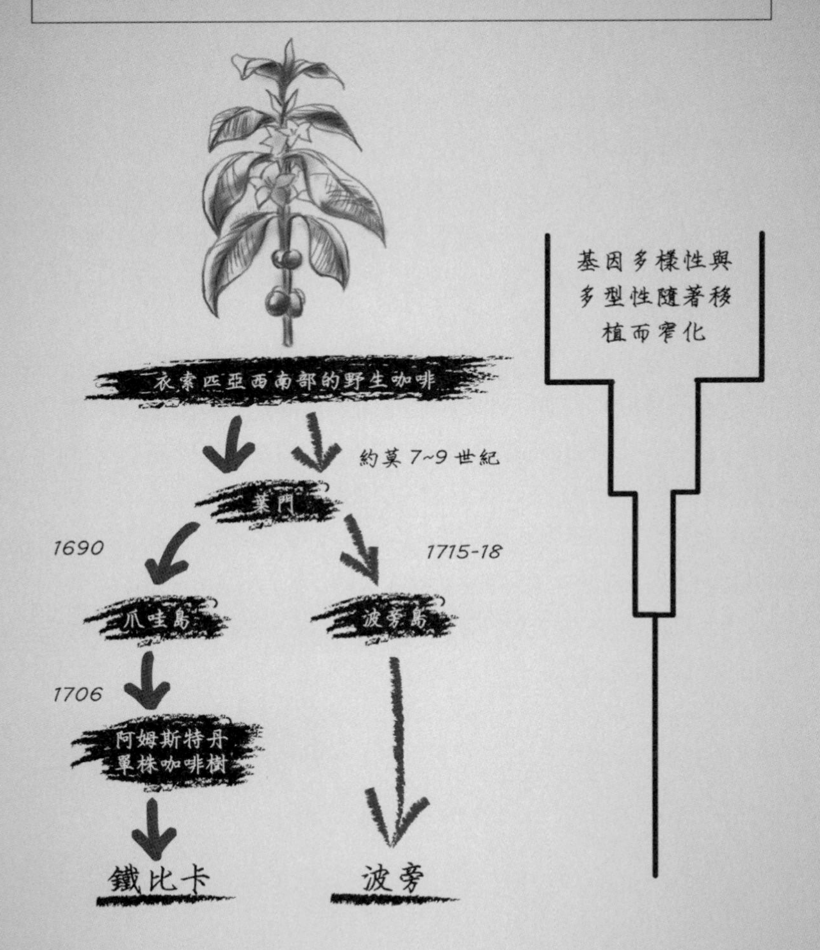

圖表 9-5 鐵比卡與波旁移植路徑暨基因淪喪圖

＊此圖可看出七～九世紀，阿拉比卡移植葉門，以及十七～十八世紀，葉門的鐵比卡與波旁轉進亞洲、波旁島、聖海倫娜島和中南美洲後，咖啡基因多元性愈來愈窄狹化。

阿拉比卡的科學位置

要進一步認識咖啡品種，不妨進階探索「阿拉比卡」、「坎尼佛拉」、「賴比瑞卡」、「尤更尼歐狄」和「剛果咖啡」在植物分類學上的位置，晚近學界根據林奈（Carolus Linnaeus）（註3）的「二名法」分類系統，將阿拉比卡、坎尼佛拉、賴比瑞卡、尤更尼歐狄和剛果西斯等一百零三個原種咖啡在界、門、綱、目、科、屬、種的分類位階劃分如下：

在植物分類系統裡，茜草科下面有650個屬，其中不少具有藥用價值，譬如金雞納屬、鉤藤屬和咖啡屬等，又以「咖啡屬」（Coffea）經濟價值最高名氣最響亮。咖啡屬底下就目前所知至少有一百零三個咖啡物種，而「阿拉比卡」、「坎尼佛拉」與「賴比瑞卡」只是其中三個最具商業價值的咖啡物種。至於金雞納屬、鉤滕屬底下亦有許多物種，由於與咖啡無關，不予列出。

註3：十八世紀之前，世界數以萬計的植物沒有統一名稱，往往同一種植物有幾個名稱，或幾種植物共用同一稱謂，為研究工作帶來莫大困擾。

瑞典植物學家林奈終結此亂局，大師在1753年大作《植物種誌》首創「二名法」分類系統，為7,300種植物命名，將植物細分到屬名與種名。

林奈一生收集的植物標本達1.4萬種，他根據植物雄蕊、雌蕊特徵，把植物分成24綱、116目、1,000多個屬和10,000以上的種。

如此繁複工程由他一人肩挑完成，為界、門、綱、目、科、屬、種的物種分類學奠定基石，雖然這套分類系統，經過各世代植物學家補充，但世人仍尊封林奈為「植物學之王」或「分類學之父」。

表 9-6　阿拉比卡種的位階							
植物界 →	被子（開花）植物門 →	雙子葉植物綱 →	龍膽目 →	茜草科 →	咖啡屬 →	→ →	阿拉比卡種
					→ 金雞納屬		坎尼佛拉種
					→ 鉤藤屬		賴比瑞卡種
					↓		剛果西斯種
					↓		↓
					650 個屬		共 103 個種

然而，「二名法」只能看到屬名與種名，至於種名（species）底下的變種（varieties）、品種或栽培品種（cultivars）則需以「三名法」表現。

下表9-7可看出阿拉比卡、坎尼佛拉、賴比瑞卡、剛果西斯與尤更尼歐狄的原種，再延伸到底下的品種名稱。

Coffee Box

何謂二名法

上述圖表細分到植物的屬名與種名，學術界則以林奈的「二名法」來呈現植物的屬名與種名。寫法很簡單，「屬名」在前，以大寫斜體的拉丁文為之，而「種名」在後，斜體小寫為之，基本上「種名」為形容詞，以描述該物種的產地、形態、色香味等特徵。最後再標出命名者姓氏的縮寫。因此阿拉比卡的學名 *Coffea arabica* L. 可解析如下：

二名法＝屬名＋種名＋命名者姓氏

＝ *Coffea*（屬名）*arabica*（種名）L.（林奈姓氏縮寫）

＝咖啡屬／阿拉伯的種／林奈命名

＝咖啡屬底下，阿拉比卡種，林奈命名

咖啡屬裡另外 2 個重要原種：坎尼佛拉與賴比瑞卡的「二名法」學名為：

Coffea（屬名）*canephora*（種名）Pierre ex A. Froehner

＝咖啡屬底下，坎尼佛拉的種，由皮耶與佛納命名

Coffea（屬名）*liberica*（種名）W. Bull. ex Hiern

＝咖啡屬底下，賴比瑞卡的種，由布爾與海恩命名

表 9-7 咖啡原種與品種的位階		
茜草科→咖啡屬	→ 阿拉比卡種	→ 鐵比卡、波旁、卡杜拉、卡杜阿伊…等成百上千個品種
	→ 坎尼佛拉種	→ 羅巴斯塔、nganda、kouillou…等許多品種
	→ 賴比瑞卡種	→ excelsa…等許多變種與品種
	→ 剛果西斯種	→ 夏洛提…等許多變種與品種
	→ 尤更尼歐狄種	→ 基芙安西斯…等變種與品種

三名法的啟示

從學名上可了解鐵比卡與波旁並不是種名，而是阿拉比卡原種下面的變種名或品種名。羅巴斯塔亦非原種，是坎尼佛拉原種底下的變種，可別搞錯了。只是大家為了方便，常把羅巴斯塔視為原種。

有了「二名法」與「三名法」，原種與品種名稱有了清楚位階與統一名稱，而且從學名就能知道兩種植物是否有親戚關係；以鐵比卡與波旁學名為例，同屬阿拉比卡底下的變種，因此兩者有血緣關係，而羅巴斯塔則是坎尼佛拉種的變種，與鐵比卡和波旁分屬不同物種。

因此「種」是生物分類的基礎，也是生物繁殖的基本單元，同種源自共同祖先，有極近似的形態特徵，且分布在一定區域；同種間能自然交配並繁衍有生育力的後代；不同種的個體雜交，一般不能產出有生育力的後代，也就是所謂生殖隔離。然而植物界的生殖隔離現象不若動物界明顯，同一屬的異種，在天時地利巧合下，亦可自然混血產出有生育力的穩定後代，因此咖啡屬底下，跨種間的混血，比方「阿拉比卡」與「賴比端卡」，並非不可能，但產出有生育力的後代，機率很低。

Coffee Box

三名法的學名寫法

欲細究原種底下的亞種（subspecies）變種（variety）或栽培品種（cultivar），就必須用「三名法」。阿拉比卡底下的品種鐵比卡、波旁，以及坎尼佛拉底下的品種羅巴斯塔，就得以三名法來表現。

先以鐵比卡的學名 *Coffea arabica* L.var.typica Cramer 來解釋。從二名法只能看到屬名與種名，也就是 *Coffea arabica* L.，因此必須再加入第三項的變種名（或品種名），才能呈現出鐵比卡的位置。

三名法＝屬名＋種名＋命名者縮寫＋變種（亞種或品種名）＋命名者縮寫
（1：屬名　2：種名　3：變種（亞種或品種名））

舉例說明：

1. 鐵比卡學名 *Coffea arabica* L. var.typica Cramer，解析如下：

Coffea（屬名） *arabica*（種名）L.（林奈縮寫）var.（變種）typica（鐵比卡）Cramer
（1：*Coffea*（屬名）　2：*arabica*（種名）　3：typica（鐵比卡））

Var. 為變種 variety 的縮寫， Cramer 為命名者姓氏
白話文為：咖啡屬底下，阿拉比卡種，林奈命名，其變種鐵比卡，克拉莫命名
但方便起見，常省略命名者縮寫，可簡化為：*Coffea arabica* var.typica

※拉丁文 typica 等同英文的 typical，中文意指「典型的、代表性的」，植物學家認為鐵比卡最接近阿拉比卡的原種。從學名可知，鐵比卡是阿拉比卡的代表及典型樹種，阿拉比卡麾下的無數變種或品種皆衍生自鐵比卡。學界已將鐵比卡視同阿拉比卡的代言人了，所有的基因或品種比較，均以鐵比卡為標準。

※歐人是在葉門發現咖啡樹，故以拉丁文 arabica 即「阿拉伯的」為種名，彰顯她與阿拉伯淵源。台灣和大陸慣稱為阿拉比卡，是很傳神的拉丁文音譯，很容易讓人聯想到阿拉伯葉門。

2. 波旁學名：*Coffea arabica* L.var.bourbon Rodr.Ex Choussy
   白話文為：咖啡屬底下，阿拉伯的種，林奈命名，其變種波旁，羅德與喬西共同命名
   可簡化為：*Coffea arabica* var.bourbon

Coffee Box

3. 坎尼佛拉變種羅巴斯塔學名為：
Coffea canephora Pierre ex A. Froehner var. robusta(Linden) A.Chev.1947
白話文為：咖啡屬底下，坎尼佛拉種，皮耶與佛納命名，其變種羅巴斯塔，由林登與謝瓦利耶於 1947 年命名。
可簡化為：Coffea canephora var.robusta

4. 坎尼佛拉另一變種恩干達學名為：
Coffea canephora var. nganda Haarer, 1962.
白話文為：咖啡屬底下，坎尼佛拉種，其變種恩干達，1962 年哈勒命名。

5. 肯亞知名的培育品種 SL28 和混血品種 Ruiru 11 的簡化學名為：
Coffea arabica cv. SL28（cv 為培育 cultivar 縮寫）和
Coffea arabica cv. Ruiru 11

咖啡物種最新分類

隨著咖啡物種的分類愈來愈精確，也能更清楚界定各物種間的親緣關係。1930～1950年間，法國知名植物學家奧古斯特．謝瓦利耶（Auguste Chevalier，1873～1956）在非洲埋首研究咖啡物種，1947年完成一部兩百年來最詳盡的「咖啡物種分類系統」。

他在咖啡屬下，加列四個咖啡亞屬（Coffea subgenus）：
1. 真咖啡亞屬（Eucoffea）
2. 馬達加斯加咖啡亞屬（Mascarocoffea）
3. 帕拉咖啡亞屬（Paracoffea）
4. 阿葛咖啡亞屬（Argocoffea）。

為了更明確分門別類，他又在「真咖啡亞屬」下增設5個咖啡組（sections）：

1.「紅果咖啡組」（Erythrocoffea）
2.「厚皮咖啡組」（Pachycoffea）
3.「莫三比克咖啡組」（Mozambicoffea）
4.「黑果咖啡組」（Melanocoffea）
5.「侏儒咖啡組」（Nanocoffea）。

這五組更清楚界定各原種的親緣。此一新分類與排序沿用至今。請留意「真咖啡亞屬」底下的「紅果咖啡組」，目前具有商業栽培價值的咖啡盡在其內。

表 9-8 增設咖啡亞屬與咖啡組排序表

植物界 → 被子（開花）植物門 → 雙子葉植物綱 → 龍膽目 → 茜草科（Rubiaceae）→ 咖啡屬 → 咖啡亞屬 → 咖啡組 → 原種 → 變種（品種）

表 9-9 四個咖啡亞屬與五個咖啡組排序表

植物界 → 被子（開花）植物門 → 雙子葉植物綱 → 龍膽目 → 茜草科（Rubiaceae）→ 咖啡屬 →

1. 真咖啡亞屬 41 種 → → 1. 紅果咖啡組（阿拉比卡種、坎尼佛拉、剛果等）
   → → 2. 厚皮咖啡組（賴比瑞卡種……等）
   → → 3. 莫三比克咖啡組（咖啡因低，尤更尼歐狄，蕾絲摩莎種等）
   → → 4. 黑果咖啡組（史坦諾菲雅種……等）
   → → 5. 侏儒咖啡組（觀賞用布列維普斯種……等）
2. 馬達加斯加咖啡亞屬 54 種 →（略）
3. 帕拉咖啡亞屬 8 種 →（略）
4. 阿葛咖啡亞屬 →（略）

*說明：真咖啡亞屬底下有 41 原種咖啡分布在紅果、厚皮、莫三比克、黑果和侏儒咖啡組內。其中以紅果咖啡組，最受重視，商業栽培量最大的阿拉比卡與坎尼佛拉，皆在裡面。

表 9-10 紅果咖啡組底下的重要原種與品種

紅果咖啡組	→ 阿拉比卡種（arabica species）	→ 鐵比卡、波旁等數千個變種或品種（varieties）
	→ 坎尼佛拉種（canephora species）	→ 羅巴斯塔、恩干達等變種與品種（varieties）
	→ 剛果西斯種（congensis species）	→ 夏洛提…等變種與品種（varieties）

咖啡物種知多少？

咖啡屬底下究竟有多少咖啡物種？1985植物學家勃紹德（Berthaud J.）與夏希耶（Charrier A.）等人，根據1947年謝瓦利耶以上的分類系統，再進行一次非洲鄉野調查，初步估計咖啡屬共有六十六個咖啡物種，而「真咖啡亞屬」占了二十四個原種。

但根據2006年美國知名植物學家艾隆．戴維斯（Aaron Davis）最新研究指出，咖啡屬底下已增加到一百零三個咖啡原種，其中的四十一種在西非、中非和東非的衣索匹亞發現，被歸入「真咖啡亞屬」，另有五十一種居然在東非外海，印度洋上的馬達加斯加島發現。

另有三種在馬斯卡林群島（Mascarene，波旁島隸屬此群島）找到，被歸入「馬達加斯加咖啡亞屬」。另有八種在印度發現，被歸入「帕拉咖啡亞屬」。至於原本在西非的「阿葛咖啡亞屬」似乎已滅絕了。

真咖啡亞屬商業價值高

謝瓦利耶研究西非、中非、東非和印度洋上的馬達加斯加島、馬斯卡林群島的咖啡物種，發現形態極為複雜，除了含有咖啡因的西非、中非和東非咖啡外，另有不含咖啡因的馬達加斯加咖啡，再加上地域、形態、花果顏色、構造上的區別，有必要在咖啡屬底下加設「真咖啡亞屬」、「馬達加斯加咖啡亞屬」、「帕拉咖啡亞屬」、以及「阿葛咖啡亞屬」共四大咖啡亞屬。

其中最重要的是「真咖啡亞屬」，分布區域在衣索匹亞、肯亞、蘇丹、西非和中非。顧名思義，該亞屬的經濟價值高於其他三亞屬，因此謝瓦利耶才以「真咖啡」名之。另外，阿拉比卡的父源坎尼佛拉或剛果西斯，以及母源尤更尼歐狄，均在此亞屬內。

紅果咖啡組最火紅

由於「真咖啡亞屬」很重要且較為複雜，謝瓦利耶又加以細分為「紅果咖啡組」、「厚皮咖啡組」、「莫三比克咖啡組」、「黑果咖啡組」、「侏儒咖啡組」等五大組。各組物種的形態皆不同，果子成熟後會變紅，歸入「紅果咖啡組」，包括阿拉比卡、坎尼佛拉與剛果西斯等三大原種。

果皮肥厚、樹幹高大約4～20公尺，則歸入「厚皮咖啡組」，包括賴比瑞卡、阿貝歐庫戴（*Coffea abeokutae*）等原種。

原產中非、東非和馬達加斯加島，咖啡果子較小、樹身矮且咖啡因低的形態，歸入「莫三比克咖啡組」，包括阿拉比卡的母源尤更尼歐狄，以及蕾絲摩莎（*Coffea racemosa*）等原種，幾年前巴西以蕾絲摩莎與阿拉比卡混血成功，產出半低因的阿拉摩莎（Aramosa），知名的達特莊園有栽種生產（下章詳述）。

咖啡果子呈紫黑色的物種則歸入「黑果咖啡組」，原產於西非獅子山共和國的史坦諾菲雅咖啡（*Coffea stenophylla*）是代表，她對葉鏽病有抵抗力，風味尚可，數十年前曾有試種，但要9年才可成熟結果，不符經濟效益而被棄種。

最後是矮小的侏儒咖啡，歸入「侏儒咖啡組」可供園藝觀賞用，*Coffea Humilis*與*Coffea togoensis*為代表物種。

以上五組中，以「紅果咖啡組」最火紅，因為裡面的阿拉比卡、坎尼佛拉和剛果，三大原種最具商業價值。

阿拉比卡最吃香

阿拉比卡種底下的鐵比卡、波旁、卡杜拉等數千個親緣最近的品種均在「紅果咖啡組」。雖然黃波旁與橘波旁的果皮不是紅色，卻是由紅波旁變種而來。阿拉比卡是咖啡屬裡的怪胎，是唯一的四套染色體（4n＝44）和自花授粉的物種。含有最豐富的前驅芳香物，高占全球咖啡產銷量六至七成。

坎尼佛拉兩大形態

1857年英國探險家李察．波頓（Richard Burton）以及約翰．史畢克（John Speake）在烏干達的維多莉亞湖畔發現一種有別於阿拉比卡形態的咖啡樹，但並未命名，1897年植物學家在西非加彭發現新形態咖啡樹，取名為*Coffea canephora*，1898年中非剛果發現一種強壯且風味更濃烈的咖啡，比利時一家園藝公司取名為*Coffea robusta*，經專家鑑定，robusta是canephora的一個變種，因此學名為*Coffea canephora var. robusta*。

坎尼佛拉的商業價值次於阿拉比卡，坎尼佛拉底下的品種有兩大型態：

其一為「羅巴斯塔」，主產於中非烏干達、剛果，是坎尼佛拉的典型品種，產量高占全球坎尼佛拉種的90%，因此業界常以羅巴斯塔代表坎尼佛拉。

另一型態為「恩干達」（nganda）主產於烏干達，樹體、豆粒稍小，抗病力不如羅巴斯塔。學名為*Coffea canephora var. nganda*。

羅巴斯塔的樹身、葉片、紋路高大粗獷，一般豆粒也較大，且抗病力最佳，是坎尼佛拉種底下最受歡迎的品種。羅巴斯塔在西非剛果與加彭，常稱為庫威洛（Kouilou）。學名為*Coffea canephora var. kouilou*或*Coffea canephora var. robusta*。

兩套染色體（2n＝22）的坎尼佛拉以異花授粉繁殖，因此品種形態遠較阿拉比卡龐雜也更強壯。基本上，坎尼佛拉的雜苦味重，不若阿拉比卡優雅。不過，印度和印尼亦有精品級的羅巴斯塔，栽種海拔約1,000公尺，甚至更高，全採精緻水洗，呵護之情，較之阿拉比卡有過之無不及。精品羅巴斯塔喝來像麥茶或玄米茶，亦有股奶油花生的香氣，低酸無嗆苦味，但咖啡因仍高，喝多了會頭痛。

剛果咖啡亦有栽培價值

印度近年以紅果咖啡組的另一成員剛果西斯，與羅巴斯塔雜交成功，也就是Congensis × Robusta，甜感佳亦有股花生香，低酸，適合做濃縮咖啡。剛果咖啡與羅巴斯塔很可能是阿拉比卡的父源，近來備受重視。

馬達加斯加亞屬，低因卻苦口

在「真咖啡亞屬」之外，另一個漸受重視的是「馬達加斯加咖啡亞屬」。令科學家吃驚的是，目前所知的一百零三個咖啡原種中，有54種是在東非外海的馬達加斯加列島發現，換言之，咖啡物種超過衣索匹亞、西非和中非的總合。

馬達加斯加亞屬最大特色是幾乎不含咖啡因，但苦味特重難以入口，至今仍無商業栽培價值。該亞屬常見諸學術報告的物種包括*C. kianjavatensis, C. lancifolia, C. mauritiana, C. macrocarpa* and *C. myrtifolia*等，均為天然低因咖啡的樹種。

十多年前科學家曾以「馬達加斯加咖啡亞屬」的低咖啡因物種與「真咖啡亞屬」裡的阿拉比卡混血，試圖打造出風味優雅又低因的明日之星，但血緣橫跨兩個亞屬差距太大，出現無法繁衍的生殖隔離，終告失敗。巴西科學家近年改以血緣較近，同為「真咖啡亞屬」的阿拉比卡種與蕾絲摩莎種混血，成功培育出咖啡因較低的品種。由此可見「咖啡物種分類系統」的重要性。

另兩個亞屬「帕拉咖啡亞屬」和「阿葛咖啡亞屬」較不重要，前者主要分布於印度、斯里蘭卡乾燥貧瘠地區，風味粗俗無商業價值，後者阿葛咖啡主要分布於西非，似乎已絕跡了。

半低因咖啡的種馬

「真咖啡亞屬」旗下的「紅果咖啡組」與「莫三鼻克咖啡組」，近年成為植物學家培育半低因咖啡的取種倉庫，因為「紅果咖啡組」的阿拉比卡種，味譜最乾淨優雅，而「莫三鼻克咖啡組」的蕾絲摩莎與尤更尼歐狄，咖啡因含量只有阿拉比卡之半，味譜也不差。

更重要的是，兩組咖啡物種的血緣與基因差異，不致太懸殊，混血成功機會較大，是打造半低因咖啡的熱門「種馬」，相關研究被列為商業機密。如何種出低因又美味的咖啡，已成為各產國提高競爭力的利器。

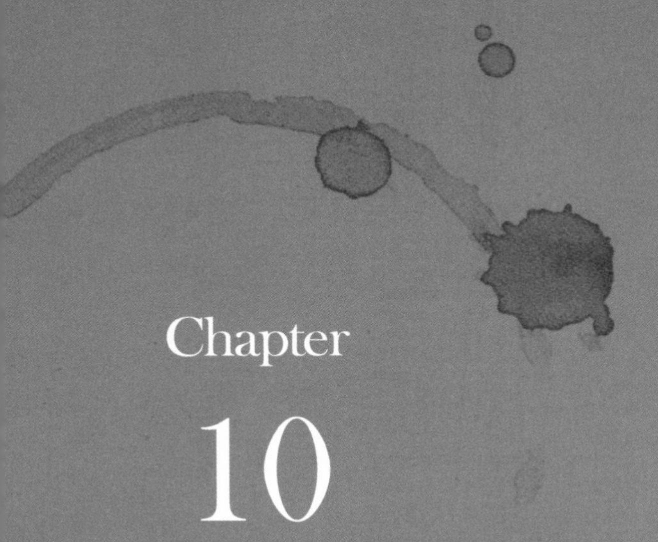

Chapter

10

1300年的阿拉比卡大觀（下）

鐵比卡、波旁……古今品種點將錄

一千三百年前的七世紀，阿拉比卡旗下古優品種—鐵比卡與波旁，從衣索匹亞傳抵葉門。十七世紀後，透過荷蘭、法國、英國、葡萄牙和西班牙等殖民帝國力量，開枝散葉到亞洲、中南美洲、大洋洲和東非，或變種或混血，生成許多咖啡栽培史上的經典品種。

不過，本章僅介紹「新世界」最代表性的咖啡品種，不包括「舊世界」。因為阿拉比卡故鄉衣索匹亞至少有二千五百個品種，極為龐雜，至今歐美學術界仍無從分門別類！

古今咖啡英雄榜

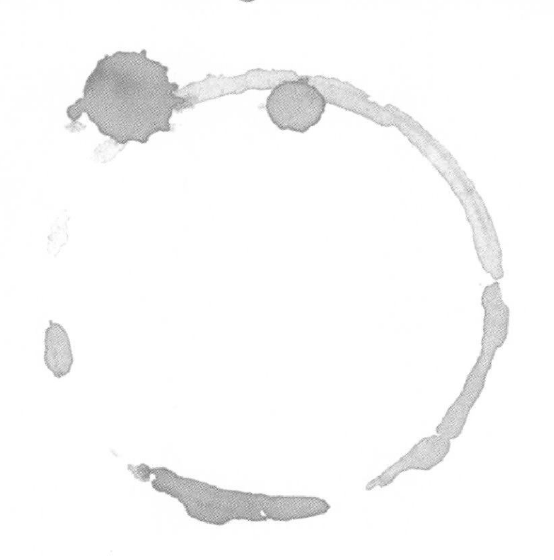

鐵比卡與波旁這兩大古老品種在新世界不同水土，繁衍淬煉三百年，產出名堂萬千的變種與混血品種。筆者歸類為「鐵比卡系列」、「波旁系列」、「種內混血」（Intraspecific Hybrid）與「種間混血」（Interspecific Hybrid）系列。

所謂的種內混血，即同種混血，也就是同為阿拉比卡麾下的品種，混血產出的新品種。至於種間混血，即異種或跨種混血，也就是阿拉比卡與坎尼佛拉、賴比瑞卡、剛果或蕾絲摩莎等異種混血，產出的新品種。惡名昭彰的抗病品種卡帝汶與初試啼聲的半低因咖啡阿拉摩莎，皆是跨種雜交的傑作。

從咖啡品種的血統來認識古今咖啡名種，雖然是非常新的歸類方式，但卻是相當有效，也最科學的歸納法。

鐵比卡系列

Typica

茜草科 ➤ 咖啡屬 ➤ 真咖啡亞屬 ➤ 紅果咖啡組 ➤ 阿拉比卡種 ➤ 鐵比卡品種

♦ 外觀：瘦高 ♦ 產果量：低 ♦ 頂端嫩葉：紅褐色 ♦ 風味：均衡優雅 ♦ 抗病力：差

鐵比卡是拉丁文Typica的中文音譯，意指典型的，它是阿拉比卡種的代表型或標準型品種，也是最早從葉門移植印度、印尼和中南美，遍地開花的品種，與稍後的波旁並列為兩大古老又美味品種。

1690至1699年，荷蘭人將印度西南部的馬拉巴以及錫蘭的鐵比卡移植到印尼爪哇，開啟印尼咖啡栽植業。1706年荷蘭人又移植爪哇鐵比卡至阿姆斯特丹暖房，1715年又移植到法王路易14的凡爾賽宮暖房，1723年，法國軍官狄克魯千辛萬苦移植到加勒比海的法屬馬丁尼克島，鐵比卡終於擴散到新世界。（詳參第9章鐵比卡擴散路徑）

鐵比卡咖啡樹的頂端嫩葉為紅褐色而非青綠色，葉子較狹長，分枝長而鬆散，與主幹成60～70度角，幾乎和主幹成90度垂直狀，枝葉下垂，樹體的錐狀輪廓明顯，且樹枝節間距離較長，因此產果量不多。

古老鐵比卡的特色是豆粒較大且豆身較尖長，但移植到新世界亦衍生許多不同形態，也有較橢圓與小粒的鐵比卡。研究指出，鐵比卡的豆寬，80%超出6.75毫米也就是大於17目，反觀波旁豆只有65%超出17目。

味譜溫和柔順

鐵比卡咖啡豆的酸甜苦鹹滋味非常平衡，溫和柔順是最大特色，但有時太平衡反而少了個性美。鐵比卡的酸香味，基本上不若波旁刁鑽多變，蠻適合怕酸族，但鐵比卡栽植海拔低於1,000公尺或溫度太高，容易有木屑味。荷蘭、印度和印尼對鐵比卡擴散，貢獻最大。

抗病力差且產能低

這是最大缺點，產量甚至比波旁還低30%。巴西早初以鐵比卡為主力，但體弱多病、產果量少，在經濟效益考量下，於1860年引進產量較高的波旁，全面汰換鐵比卡。1950年以後，鐵比卡在中南美產國逐漸被產能較高的波旁、卡杜拉或卡杜阿伊取代，但牙買加藍山、夏威夷柯娜、多明尼加、古巴和台灣等海島型，以及印度馬拉巴、印尼蘇拉維西托拉賈、墨西哥、秘魯和玻利維亞的精品豆，至今仍以鐵比卡口碑最佳。

鐵比卡變種

秘魯和玻利維亞等中南美國家稱鐵比卡為Criolla，印尼稱為Bergendal，這些都是Typica同義語。鐵比卡基因突變的品種不少，影響到樹的高矮、果皮顏色、豆粒大小和抗病力強弱。以下是鐵比卡重要變種與栽培品種：

- **象豆(Maragogype)：**1870年在巴西東北部帕西亞州（Bahia）的瑪拉哥吉培（Maragogype）發現的鐵比卡變種，豆粒雄壯威武，是一般咖啡豆三倍大。海拔1,000公尺以上的象豆風味較優雅乾淨，水果調明顯，酸味剔透；但海拔600至900的象豆就常有不淨的雜味。巴西、哥倫比亞、瓜地馬拉、尼加拉瓜、薩爾瓦多均有少量栽植。象豆產果量少、豆粒碩大，為後製處理增加麻煩，因此栽種國不多。

- **侏儒鐵比卡：**有大就有小，侏儒鐵比卡相當罕見，原生於衣索匹亞，樹矮葉小，豆粒玲瓏可愛，迥異於一般鐵比卡長身豆。十九世紀荷蘭移植到蘇拉維西，為數不多但風味比蘇拉維西知名的Toraja更香醇甜蜜，果酸柔順，帶有茉莉花香，極似衣索匹亞耶加雪菲的豆貌和韻味。碧利烘焙廠的招牌咖啡印尼之星，就屬此稀世品種，年產量幾乎全被歐洲精品業買斷，但近年品質下滑，原因不明。侏儒鐵比卡與中南美常見的風味平庸矮種鐵比卡：帕切（Pache）和聖雷蒙（San Ramon）基因型態不同，因而更為珍稀，目前只存活在衣索匹亞和印尼的蘇拉維西深山裡。

・**柯娜鐵比卡(Kona Typica)：**夏威夷大島的鐵比卡來自瓜地馬拉，由於大島位於北緯20度的亞熱帶，溫度較涼爽，加上肥沃火山岩土質，雖然栽植海拔只有數百公尺，卻孕育出乾淨的酸香和甜感，比起海拔更高的藍山鐵比卡有過之無不及。不過，大島的咖啡農近年也引進卡杜拉和波旁品種，呈現的酸質優於傳統鐵比卡，嗜酸族將有更多選擇。鐵比卡獨霸柯娜的局面，面臨挑戰。

・**藍山鐵比卡(Blue Mountain Typica)：**1720年法國海軍軍官狄克魯，千辛萬苦將鐵比卡樹苗護送至加勒比海的馬丁尼克島，1725年牙買加的英國總督從馬丁尼克島移植7,000株鐵比卡苗到牙買加藍山。經兩百多年馴化，藍山鐵比卡進化出較佳的抗病力，尤其對爛果病（Coffee berry disease）的抵抗力優於一般鐵比卡。二十世紀中葉以後，曾移植到巴布亞新幾內亞、肯亞甚至蘇拉維西，試圖複製藍山咖啡清甜幽香的特質，但似乎水土不服，狀況不佳。藍山鐵比卡跨出牙買加樂土，好像不靈光了，台灣亦有人栽種，豆粒肥大，但有股土腥味。不過，2011年3月，碧利烘焙廠黃董事長從印尼帶回的印尼藍山，我試杯後，覺得味譜比牙買加藍山厚實，酸味較低，有印尼的地域之味，不錯喝。

・**肯特(Kent)：**英國人對印度咖啡育種，貢獻很大，1918～1920年間，英國園藝家肯特（L.P.Kents），在印度卡納塔卡省篩選出抵抗葉鏽病的鐵比卡變種Kent，風味不差，產果量亦多，1940～1950年代廣受歡迎，曾移植到肯亞改良品種。但葉鏽病的真菌也進化出其它變種，使得肯特無用武之地，因而失寵。印度至今仍有不少改良品種身懷肯特血緣，純種肯特在印度不多見，但澳洲、肯亞仍有商業栽種。

- **K7：**這是法國傳教士在肯亞培育的抗旱鐵比卡變種，對某些真菌造成的葉鏽病有抗力，最適合低海拔災情嚴重地區種植，每公頃可產2公噸生豆，咖啡品質不差，但在肯亞卻敵不過酸香濃郁的SL28和SL34。K7反而在乾旱的澳洲很受歡迎，雲南也有商業栽植。

- **黃皮波圖卡圖（Amerelo de Botucatu）：**這是最早在印度發現的鐵比卡變種，成熟後果色變黃，產果量稀少，目前在巴西少量栽種。可別小看她的能耐，巴西杯測賽常勝軍黃波旁，就是黃皮波圖卡圖與紅皮波旁的混血品種。

波旁系列

Bourbon vermelho

茜草科 ➤ 咖啡屬 ➤ 真咖啡亞屬 ➤ 紅果咖啡組 ➤ 阿拉比卡種 ➤ 波旁品種

♦ 外觀：中高 ♦ 產果量：不多 ♦ 頂端嫩葉：綠色 ♦ 風味：酸質優 ♦ 抗病力：差

紅波旁（Bourbon vermelho）是繼鐵比卡之後，第二個在中南美遍地開花的品種（詳參9章波旁擴散路徑），兩品種的節間較長，產果量不多，並列為風味優雅，需有遮蔭樹的古老品種。波旁的樹貌較鐵比卡「苗條」，樹枝與主幹成45度仰角，不像鐵比卡那麼的水平狀，但產果的枝葉末端亦會下垂，樹體的錐狀輪廓不如鐵比卡明顯。

另外，波旁的嫩葉是綠色，而非鐵比卡的紅褐色，而且波旁的葉子較鐵比卡寬大，葉緣常有波浪狀，很容易辨識。兩者豆貌明顯有別，波旁豆身較鐵比卡更短圓，顆粒較小。法國和巴西對波旁的擴散，貢獻卓著。

酸香厚實多變

波旁的莓果酸香味較鐵比卡厚實，奶油與香杉味也較鐵比卡明顯，基本上波旁的味譜振幅大於鐵比卡，酸香味較強是杯測界的共識，波旁挺適合嗜酸族，但波旁在亞洲並不多見，這與早期擴散路徑有關。

有趣的是，台灣咖啡族較怕酸，因此偏愛較溫和的鐵比卡，難怪印尼曼特寧和牙買加藍山在台灣很受歡迎，反觀歐美較偏愛酸香水果調，因此肯亞的國寶品種：波旁嫡系S28與S34，成為搶手貨。

波旁變種介紹

波旁也有很多變種，包括體形正常的波旁，也有矮株波旁，但卻沒有令人眼界大開的龐然巨種。波旁豆形較小，但尖酸潑辣度，更甚鐵比卡，兩者相映成趣。雖然波旁的酸香調，在台灣比較不吃香，但我統計近年SCAA或CoE杯測賽的優勝名單中，亦以波旁系列居多。以下為較常見的波旁變種：

薩爾瓦多波旁（Tekisic）

薩國以波旁為主力，1949年薩爾瓦多咖啡研究所（Instituto Salvadoreño de Investigaciones del Café，簡稱 ISIC）選拔美味的波旁品種，經過多年努力，於1977年釋出這支產果量低，卻超美味的改良波旁，取名為Tekisic，此名有意思，是由「tekiti」和「isic」組合而成，前一字根據薩國西部原住民的納瓦特語（Nahuat），是指「傑作」，後一字則是「薩爾瓦多咖啡研究所」的縮寫，合起來成了「薩爾瓦多咖啡研究所傑作」，頗有紀念價值，又名薩爾瓦多改良波旁，焦糖味比一般波旁濃烈，而且水果調的酸質迷人，是最大特色，深受薩國農民喜愛。

但此改良品種的節間距離較長，產果量少，豆形也比一般波旁更玲瓏。瓜地馬拉與宏都拉斯也引進此品種，與其她品種混合栽種，以提升混合豆的整體風味。但少見大量栽種，可能與產果量少，成本高有關。

卡杜拉

Caturra的葡萄牙語指矮小，也就是侏儒之意。卡杜拉是1935年在巴西發現的「綠頂」矮種波旁，葉片蠟質明顯，樹技的節間距離很短，果實成串，產量每公頃至少比波旁高出200公斤。可採遮蔭式或曝曬式密集栽培，且抗病力亦優於波旁，屬高產能品種，但似乎不太適應巴西低海拔水土與栽培方式，在巴西容易結果太多而枯死。不過，卡杜拉移植到哥倫比亞、哥斯大黎加等高海拔地區，如魚得水，意氣風發，一舉取代鐵比卡與波旁兩大古老品種，是目前「新世界」質量兼備的重要品種。

卡杜拉需要大量施肥與用心照料，才能結出好咖啡，栽植海拔愈高產量愈低，但品質愈佳。巴西「超凡杯」大賽前二十名幾乎見不到卡杜拉身影，但卡杜拉幾乎包辦哥倫比亞、哥斯大黎加和尼加拉瓜杯測賽大獎，耐人玩味，這顯然與水土有關。

卡杜拉繼承波旁明亮果酸，在海拔1,000～1,200公尺的中度海拔，風味優於波旁；但在1,500以上的高海拔，卡杜拉風味與酸質就不如波旁豐富。換言之，以中南美而言，波旁的優雅味譜必須在1,500公尺以上的高海拔才能呈現出來，到了中低海拔，波旁就不是卡杜拉的對手。卡杜拉亦有黃皮的變種。

帕卡斯 (Pacas)

這是矮種波旁的另一形態，1950年左右在薩爾瓦多聖塔安娜(Santa Ana)產區，名叫帕卡斯的農人在咖啡園發現的變種矮株波旁，樹高比卡杜拉更矮且更結實。帕卡斯的節間很短，屬於高產能品種，但風味亦佳，抗旱又耐風，且栽種海拔不必太高，600～1000公尺即可成長良好，因此逐漸取代產果量較低的薩爾瓦多波旁。帕卡斯風味不俗，亦曾打進「超凡杯」大賽前十名。帕卡斯也是近年火紅的混血品種帕卡瑪拉的爹娘之一。

但亦有學者認為帕卡斯可能不是波旁的變種，而是是波旁與卡杜拉的混血，目前仍有爭議。

薇拉洛柏 (Villa Lobos)

這在哥斯大黎加知名咖啡家族薇拉洛柏(Rodrigues Villalobos)的莊園發現，因而得名，屬於半矮身波旁變種，特色是果實比一般鐵比卡或波旁更耐強風，不易被吹落，對貧瘠土質適應力強，產果量不低，果酸味也更溫順，焦糖香氣凸出，是精品界後起之秀。

過去，歐美很多專家誤認薇拉洛柏是矮種鐵比卡，但近年在基因指紋鑑定下，確認是波旁的變種。研究還發現薇拉洛柏與薇拉莎奇、「波旁尖身」以及摩卡的遺傳距離很近，屬於近親。

薇拉莎奇 (Villa Sarchi)

這也是矮種波旁。1950年代，哥斯大黎加西部山谷的莎奇村(Sarchi)發現的波旁變種矮株咖啡樹，故以發現地為名。薇拉莎奇的特質類似波旁，最適合高海拔有機栽培，果酸活潑有勁，焦糖味明顯，產量不多卻常得獎，後勢看俏。

波旁尖身

1810年在法屬波旁島發現的波旁矮株，但她與卡杜拉、帕卡斯、薇拉洛柏和薇拉莎奇截然不同，豆貌並非波旁慣有的短圓形，而是尖瘦狀，其貌不揚，很容易看走眼，誤以為是發育不良的瑕疵豆。她的產果量是波旁變種矮株系列最低者，體弱多病，生產成本之高，可想而知。另一特色是咖啡因只有一般阿拉比卡一半，可謂天然半低因咖啡，味譜優美，帶有中國荔枝和柑橘的清香雅韻，古今多少文人政要為之神迷，是當今最昂貴的咖啡。

摩卡（Mokka）

葉門摩卡的樹身矮小，咖啡豆也玲瓏可愛，一般認為是波旁的變種，咖啡因較低，約占豆重0.9%～1.1%。最近學術界發覺摩卡與「波旁尖身」的遺傳距離很近，均屬矮株且咖啡因較低的品種。夏威夷研究單位以摩卡與鐵比卡雜交，產出混血摩卡，樹株較高，栽種在夏威夷的可愛島（Kauai）、歐胡島（Oahu）、莫洛凱島（Molokai）和茂宜島（Maui），近年也出現在夏威夷杯測賽的優勝名單內，與柯娜鐵比卡互別苗頭。

SL28

1930～1940年間，肯亞的史考特實驗室(Scott Laboratories)植物學家從法國傳教會(French Mission)培養的抗旱波旁品種、坦桑尼亞的坦干伊克湖周邊耐旱波旁，以及葉門鐵比卡幾個品種中，篩選抗病力強，產能高又耐旱的新品種，並進行混血，無意中培育出莓果味超濃的品種，並冠上該實驗室的英文縮寫SL，而28是選拔的序號，一般簡稱為S28。

「SL28」的頂端嫩葉多半為綠色，但少數為銅褐色，可能和她身懷波旁與鐵比卡基因有關，嚴格來說應該是幾個不同品種的「種內混血」，但業界仍以波旁嫡系視之。SL28產果量不算低，每公頃約產1.8噸生豆，抗病力很低，但活潑豪華的莓果酸質與甜感，迷倒眾生，成為肯亞咖啡代表作。如果拿肯亞SL28與巴西黃波旁、新世界和牙買加藍山一起杯測，SL28華麗的味譜與厚實度，很容易一枝獨秀，脫穎而出，睥睨其他對比豆。

此混血品種似乎很適應肯亞高磷酸土質以及曝曬式栽培，但移植到其他國家就不太靈光，除了薩爾瓦有不錯的SL28外，海外並不多見。肯亞的史考特實驗室已更名為國家農業研究實驗室（NARL）。

SL34

這也出自史考特實驗室，稱得上SL28的「學弟」，兩者並列為肯亞主力品種，每公頃約產1.35噸生豆。SL34頂端嫩葉古銅色比SL28明顯，亦有鐵比卡血統，但業界習慣將該實驗室的育種視為波旁系列。風味近似SL28，甜感佳但莓香味稍淡，SL28耐旱但SL34耐潮，適合栽於中高海拔的多雨區。

種內混血系列：阿拉比卡配阿拉比卡

同屬阿拉比卡底下的不同品種，自然混血，稱為種內混血（Intraspecific Hybird）（註1）。阿拉比卡以同株的自花授粉為常態，異株的異花授粉為反常，但不表示無法進行異花授粉，只是風險高，成功機率較低。研究發現阿拉比卡即使同一品種的異花授粉，譬如鐵比卡與鐵比卡，常因異株花朵的賀爾蒙刺激，容易結出較多的瑕疵果子。至於不同品種的異花授粉，即種內混血，譬如鐵比卡與波旁，成功機率會比前者更低，但千百年來阿拉比卡出現許多渾然天成的種內混血新品種如下：

中美洲藝伎（Geisha Central America）

泛指哥斯大黎加、巴拿馬、瓜地馬拉、尼加拉瓜和哥倫比亞栽種的藝伎。早在半世紀前，先從坦桑尼亞移植到哥斯大黎加，1963年唐・巴契（Don Pachi Serracin）又從哥斯大黎加移植到巴拿馬，2007年，再從巴拿馬傳抵哥倫比亞。然而，最早引進的哥斯大黎加，並未撈到多大好處，反倒是巴拿馬後發先至，出盡風頭。我想這可能和哥斯大黎加與巴拿馬，兩國藝伎的形態不同，有絕對關係，如第7章所述，哥斯大黎加藝伎，豆貌較為短圓，有點像肯亞的S28，而巴拿馬藝伎較為肥大尖長，且味譜更優美。

註1：異花授粉對雌雄同株自花授粉的阿拉比卡並非常態，卻可增加基因龐雜度。阿拉比卡種內混血，需靠非本性的異花授粉，還需天時地利配合才成，因此成功率不高，這涉及到兩株樹的距離不能太遠，兩品種開花周期一致，且基因結構不致排斥等諸多變因。

難道1963年唐．巴契從哥斯大黎加引進藝伎到巴拿馬後，又在自然力催化下，與其她阿拉比卡發生種內混血，而出現豆貌與風味迥異的新藝伎？巴拿馬有機農藝專家，同時也是藝伎達人馬利歐．塞拉欽博士（Dr. Mario Serracin，唐．巴契的兒子）對此提出一針見血的看法，他說：「巴拿馬藝伎極可能是透過異花授粉，從衣索匹亞原生藝伎自我進化成中美洲新品種。異花授粉對阿拉比卡雖不是常態，但自然力總有辦法創造混血新品種，提升基因多態性。」

衣索匹亞金瑪農業研究中心的咖啡育種專家巴葉塔．貝拉丘博士（Dr. Bayetta Bellachew）表示：「阿拉比卡異花授粉的成功率較低，必須看兩樹株的距離是否夠近，彼此花期是否一致，基因結構不排斥等諸多條件配合才成。」兩國專家均不排除巴拿馬藝伎很可能是種內混血的進化品種。

中美洲咖啡農認為藝伎有兩個形態，一是頂端嫩葉為綠色，此形態的咖啡果成熟較慢；二是古銅色嫩葉，咖啡果成熟較快。貝拉丘博士解釋說，這是因為藝伎屬於雜合型（heterozygous）品種，即使同株咖啡也會有不同的基因組成，因此藝伎有綠頂與紅頂之別。一般咖啡品種為純合型（homozygous），譬如波旁為綠頂，鐵比卡為紅頂。藝伎雖為雜合型的「紅綠郎君」，但兩者的基因有別，論及風味，則以綠頂較優，巴拿馬翡翠莊園以及移植到哥倫比亞的冠軍藝伎，皆為「綠頂尖身」形態。

就我觀察，中美洲藝伎何止紅頂與綠頂兩種形態而已，連豆貌也有三大類，一為豆寬17目以上，尖長肥碩，比衣索匹亞的長身豆更為壯碩，巴拿馬、哥倫比亞藝伎均屬於此類，第二類的豆貌也呈尖長狀但豆粒明顯較小，瓜地馬拉即屬此類，但藝伎風味不如第一類凸出。第三類的豆貌神似肯亞S28，較為短圓寬厚，哥斯大黎加藝伎屬於此類，堪稱清淡版的藝伎味。

在SCAA「年度最佳咖啡」及「巴拿馬最佳咖啡」稱王奪冠的藝伎，全屬於第一類。至於哥斯大黎加和瓜地馬拉藝伎，雖然仍有橘香蜜味的藝伎韻，但強度較弱，難怪至今無緣奪冠。咖啡迷採購時務必留意藝伎不同形態的天機。

衣索匹亞藝伎（Geisha Ethiopia）

不要忘了「新世界」藝伎，皆源自「舊世界」。衣索匹亞到底有多少藝伎品種，無人知曉。如果說衣索匹亞西南部Geisha Mountain原始咖啡森林裡的咖啡品種，都可以稱為藝伎的話，那麼衣國可多了。第5章談到的Variety75227，早已是衣國主力品種之一，衣國專家認為她可能是1931年移植出國的抗病品種，輾轉成為今日的中美洲藝伎，但Variety75227的風味普普，很難與巴拿馬翡翠藝伎爭鋒，要不然早就傾銷歐美，平抑物價了。

但衣國當局仍不死心，目前在咖法森林西部的鐵比（Teppi）國營栽植場試種另一形態的藝伎，頂端嫩葉有古銅色與青綠色兩種，豆貌較翡翠藝伎更短圓，而且節間也較短，屬高產品種。但試杯後，一般認為風味遠不如翡翠藝伎。

最新消息是，衣國知名咖啡投資家兼出口商泰德・阿布拉哈（Tadele Abraha），09年宣稱已在Geisha Mountain的瑪吉（Maji）發現味譜優美又能抵抗咖啡果病的野生品種，但他並未送到鐵比栽植場，因為擔心那裡的海拔只有1200公尺，無助千香萬味的養成，改而在咖法森林海拔1800公尺的邦加咖啡森林（Bonga），開闢一塊栽植場，預計三年後收成，歐美咖啡專家無不引頸企盼，衣國早日種出風味媲美翡翠藝伎的稀世絕品。

1965年聯合國糧農組織人員，冒險考察衣國西南部咖法森林的Geisha Mountain，採集一些抗病的阿拉比卡種原，但山路險峻，收獲不豐，後來當地政府補送若干野生品種，均來自該山區人跡罕至的Maji、Tui、Barda、Beru和Giaba，這些種子也分送到肯亞與中南美學術機構保育或研究，但並未流出，因此，一般相信今日的巴拿馬或哥倫比亞「綠頂尖身」藝伎，應該和1931年英國公使採集的種源有血緣關係。

巴拿馬翡翠藝伎，如果沒有衣索匹亞橘香蜜味基因的打底，也不可能和中美洲咖啡混血，產出驚世奇香。阿拉比卡的基因倉庫衣索匹亞，深藏許多尚未被發現的美味品種，以上所舉Variety75227、Geisha Teppi、Geisha Maji只是目前有案可考的衣國藝伎，我大膽預言，衣國不可能讓「新世界」專美於前，近年內應該會培育一支能與翡翠藝伎爭香鬥醇的「舊世界」藝伎。

上述三支衣索匹亞藝伎的血緣資料不詳，究竟是變種、栽培品種或種內混血，無從得知，但我為了與中美洲藝伎做對照，方便讀者比較，故歸入種內混血系列。

有趣的是，瓜地馬拉知名的接枝莊園，近年引進衣索匹亞藝伎試種成功，並在2011年6月，自辦一場國際拍賣會，以每磅70美元成交，買家是日本銀座有名的Royal Crystal Café，成交價還高過接枝莊園的中美洲藝伎。然而，接枝莊園的衣索匹亞藝伎究竟是Variety75227、Geisha Teppi、Geisha Maji或是其品種，仍不清楚。新舊世界的藝伎英雌，勢必爭霸對決，好戲在後頭！

黃波旁（Bourbon Amarelo）

1930年巴西在聖保羅產區，發現紅波旁與鐵比卡變種黃皮波圖卡圖（Amerelo de Botucatu × Bourbon vermelho）自然混血，再經聖保羅州坎皮納斯的農業研究院育種，1952分送給農民栽植。黃波旁似乎比紅波旁更適應巴西水土與氣候，產果量也比一般紅波旁多出40%，酸甜味也優於紅波旁，是近年來巴西火紅品種，幾乎囊括巴西年度「超凡杯」大賽前五名，成了巴西精品豆的代名詞。但要注意的是，黃波旁獨鍾巴西水土，卻很少在別國的CoE大賽奪魁，也不曾打進SCAA杯測賽金榜。

新世界 (Mundo Novo)

1931年巴西聖保羅產區篩選品種時，發現紅波旁與蘇門答臘鐵比卡自然混血品種（SumatraTypica × Bourbon vermelho），樹高體健，產果量比紅波旁多出30%～70%，更高出鐵比卡100%～240%。且咖啡風味不差，果酸較低，為巴西咖啡帶來新希望，故以新世界名之。1950年後已取代波旁，成為巴西產量最大的主力品種，巴西40%咖啡田種植新世界。該混血品種偶爾也出現在「超凡杯」得獎名單內，算是有量也有質的品種。但杯測界認為新世界風味較沈悶不夠明亮、酸味和甜度較低，除了巴西外，並不多見。巴西著名的大宗商用豆桑多士（Santos），多半出自此高產品種，而非昔日的老波旁。

卡杜阿伊 (Catuai)

1950年巴西以黃皮卡杜拉與新世界（Caturra Amarelo × Mundo Novo）混血產出的矮種咖啡樹，頂端嫩葉為古銅色，樹枝節間很短。產果量多，比卡拉杜多出20%～30%，且耐寒抗風，果子不易被強風吹落。樹身矮方便採收，深受中南美農民歡迎，是巴西產量第二大的主力品種。此品種亦有紅皮和黃皮之別，一般認為黃皮卡杜阿伊雜味稍重，不如紅皮乾淨。卡杜阿伊近年在中南美「超凡杯」大賽，捷報頻傳，頗有漸入佳境之勢。

阿凱亞 (Acaia)

可稱為新世界改良品種，即新世界再與紅波旁回交（Mundo Novo ×Bourbon vermelho）風味優於新世界，豆粒也較大，近年常出現在「超凡杯」優勝榜內，遠景佳。

帕卡瑪拉 (Pacamara)

1950～1960年間，薩爾瓦多研究人員以帕卡斯和象豆配種（Pacas × Maragogype），直到2004年在「超凡杯」初試啼聲，揚名天下。多變的水果香酸和甜感，折服全球杯測師，這2～3年頻頻擊敗波旁大軍，拿下薩爾瓦多、瓜地馬拉「超凡杯」賽事冠軍。瓜國「接枝莊園」所產帕卡瑪拉，08年曾創下每磅生豆80.2美元高貴身價。雖然產量低但風味變化莫測。

此豆得自象豆遺傳，豆體起碼有象豆70%～80%大，17目以上達100%，18目以上亦達90%，就連小圓豆比例也高達12%。豆長平均1.03公分（一般豆約0.80～0.85公分），豆寬平均0.71公分（一般豆約0.60～0.65公分），厚度亦達0.37公分，賣相極佳。最大特色是酸味活潑刁鑽，時而有餅乾香，時而有水果味，厚實度與油脂感佳，適合嗜酸族，整體風味遠優於象豆。

瑪拉卡杜拉 (Maracaturra)

這是有趣的組合，象豆配卡杜拉（Maragogype × Caturra）是瓜地馬拉的傑作。這款怪胎豆拿下2008年瓜地馬拉「超凡杯」第四名，一鳴驚人。無獨有偶，2009年尼加拉瓜「超凡杯」，瑪拉卡杜拉擊潰卡杜拉大軍，奪下冠軍，此新品種的美味度受到更高肯定，它繼承象豆豐富的水果味和卡杜拉優雅的酸質，稠度極佳，花香濃，甜味夠，很性感的風味。這又是象豆混血青出於藍的實例，後勢看俏。

巨種瑪拉卡帕卡瑪拉 (Maracapacamara)

咖啡奇聞莫此為甚！瑪拉卡帕卡瑪拉是象豆與帕卡瑪拉混血新品種（Maragogype × Pacamara），每顆生豆重達11公克，是當今最巨大的咖啡，泡1杯咖啡只需1～2顆就夠，產量極稀，筆者尚未鑑賞過，無法置評。這種巨無霸咖啡豆，不論烘焙與研磨都是大問題。烘得熟嗎？研磨前要先敲碎再入磨豆機嗎？是超有趣的巨種。

種間混血系列：阿拉比卡配非阿拉比卡

阿拉比卡與非阿拉比卡的雜交混血，叫做種間混血（Interspecific Hybrid）也就是異種間的混血，由於染色體數目不同，造成生殖隔離，成功繁衍的機率遠低於上述種內混血。不過，萬能的大地之母，數百年來創造出不少阿拉比卡與羅巴斯塔或賴比瑞卡雜交新品種，並產下有生育力，穩定成長的後代，這些混血品種不但產果量高於阿拉比卡，就連葉鏽病抵抗能力也提高。但缺點是風味粗俗。科學家為了洗刷跨種混血的惡味，不斷與優雅的阿拉比卡多代回交，逐代降低羅巴斯塔或賴比瑞卡的雜味，成果不錯，後勢看俏。

帝汶混血品種（Hibrido de Timor）

羅巴斯塔屬於二倍體，染色體22條，素以抗病力強，產量高但風味粗俗著稱。阿拉比卡為四倍體，染色體44條，素以體弱多病，產量低風味優雅出名。兩者分屬不同物種，混血產下有生殖力的品種，機率極微，但帝汶就出現了此怪胎品種。（註2）

註2：1950～1960年間，葡萄牙植物學家鐸利維拉博士（Dr. D'Oliveira）在屬地帝汶發現阿拉比卡與羅巴斯塔天然雜交且有生育力的穩定品種，取名為帝汶混血品種Hibrido de Timor或Timor Hybrid。經基因鑑定後發現她的染色體數竟然與阿拉比卡同為44條，而非羅巴斯塔的22條，且基因組成、習性及風味較近似阿拉比卡。
科學家指出，這可能是一株羅巴斯塔的花粉染色體未減數分裂，致使染色體為44條，才能與阿拉比卡混血，產出類似阿拉比卡的混血品種，同時繼承羅巴斯塔高產能與抗病力優點。但缺點是略帶羅巴斯塔的惡味，所幸雜味已比純種羅巴斯塔為低。科學家如獲至寶，以之為種馬，再與卡杜拉、新世界、薇拉莎奇等阿拉比卡品種混血，培育出不少新品種，為阿拉比卡注入更豐富的多元基因。

印尼1978年引進帝汶混血品種，稱為Tim Tim，起初風味不佳未受重視，但經過多年馴化以及蘇門答臘獨有的濕刨處理法，風味大幅改善，成了今日曼特寧的主力品種之一。值得留意是，東帝汶高海拔山區亦有純種阿拉比卡，稱為Timor arabica已打進精品市場，可別與帝汶混血種搞混了。台灣也買得到帝汶混血種，一般當作低價阿拉比卡。

阿拉布斯塔（Arabusta）

表面上看，這和上述的帝汶混血同為阿拉比卡與羅巴斯塔配種，但骨子裡卻不同。阿拉布斯塔並非自然力搓合，而是借助基因工程配種，科學家用秋水仙素（colchicine）破壞羅巴斯塔細胞分裂的紡錘體，使染色體加倍到44條，才能與阿拉比卡產下穩定品種，但阿拉布斯塔的基因、習性、風味卻更接近羅巴斯塔，風評也比帝汶混血差，比較沒價值。

卡帝汶 (Catimor)

葡萄牙鐸利維拉博士發現帝汶混血品種後，1959年成功培育出卡杜拉與帝汶的種間混血新品種卡帝汶（Caturra × Timor Hybrid，前作《咖啡學》譯為卡提摩），雖然帶有羅巴斯塔的粗俗風味，但產能大抗病力強。1970～1980年後，各產國鼓勵農民改種卡帝汶，試圖取代古老的波旁、鐵比卡和卡杜拉，全球咖啡栽培業進入新紀元，巴西、印度、哥斯大黎加的農業研究單位，爭相推出不同形態的卡帝汶，如Catimor T5175、T8667、LC1662、H306……等。卡帝汶成為全球栽植最廣的高產品種，各產國陷入卡帝汶熱潮。

但好景不常，農民後來發現卡帝汶產能，會逐年遞減，壽命也比一般鐵比卡或波旁為短，要定期更換新樹。更糟的是，帶有粗壯豆的魔鬼尾韻，只能充當中低價位豆，無法打進精品圈。產量多到淹腳目的卡帝汶也成了有量無質的代名詞。

但印尼是唯一例外，印尼慣稱「Catimor」為「Ateng」，只要把「Ateng」瑕疵豆挑乾淨，味譜比一般卡帝汶優雅厚實，亦無卡帝汶常有的雜苦韻，「Ateng」已成功打進國際精品市場，為種間混血爭回顏面。印尼的「Ateng」，堪稱世界最美味的卡帝汶，近年SCAA的咖啡專家深入研究印尼亞齊塔瓦湖與蘇北省托巴湖的「Ateng」與「Tim Tim」，為何味譜優於印尼以外的相同品種，結論是「Ateng」在蘇門答臘與其她阿拉比卡，自然回交，加上特殊水土與獨有的濕刨處理法，洗淨卡帝汶的魔鬼尾韻。

國人最愛的曼特寧，其實是Ateng、Tim Tim和鐵比卡三合一的混豆，加上印尼水土與濕刨法，而呈現柔酸、濃香、低沈、杉木、草本與黏稠的地域之味。

魯伊魯 11(Ruiru11)

1985年肯亞的魯伊魯咖啡研究中心，釋出帝汶混血與蘇丹原生阿拉比卡—魯米的混血品種，也就是惡名滿天下的魯伊魯11（Timor Hybrid × Rume Sudan）。前者能抵抗葉鏽病，後者對爛果病有很好的免疫力。當局試圖打造出百病不侵的超級品種，但魯伊魯11上市後，惡評如潮，又是個高產量高雜味的品種。每公頃可生產4.6公噸生豆，比SL28的1.8公噸高出一大截。但歐美精品界不愛，該研究中心不服，近年再以肯亞國寶品種SL28與魯伊魯11回交「淨身」，揚言打造出多產、抗病又美味的「超級咖啡」。

巴蒂安 (Batian)

果然，2010年9月，位於肯亞魯伊魯的咖啡研究基金會（Coffee Research Foundation，簡稱CRF）宣布培育出抗病、多產又美味的新品種巴蒂安，血緣為SL28 × Ruiru11，於年底前釋出給農栽種，以挽救肯亞每況愈下的產量。

據悉，巴蒂安栽種兩年內即可生產，每公頃可產5公噸生豆，比魯伊魯11更多產，且對葉鏽病和咖啡果病有抵抗力。巴蒂安的頂端嫩葉一般為銅褐色，但亦有少部分為青綠色，樹身較高大，近似SL28，豆粒也比Ruiru11、SL28、SL34來得大顆，賣相佳。

由於魯伊魯11推出後風評不佳，該基金會執行長金曼米亞（Joseph Kimemia）表示：「經十多年研究，培育出巴蒂安，將取代惹人厭的魯伊魯11。雖然SL28是肯亞最美味咖啡，但巴蒂安風味更優，故以肯亞山的主峰巴蒂安命名。」巴蒂安果真是全球期待的「超級咖啡」嗎？味譜會優於SL28、SL34嗎？2012～2013年後見真章。

哥倫比亞（Colombia）

1982年哥國釋出的混血品種，爹娘仍是卡杜拉與帝汶，但當局堅稱她與一般卡帝汶不同，是以卡帝汶與優雅的卡杜拉多代回交混血，逐年洗刷卡帝汶惡味，歷經十多年才培育出的無雜味品種，所以才以國名為招牌，但直到今天，精品界仍敬謝不敏，認為風味遠遜於哥國傳統鐵比卡。

當局近年又推出改良版的哥倫比亞，取名為卡斯提優（Castillo），係以哥倫比亞與阿拉比卡多代回交混血「淨身」，但至今在「超凡杯」大賽仍無斬獲，精品界仍觀望中，哥國目前仍以卡杜拉、哥倫比亞為主力品種，鐵比卡已不多見了。

可喜的是，哥國的卡杜拉很爭氣，2009年和2010年，擊敗巴拿馬藝伎，蟬連SCAA「年度最佳咖啡」榜首。

伊卡圖 (Icatu)

伊卡圖意指「非常好」，這是巴西費時多年以阿拉布斯塔與新世界和卡杜拉多代混血培育的優質品種，血緣為Arabusta × Caturra × Mundo Novo，可謂超級大雜種。

巴西於1993年正式釋出給農民栽種，產果量比主力品種新世界還高出30%～50%，對葉鏽病有抗力。伊卡圖的習性及基因結構近似阿拉比卡，魔鬼的尾韻洗得一乾二淨，曾贏得2006、2007年巴西「超凡杯」第十一與第十名，總算洗刷種間混血的污名，後勢看俏。伊卡圖的豆粒較大，也有黃皮伊卡圖，係與黃皮波旁混血，甜度不錯。

歐巴塔 (Obatã)

這是巴西科學家以帝汶為「種馬」培育出的優良品種，曾一鳴驚人贏得2006年巴西「超凡杯」第二名。歐巴塔血統更為複雜，為Sarchimor(Villasarchi × Timor) × Catuai。伊卡圖和歐巴塔此二跨種雜交新品種，不但風味佳產能好，抗病力亦強，漸獲精品界重視，栽植者逐年增加。

雷蘇娜（Rasuna）

印尼蘇門答臘1970年後的馴化抗病品種，血緣為鐵比卡與卡帝汶（Typica × Catimor），但仍有魔鬼尾韻；1990年後已被亞齊的Ateng系列取代。雷蘇娜目前已不多見，但偶爾出現在歐美精品市場。

Slection 9

簡稱Sln 9，印度1979年培育的優異品種，血統為Sln 8 × Tafarikela。印度的Sln 8也就是卡帝汶，而Tafarikela 於1975引自衣索匹亞，與知名的Geisha有點關係。

換句話說Sln 9是卡帝汶與衣索匹亞野生阿拉比卡混血，具有抗病力強，風味佳特色，曾贏得2002年印度杯測大賽首獎，是印度知名的美味品種，喝來有點像巴拿馬的Geisha。

印度當局極力推廣此優異品種，已打進精品咖啡。

S795（Jember）

此品種身懷賴比瑞卡血緣，是印度1946年培育的優異雜交種，血統為S288 × Kent，前者S288是S26的第一代，而S26是印度早期賴比瑞卡與阿拉比卡(*Coffea Liberica* × *Coffea Arabica*)天然雜交品種，但S26的第一代S288豆貌不佳並帶有賴比瑞卡的騷味。

印度科學家回過頭再以S288與鐵比卡變種Kent混血，生下了抗病力強，產量多，豆粒大又美味的S795，換句話說，S795有賴比瑞卡與鐵比卡血統，基因龐雜度佳，目前是印度精品咖啡的主力品種，近年移植到印尼和中南美洲，極受好評。它也是近年構成蘇拉維西Toraja的主力品種之一。

S795在印尼稱為Jember，由東爪哇的簡柏咖啡研究中心（Jember Coffee Research Center）從印度引種後發送農民栽種而得名。印尼當局正大力推廣此優異品種。

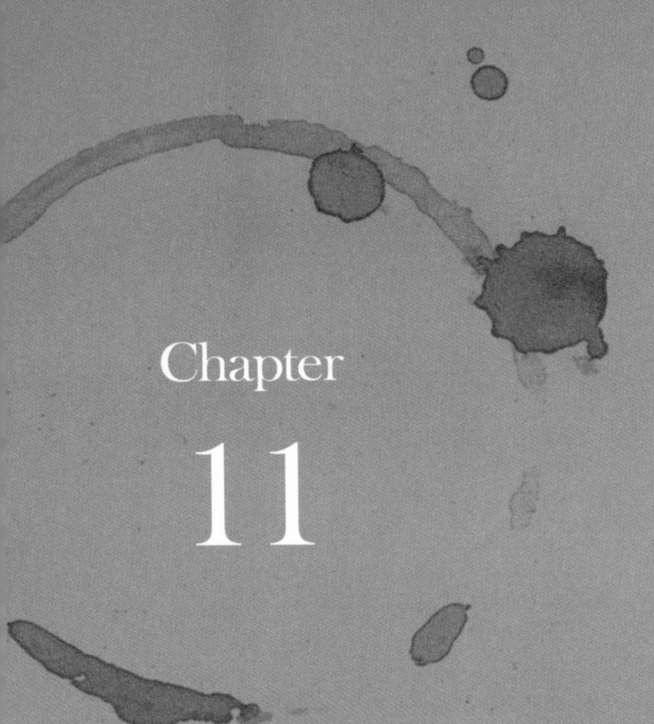

Chapter 11

精品咖啡外一章，天然低因咖啡

星巴克、UCC、意利，咖啡巨擘眼中的新黑金

目前商用低因咖啡是以二氯甲烷溶劑或活性碳與水，萃取生豆所含咖啡因，但咖啡的芳香物與油脂，會隨著咖啡因一起流失。糟糕的是，有害健康的化學溶劑殘留在咖啡裡，因此人工低因咖啡既不美味也不健康。

據估計全球的低咖啡因市場，多年來停滯在二十億美元左右，成長不易。如果咖啡農能在土地上種出低因又美味的咖啡，取代久遭詬病的人工低因，即可創造新需求，晉升為精品級低因咖啡，坐享龐大商機。

咖啡巨擘
暗戀的天然半低因咖啡

美國大型咖啡企業卡夫食品、星巴克、畢茲咖啡和Dunkin' Donuts，高度關切天然低因咖啡新發展。「第三波」赫赫有名的知識份子咖啡採購專家傑夫指出，如果低因咖啡能夠種出來，而且和精品咖啡一樣，有豐富的香氣與滋味，「將是咖啡栽培業一大創舉！」

其實，天然低因大作戰，已悄悄開打多年。法國、日本、義大利、美國、哥斯大黎加、巴西、馬達加斯加、波旁島和衣索匹亞，集合頂尖植物學家、基因工程師、農藝家、咖啡農和杯測師，在實驗室裡、在農場上，選拔美味多產又低因的新品種，搶推天然低因的「聖杯」，試圖為咖啡市場注入新血輪。

阿拉比卡的咖啡因約占豆重1.2%，根據歐美食品暨藥物管理單位對低因咖啡豆的規定，咖啡因必須占咖啡豆重量0.03%以下，才可冠上低因字樣。目前歐美和日本有售的三支天然低因咖啡，仍無法達到此標準，咖啡因含量約占豆重的0.4%～0.9%，大概只有一般阿拉比卡咖啡因含量之半，充其量只能稱為天然半低因咖啡，而非低因咖啡。但初試啼聲的天然半低因咖啡，已讓歐美精咖啡界震驚不已，不過，台灣業界對此新領域仍相當陌生。

真咖啡亞屬見真章

早在二十年前，美國與日本科學家試圖以基因工程，干擾阿拉比卡製造咖啡因的酵素，未料牽一髮動全身，影響到咖啡新陳代謝機制，加上反基改團體抗議，而胎死腹中。接著，美國夏威夷大學的科學家發現「馬達加斯加咖啡亞屬」的成員，不含咖啡因，但有強烈的苦味。於是扮演上帝，以「真咖啡亞屬」底下，風味優雅的阿拉比卡與「馬達加斯加咖啡亞屬」的物種雜交，盼能產出美味又低因的混血新品種，結果大失所望。因為二者分屬不同亞屬的成員，跨亞屬雜交的基因歧異過大，產出後代無法生殖，前功盡棄。

但研究不曾中斷，巴西科學家與知名的達特拉莊園（Daterra Coffee）合作，捨棄歧異過大的跨亞屬雜交，改而在基因與親緣較接近的「真咖啡亞屬」找對象，也就是從橫跨亞屬混血，縮小到在同一亞屬內的跨種雜交，成功機會較大。在科學家努力下，同為「真咖啡亞屬」的阿拉比卡種以及蕾絲摩莎種（請參考前章圖表），終於混血成功（註1），產出有生育力且穩定的半低因新品種「阿拉摩莎」，三年前已在巴西的達特拉莊園販售。

古老變種復育成功

另有些科學家則致力於復育大業，希望「救活」傳說中咖啡因含量較低的古老變種「波旁尖身」，可喜的是，此復育大計有了突破性進展，義大利知名的意利咖啡（Illy Cafe）、哥斯大黎加的鐸卡莊園及日本上島珈琲，近年限量推出天然半低因的「波旁尖身」，飄香歐美日諸國。

接下來介紹「阿拉摩莎」與「波旁尖身」這兩支進入商業生產的奇豆，以及當事國大作戰的現況和杯測結果。

註1：阿拉比卡是「真咖啡亞屬」麾下，「紅果咖啡組」的成員，而蕾絲摩莎則是「真咖啡亞屬」旗下，「莫三比克咖啡組」的成員，該組以咖啡因低於阿拉比卡而聞名。兩組皆為「真咖啡亞屬」的物種，混血成功的機率遠高於橫跨亞屬的混血。

意利天然半低因：Idillyum

義大利知名的意利咖啡，是最早洞燭天然半低因咖啡龐大商機的業者，也是最早研究「波旁尖身」的咖啡企業。

1989年，才四十四歲的第三代掌門人安德瑞．意利（Andrea Illy）獲悉美國一家基因公司有意拋售18萬5千株咖啡樹的研究資料，其中包括兩萬株*Coffea arabica* var. laurina，也就是傳說中美味又低因的「波旁尖身」。於是重金買下所有資料與苗株，並籌組一支研究團隊，花了五年時間與可觀研究經費，篩選十五株產能高、風味佳又低因的母株，移植到巴西試種。結果慘不忍睹，死亡率奇高，只好放棄巴西的實驗。

但研究計畫並未喊停，改而移植「波旁尖身」的苗株到薩爾瓦多更肥沃的火山岩地區試種。2000年終於開花結果，咖啡因含量占生豆重量的0.4%～0.7%，約阿拉比卡咖啡因含量1.2%的一半，並於2008年10月，也就是意利研究「波旁尖身」的二十年後，才開始以咖啡膠囊方式，限量推出天然半低因濃縮咖啡Idillyum，在美國紐約搶先發售。

安德瑞在新品發表會上，試飲半低因濃縮咖啡Idillyum，直誇：「果酸明亮，並有茉莉花與巧克力餘韻，如果能喝到低因又美味的咖啡，應可提高每日飲用量，這對生產者與消費者是一大佳音。」可惜的是，意利的「波旁尖身」產量不多，目前只在歐洲限量上市，尚未在亞洲區販售。不過，有消息指出，意利的Idillyum是配方豆，混有其他阿拉比卡豆，並非百分百的「波旁尖身」。

鐸卡莊園發現波旁尖身

意外發現變種株

就在意利轉進薩爾瓦多試種「波旁尖身」有成的同時，哥斯大黎加的鐸卡莊園也有斬獲。2002年，該莊園的瓦加斯家族，一名成員在咖啡園做研究，意外發現一株矮小的錐狀咖啡樹，樹形神似小株耶誕樹，葉子很像月桂葉，而且咖啡豆又尖且瘦，這與正常的圓身波旁截然不同，於是請專家做基因鑑定，證實是半低因的「波旁尖身」。

這是哥斯大黎加數百年來，有案可考的首株「波旁尖身」。

瓦加斯家族於是將採集的八十顆種子拿到海拔1,600公尺的火山坡栽下，經過選拔育種，開出善果，於2008年春季，在鐸卡莊園舉辦試飲會，邀請綠山咖啡總監以及畢茲咖啡副總經理前來杯測，均予好評。鐸卡接受媒體採訪時指出，預定2011年赴美販售天然半低因咖啡。不過，本書截稿前，該莊園的「波旁尖身」仍未上架，原因不明。

鐸卡莊園的實例顯示，「波旁尖身」並非波旁島獨有的變種，世界各地的波旁咖啡樹，在因緣際會下都有可能突變為矮身、豆尖、葉小且咖啡因減半的稀罕抗旱變種，但機率不大。

波旁的變種以卡杜拉、黃波旁、薇拉莎奇、薇拉洛柏和帕卡斯最常見，咖啡因與一般阿拉比卡無異，並非半低因咖啡。台灣栽種的咖啡樹以鐵比卡為主，波旁極為罕見，因此要找到「波旁尖身」的機會微乎其微。

上島珈琲：後發先至，復育波旁尖身

1715年，法國人將葉門的圓身咖啡移植到法屬波旁島，並取名為波旁圓身，以區別荷蘭人搶種的長身豆，此一長身品種直到1913年才被植物學家克

拉莫定名為鐵比卡（Typica）。十八世紀後，鐵比卡成為亞洲搶種咖啡的主力品種，波旁圓身也就是俗稱的波旁，十九世紀成為中南美的主幹品種。

波旁尖身傳奇

法國人在波旁島建立咖啡栽培業，但該島雨水少，波旁圓身不堪乾旱，百年後出現抗旱的突變品種，法國人到了1810年以後，才發現該島除了波旁圓身外，還多了新變種，並根據「兩頭尖尖」的外貌取名為「波旁尖身」（Bourbon pointu）。換言之，波旁島在十九世紀後至少有波旁圓身與「波旁尖身」，進行商業栽培，產量以圓身為多。

「波旁尖身」的缺點是體質弱易生病且產果量少，但最大優點是味譜優雅，饒富水果酸香味，多少法國文豪為之癡迷。不過，當時的民眾仍對咖啡因不甚清楚，更不知「波旁尖身」是珍稀的半低因咖啡，直到二十世紀初，「波旁尖身」的半低因秘密才被揭露，也成為法國和英國饕客的最愛。

二戰後，波旁島的咖啡生產成本太高，無法和中南美崛起的新興產國競爭，島民紛紛改種利潤更高的甘蔗，1950年後該島幾乎看不到波旁圓身與「波旁尖身」。世人也淡忘了這絕品。所幸，法國人在1860年曾移植「波旁尖身」至澳洲東部，南太平洋上的法屬小島新喀利多尼亞（New Caledonia），至今仍有小量栽種，但產量極稀。

日本大貴人

波旁島咖啡栽植業絕跡半世紀後，遇到貴人，他就是日本上島珈琲（UCC）的專家川島良彰。

早在1970年代，川島良彰在薩爾瓦多學習咖啡栽植，就曾聽老農訴說「古老又低因的咖啡樹可能還活在法屬波旁島。」1999年，川島良彰赴非洲考察，順道走訪波旁島，尋找傳說中浪漫飄香的半低因咖啡，卻大失所望。因為農民早已棄種咖啡，甚至不知道波旁島曾有輝煌的咖啡栽培史，但他執意看咖啡，蔗農只好帶他到超市買咖啡。失望之餘，他留下連絡電話給蔗農，結下善緣。

2001年，他突然接到波旁島蔗農來電，說在山區發現三十多株矮小咖啡樹，川島良彰立即連絡法國專家一起飛到該島鑑定，果然是絕跡半世紀的Bourbon pointu，此事驚動法國國際農業發展研究中心（CIRAD），並與UCC聯手復育「波旁尖身」。這樁跨國性的咖啡復育計劃，深受國際矚目，因為是在「波旁尖身」最早的發源地進行復育，這與意利咖啡買下實驗室裡的苗株，在中南美試種，意義不同。

世界最貴豆王

復育過程備極艱辛，必須先選拔出最強壯、多產、味美又低因的母株，還需測試波旁島最適合的水土與海拔，直到2006年才開出700公斤產量。2007年4月，運往英國和日本首賣，UCC烘焙後分成每單位100公克袖珍包，要價7,350日圓，每公克約台幣24.7元，比藍山還貴上5倍。（註2）

Coffee Box

總統咖啡＝波旁尖身

據說法國前總統席哈克也是「波旁尖身」的貪杯者，在波旁島不種咖啡的數十寒暑，全抑賴新喀利多尼亞的珍稀來解饞。席哈克當上總統後，「波旁尖身」堂而皇之送進凡爾賽宮，因而搏得「總統咖啡」雅號！

註2：根據法國統計，光是2007年，「波旁尖身」已為波旁島咖啡農每公頃農地創造23,000歐元（約台幣985,000元）至33,000歐元（約台幣1,409,700元）的豐厚營收。

2010年，上島珈琲販售的「波旁尖身」漲到每100公克8,000日圓，約台幣2,981元。2011年3月11日，日本發生百年大震與海嘯，但「波旁尖身」並未受到全民自肅的影響，如期在4月下旬接受預購，這是連續第五年在日本上島珈琲獨賣，但每100公克漲到8,400日圓。

同時也在法國、奧地利和英國販售，每公斤叫價500歐元，約台幣21,000元，令人咋舌，譽之為世界最貴「豆王」，當之無愧。目前波旁島的「波旁尖身」栽植面積約12公頃，年產生豆量1公噸左右，仍努力增產中。

豆不可貌相

然而，「豆王」卻無帝王貌，外形尖細瘦小，其醜無比，很容易讓人看走眼，誤以為是營養不良瑕疵豆。去年春季，國外豆商寄100公克「波旁尖身」樣品豆到友人的烘焙廠，但接貨的員工看到尖瘦豆貌，以為是超級爛豆，竟然丟到垃圾桶。兩天後筆者獲悉，趕緊到垃圾桶翻找，來不及了，錯失試烘鑑賞的機會，我只能以「豆不可貌相，手下留情」來教育員工。

上島珈琲雖然比意利更晚接觸到「波旁尖身」，卻捷足先登，比意利早了一年販售。雖然每年只有4、5月才買得到，五年來已在日本掀起話題。「波旁尖身」堪稱最尖瘦的咖啡，拿來與世界最雄偉的咖啡，一粒種達11公克的巨種瑪拉卡帕卡瑪拉（Maracapacamara）相比，很有笑點。

巴西主攻阿拉摩莎低因豆

在這場天然半低因咖啡大戰中，咖啡科技最進步的巴西，當然不會缺席。巴西實驗農場栽有八百多株「波旁尖身」，但巴西水土不適合體弱的嬌客，巴西轉攻跨種混血（種間混血），培育半低因新品種，亦獲得初步成果。

混血新品種，咖啡因不低

早在1954年，莫三鼻克發現新咖啡原種蕾絲摩莎，並送到衣索匹亞供研究，1965年又送到巴西進一步研究。植物學家檢測染色體，發覺蕾絲摩莎只有兩套，也就22個染色體，為二倍體（2n＝22），她是「真咖啡亞屬」底下，「莫三比克咖啡組」的一員，風味雖不如阿拉比卡，但咖啡因含量只占豆重0.38%，遠低於阿拉比卡的平均值1.2%，且對葉鏽病有抗力。

巴西植物家決定扮紅娘，為兩物種進行跨種雜交，但必須先解決二倍體蕾絲摩莎與四倍體（4n＝44）阿拉比卡雜交，產出的後代無生殖力問題。經過多年育種，巴西終於培育出染色體44個的變種蕾絲摩莎，才能夠和四倍體的阿拉比卡混血，產出有生育力的新品種阿拉摩莎，也就是Arabica × Racemosa＝Aramosa。

混血的阿拉摩莎和阿拉比卡一樣，有44條染色體，咖啡因含量經檢測約占豆重0.9%，只比阿拉比卡平均值1.2%低了30%，連半低因都稱不上。低因的表現，還不如「波旁尖身」的0.4%～0.7%。

不過，達特拉莊園搶先與研究單位合作，於2007年推出名為「奇異一號」（Opus 1 Exotic）的阿拉摩莎，年產量不多，約2,500磅（1.2公噸），宣稱喝來有麥芽、杏仁、巧克力甜香與明亮果酸。每磅生豆售價約6～7美元，倒是比「波旁尖身」便宜多了。

半低因咖啡杯測賽：尖身波旁勝出

嚴格來說，目前歐美日販售的「波旁尖身」或阿拉摩莎，咖啡因約0.4%～0.9%，稱不上是低因咖啡，頂多只能算半低因咖啡，而阿拉摩莎甚至連半低因都不夠格，只能說是咖啡因較低，喝多了還是會影響睡眠。一般化學處理的人工低因咖啡，其含量介於0.02%～0.03%之間，才可稱為低因咖啡。

半低因咖啡杯測比香醇

美國《華爾街日報》（Wall Street Journal）也注意到半低因咖啡搶市的商業效應，於2008年11月，邀請紐約四位杯測師為意利的Idillyum、上島的「波旁尖身」以及達特拉的「奇異一號」進行杯測。另外，還加了一支薩爾瓦多Los Inmortales莊園的正常波旁豆，由「第三波」的知識分子烘焙，以及一支人工處理的非天然低因咖啡，由「第三波」的樹墩城烘焙。

這五支豆除了意利的Idillyum事先已烘好外，其餘四支的烘焙日期均為同一天，以減少變因，並在同天由四位杯測師做評比。

杯測結果出爐，上島珈琲的「尖身波旁」以味譜酸甜優雅，口感厚實，贏得冠軍，評語較差的是達特拉「奇異一號」，評語為「像是喝一碗早餐的穀物粥，有肥皂味，酸質不雅，放涼後有海草或菠菜味。」但杯測師得知所批評的是「奇異一號」後又補充說：「之前在其他地方杯測這支豆，但風味比這次好多了。」

至於意利的Idillyum，評語褒貶不一，「苦了點，豐富度不夠，甚至有半生不熟味道。」但也有人讚道：「我很少喝濃縮，但這支的味譜非常乾淨，我喜歡。」意利咖啡的受測豆為罐裝，新鮮度吃了悶虧。這次杯測會最令人鼓舞的是，三支半低因咖啡的得分都比人工低因還要高，這表示天然半低因咖啡確實有開發潛力。

螳螂捕蟬，衣索匹亞在後

前述各大咖，把天然半低因咖啡炒得濃香四溢，但別忘了阿拉比卡的基因寶庫衣索匹亞，還未加入戰局。

早在1965年，聯合國糧農組織（FAO）的專家為了保護衣索匹亞珍貴的阿拉比卡種原，遠赴衣國西南、西北與東部野林，採集大批阿拉比卡的種原，送往肯亞、坦桑尼亞和哥斯大黎加保育，1975年又送到巴西坎畢納斯農業研究所。巴西科學家花了10多年分析與研究，發覺衣索匹亞的阿拉比卡基因多樣性非常豐富，咖啡因最低的只占豆重的0.4%，不輸「波旁尖身」，但咖啡因最高者占豆重2.9%，比起羅巴斯塔不遑多讓。巴西科學家相信，衣國應該還有些品種的咖啡因比「波旁尖身」還要低，如果不是被列為商業機密，不得公諸於世，就是尚未發現。

衣國暗藏秘密品種？

此言不假，2008年，衣國農業部官員宣布，已找到天然低因的品種，準備商業栽培，預計4年後上市，搶攻天然低因市場。但官員賣關子並未說明該品種的咖啡因含量有多低，筆者手上的資料相當分歧，有占豆重0.7%，亦有0.07%。如果是後者，那就有意思了。咖啡因占豆重0.07%，幾乎接近歐美人工低因咖啡0.02%至0.03%的含量標準，這對人工低因大廠，可說是一大夢魘。

這支最高機密的新品種，可望在2012年上市，她的咖啡因有多低？謎底就快揭曉了。

無咖啡因新物種：喀麥隆咖啡

在這場天然低因大作戰中，2009年殺出個程咬金——「喀麥隆咖啡」，是目前所知，中部非洲首見的無咖啡因咖啡物種（*caffeine-free coffee species*）。

2009年，美國亞利桑納大學的國際物種探索學會（The International Institute for Species Exploration）與國際物種分類學家，評選出2008年全球確認的「十大風雲新物種」，喀麥隆南部森林發現的察理耶里安納咖啡（*Coffea charrieriana*）赫然入榜，據悉，她的種籽不含咖啡因，是咖啡屬底下的新物種，除了不含咖啡因外，也和阿拉比卡一樣，以自花受粉為主，又稱為喀麥隆咖啡，為天然低因大作戰，增添生力軍。（註3）

中非首例

過去科學家所發現的天然半低因或無咖啡因咖啡樹，多半出自衣索匹亞、莫三比克或印度洋上的馬達加斯加島，以及馬斯卡林群島，這是頭一回在中非的喀麥隆採集到無咖啡因新物種。目前各界對察理耶里安納咖啡所知有限，它是二倍體或四倍體植物？咖啡因含量多少？味譜如何？重要資訊似乎仍鎖在實驗室裡，更增添神秘性。目前只知道此物種製造咖啡因的合酶基因有缺陷，只會聚積可可鹼卻不會合成咖啡因。科學家正著手與阿拉比卡種混血，試圖打造出低因又美味的新品種，竟功之日，尚言之過早。

巴西、喀麥隆、衣索匹亞、日本、法國、美國與義大利的咖啡實驗室，究竟還藏有多少低因咖啡物種的最高機密？費人疑猜。

低因咖啡抗病力弱

目前最大問題是，咖啡因是咖啡樹抵禦病蟲害的武器，咖啡因含量較低的品種，其產果量與抗病力也較弱，生產成本很高。另一個問題是，咖啡因偏低的特質，能否代代相傳？或每隔幾代就會失去低因特性，這都是科學家有待解決的難題。

咖啡因與杯測分數成反比？

不過，歐美植物學家研究阿拉比卡咖啡因含量與味譜優劣關係，發覺咖啡因愈低，杯測分數似乎有愈高傾向。巴拿馬藝伎是杯測常勝軍，咖啡因含量只有0.9%，低於阿拉比卡1.2%的標準值；而羅巴斯塔的咖啡因很高，風味很差。

但並非所有的咖啡物種均如此，馬達加斯加咖啡幾乎不含咖啡因，但味譜粗俗，苦味特重。可見咖啡因高低，並非斷定味譜好壞的唯一要件。如何培育低因、味美又多產的新品種，成了近年咖啡栽植業的顯學。

註3：察理耶里安納咖啡旨在紀念法國開發研究學會（Institut de recherche pour le développement，簡稱IRD）的安卓．察理耶（André Charrier）博士，三十多年來奔波非洲，從事咖啡物種採集與研究工作。察理耶里安納咖啡是1983年他在喀麥隆南部雨林保護區，以插條法取苗而得，並在實驗農場培育，直到1997才開始研究；2008年，由另一組科學家確認是無咖啡因的新咖啡物種。

附錄❶
全球10大最貴咖啡

完成阿拉比卡大觀的三章論述，我忍不住列出「全球十大最貴咖啡」以及「全球十大風雲咖啡」排行榜，為本套書上冊，畫下香醇句點。

上冊主要論述「第三波」來龍去脈、產地咖啡和重要品種。下冊則聚焦咖啡味譜的論述、杯測、瑕疵豆、如何喝咖啡、如何換算濃度與萃出率，以及沖泡咖啡的變數與實務。在進入下冊之前，先以這兩個排行榜做為上冊的總結。

記得2007年美國富比士雜誌（Forbes）公布「全球十大最貴咖啡」排行榜，係以美國熟豆市價為準，雖然與今日行情落差不小，但仍值得參考，排名如下：

1. 印尼麝香貓，每磅160美元。
2. 巴拿馬翡翠莊園藝伎，06年每磅拍賣價50.25美元，熟豆零售價104美元。
3. 巴西聖塔茵莊園（Santa Ines）2005年「超凡杯」冠軍波旁，生豆每磅49.75美元，熟豆約99.5美元。
4. 聖海倫娜島咖啡公司（Island of St. Helena Coffee Company）的聖海倫娜綠頂波旁（Green Tipped Bourbon），每磅熟豆79美元。
5. 瓜地馬拉接枝莊園（El Injerto）2006年「超凡杯」冠軍波旁，每磅25.2美元，烘焙後的零售價每磅至少50美元。
6. 牙買加藍山瓦倫佛處理廠（Wallenford Estate）的鐵比卡熟豆，每磅49美元。
7. 薩爾瓦多洛帕蘭莊園（Los Planes）的帕卡瑪拉

（Pacamara）生豆，每磅17.04美元，烘焙後零售價35美元。

8. 夏威夷大島的柯娜鐵比卡熟豆，每磅34美元。
9. 波多黎哥尤科精選（Yauco Selecto）鐵比卡熟豆，每磅22美元。
10. 巴西紹班尼狄托莊園（Sao Benedito）波旁生豆，每磅7.8美元，烘焙後零售價15美元。

然而，時序推進，新葉換舊葉，這份名單到了2011年已不合時宜，有必要更新調整。我刪掉了巴西豆，因為年產兩百多萬公噸的最大產國，卻不曾打進SCAA杯測賽金榜，昂貴豆價有點沽名釣譽，但巴西豆做為配方豆仍有其不可取代的價值。

我也刪掉了聖海倫娜咖啡，雖然背後有拿破崙臨終前也要討喝一小口的傳奇撐腰，但近年品質下滑，產量銳減，已失去昔日光彩。另外，國人迷戀的牙買加藍山，也遭除名，因為貴而不惠，要喝海島咖啡，不如選夏威夷柯納或咖霧，還更便宜好喝。波多黎各的尤科精選也被我砍了，因為產業結構改變，無意發展咖啡栽植業的產國，已不值得一試。

附錄❷
全球10大風雲咖啡

我改以咖啡的話題性，杯測賽成績，味譜稀有性以及身價，四項標準，評選出2008至2011年6月止，最火紅的「全球10大風雲咖啡」排行榜：

1.波旁尖身

國人對波旁尖身很陌生，但日本人對這支浪漫又香醇的半低因咖啡，為之瘋狂，即使2011年遭逢百年巨震與海嘯，全國自肅，日本咖啡迷仍不惜花費8,400日圓，買100克解饞。她獨特的荔枝味與柑橘香，迷倒古今文豪政要，是當今產量最少，咖啡因最低，身價最高的稀有品種。雖然年產僅數百公斤至1公噸，尚在復育階段，也未打進SCAA杯測賽金榜，但她的傳奇性，已夠格奉上全球風雲咖啡之首。

2.巴拿馬翡翠藝伎

2004年藝伎初吐驚世奇香，它的橘味花韻與深長的焦糖香氣，稱霸各大杯測賽，話題不絕，身價更飆到2010年每磅生豆170美元新高。掀起中南美藝伎栽植熱潮，更開拓中南美咖啡的新味域，是百年難得一見的奇豆。另外，翡翠莊園以及巴拿馬藝伎教父唐·巴契，2011年也推出古早味的日曬藝伎豆，身價不菲，掀起新話題，後勢看俏。

3.哥倫比亞藝伎

稀世美味的藝伎，不再是巴拿馬所能壟斷，哥倫比亞考卡山谷省，從巴拿馬引進的「綠頂尖身」藝伎，終於發功飄香，贏得2011年SCAA「年度最佳咖啡」榜首。哥倫比亞藝伎的味譜，以莓香蜜味與辛香韻為主調，有別於巴拿馬，今後，咖啡迷將有更多選擇。藝伎雙嬌的爭香鬥醇，才剛上演，好戲在後頭。

4.印尼麝香貓曼特寧

麝香貓（狸）咖啡是爭議的香醇，如果買到偽品或劣品，嗆雜味超重，一旦喝到正宗麝香貓曼特寧咖啡，酸甜水果調、榛果香與厚實感，保證鍾愛一生。

要知道印尼不同品種的麝香貓，腸道菌種各殊，並非所有的麝香貓品種皆適合生產便便豆。基本上，要以體型較小，有銀灰毛色的品種為佳，若是體型大，全身黑褐的麝香貓，就不太適合。另外，牠吃進肚的是Robusta、Liberica或Arabica，也是重要關鍵，其中以餵食印尼曼特寧，排出的便便豆最優，如果牠吃進的是羅巴斯塔或賴比瑞卡，產出的便便豆會有濃濃的臭雜味，少碰為宜。再者，後製處理精湛與否，也是成敗要因。

換言之，必須選對麝香貓品種，且麝香貓要吃進阿拉比卡，而後製處理更不可隨便，此三大要件缺一不可，才能引出體內發酵豆的迷人味譜。

印尼與雲南仍產有稀少的正宗麝香貓咖啡，我曾試杯多次，懷念至今。值得一提的是雲南后谷咖啡公司，在咖啡園放養的麝香貓所產的便便豆，水果味譜乾淨剔透，是難得的極品，據說每年光是送禮給國務院高官就不夠了，市面上有錢也不易買到。

至於台灣觀光客到印尼，以一百多美元買到的麝香貓咖啡禮盒，九成以上是劣品或偽品，購買前最好先打開禮盒聞一聞，如果有嗆鼻味或烘得黑如木炭又有股濃濃奶油味，那肯定是劣品或人工調味咖啡，最好不要買。

我個人的經驗是，麝香貓咖啡最好買未烘焙的生豆，先用鼻子聞一聞，如果有清香的乳酪或起士味，肯定是真品，經過腸胃「洗禮」的生豆，才會有此風韻。

5.衣索匹亞耶加雪菲小粒種日曬豆

舊世界以日曬古早味著稱，耶加雪菲、西達莫產區，獨特的小粒種咖啡最適合日曬處理，千香萬味的水果味與花韻，略帶薑黃、肉桂的香氣，振幅很大，令人陶醉。Beloya、Aricha、Ardi、Nekisse均為風靡多年的日曬名品。在古早味感召下，今年藝伎也吹起日曬復古風。

6.衣索匹亞哈拉水洗豆

衣國東部的咖啡重鎮哈拉，千百年來獨沽日曬味，近年不堪耶加日曬搶市，亦打破百年日曬古風，首度推出水洗哈拉，與耶加水洗較勁。哈拉水洗奇貨可居，不易買到。我有幸試杯幾回，印象深刻，水果韻深遠，神似百香果，乾淨剔透遠勝哈拉日曬，是咖啡迷必嘗的珍稀品。

7. 瓜地馬拉接枝莊園帕卡瑪拉

源自薩爾瓦多的巨怪帕卡瑪拉，2005年起，連年在「超凡杯」大賽，耀武揚威，重創薩國與瓜地馬拉的波旁大軍，2008年瓜國知名接枝莊園的帕卡瑪拉，更寫下每磅生豆80.2美元新高價，震驚業界。帕卡瑪拉猶如青蘋果的霸道酸質，在餅乾甜香與奶油味的調合下，尤為迷人，怕酸者少碰，嗜酸族必喝。

8. 肯亞S28、S34雙重水洗發酵豆

肯亞位於衣索匹亞南邊，但兩國的咖啡味譜迥異，衣國咖啡的口感較輕柔，猶如絲綢，香氣神似柑橘。但肯亞咖啡的口感較厚實，香氣以莓果為主調，另有莓類的酸質與迷人的黑糖韻，打造出迷人的地域之味，這與肯亞國寶品種S28、S34，以及獨到的雙重水洗發酵法有關。中南美與夏威夷亦引進肯亞水洗法，增加味譜的厚實與乾淨度。

9. 夏威夷咖霧神秘鐵比卡

過去，柯娜咖啡是夏威夷的驕傲，但2007年以後，柯娜東南40公里的新產區咖霧，在SCAA杯測賽四度凌遲柯娜，成為夏威夷咖啡新霸主。咖霧產區除了有瓜地馬拉鐵比卡外，還有神秘又古老的巴西鐵比卡添香助陣，成就迷人的咖霧傳奇。味譜厚實的咖霧，一舉洗刷海島型缺香乏醇的風評。

10. 印尼Ateng與Tim Tim

印尼是台灣最大咖啡進口國，也是歐美眼中的另類產國。咖啡專家的品種大論，到了印尼全亂了套。歐美公認的雜味混血品種Catimor和Timor Hybrid，在印尼搖身變成怪異又饒口的Ateng和Tim Tim，但杯測結果卻勝過古老的鐵比卡，原因何在？原來這些不入流的雜味品種，在印尼混合栽種的大融爐裡，又與阿拉比卡自然回交，洗淨一身污穢，加上印尼獨有的濕刨處理法，大幅提升兩大雜味品種的味譜，建構曼特寧厚實、柔酸、草本與苦香的地域之味。曼特寧又是台灣的最愛，故選進十大風雲咖啡榜。

索引

咖啡名詞中英文對照表

A

B

C

K

L

M

N

O

P

Q

R

S

T

U

V

W

Y

碧利咖啡實業創立於1977年，是台灣穩健的老字號咖啡公司，祖籍金門的黃四川，60年前遠赴印尼經營咖啡莊園，家族事業有成，第二代的黃重慶，30多年前返台創業，在台北成立碧利咖啡實業，以生豆貿易為主力，數十年來與印尼多家年出口量一萬多公噸的大型咖啡公司，維持密切關係。

黃重慶董事長在台灣胼手胝足，為碧利打下雄厚基石，近年準備交棒給第三代的黃緯綸(Steven) 與黃偉宸(Toney)。兩兄弟年少負笈加拿大，經歷北美精品咖啡浪潮洗禮。黃緯綸為了接下老爸重任，已於2010年赴美國洛城SCAA總部考取最高階的「精品咖啡鑑定師」（Q Grader）證照，並於2012年重返SCAA接受進階校正（Calibration）與嚴格的感官考試，順利通過「精品咖啡講師」（Q Instructor）的國際認證，此一講師資格得來不易，同期應考的日本UCC公司與韓國的Q Grader均鎩羽而歸。

碧利第三代的黃緯綸與黃偉宸兄弟，繼承老爸的烘豆絕學，彼此合作無間，以推廣咖啡教育與專業烘焙為志業，今後將致力於咖啡業務的國際化，除了台灣市場外，更放眼大陸、印尼、新加坡、泰國與美國市場。黃偉宸在上海的烘焙廠與杯測教室已完工，兩兄弟矢志為兩岸三地以及美國精品咖啡同好，傳遞家族半個多世紀以來的咖啡熱情，為上班族單調、煩忙的日常生活，添增千香萬味與浪漫風情。我們相信，開智又助興的咖啡，將繼茶品之後，成為華人不可或缺的生活方式。

1 黃緯綸每年多次造訪產地，為咖啡迷尋覓精品豆，這是他2010年拜訪印尼托巴湖畔的有機咖啡農所拍攝。2 黃偉宸（中左，黑衣）與黃緯綸（中右，格子衣），2011年遠赴長沙，擔任中國第十屆國際百瑞斯塔競賽（China Barista Championship）評委，並為大陸的咖啡師舉辦杯測講座，受到大批粉絲包圍。3 中南美豆商參訪碧利烘焙廠，黃重慶董事長（左1）與黃緯綸（右1）現場試烘一爐60公斤咖啡，以豆會友。4 肯亞豆商造訪碧利總公司，黃重慶董事長（右3）與黃緯綸總經理（右1）在辦公室招待遠客。5 2012年黃緯綸（右1）帶領碧利第二批考照團，遠赴美國洛城SCAA總部應考杯測師與Q Grader執照，學員與主考官合影留念。

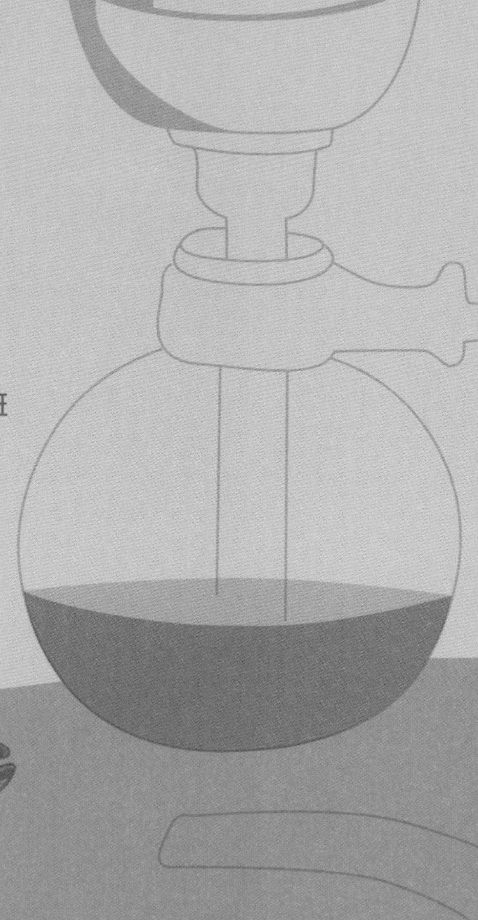

國家圖書館預行編目資料

精品咖啡學（上）／韓懷宗著.一初版
—臺北市：推守文化,2012.02
面：公分——（美好生活系列：9）
ISBN 9789-986-6570-71-1 (平裝)

1.咖啡 2.栽培

434.189 100026740

美好生活 09

精品咖啡學（上）

作者……韓懷宗
責任編輯……鍾宜君
協力編輯……譚華齡
封面設計……頂樓工作室
內文設計……林曉涵
校對……韓懷宗、韓嵩齡、鍾宜君
內頁攝影……林宗億
插畫……張國瑞
出版者……推守文化創意股份有限公司
發行人……周永欽
總經理……韓嵩齡
總編輯……周湘琦
印務發行統籌……梁芳春
行銷業務……梁芳春、黃文慧、衛則旭、汪婷婷、塗幸儀

臉書（Facebook）……www.facebook.com/pushing.hanz
部落格……phpbook.pixnet.net/blog
發行地址……106台北市大安區敦化南路一段245號9樓
電話……02-27752630
傳真……02-27511148
劃撥帳號……50043336 戶名：推守文化創意股份有限公司
讀者服務信箱……reader@php.emocm.com
總經銷……高寶出版集團
地址……114台北市內湖區洲子街88號3樓
電話……02-27992788
傳真……02-27990909

初版一刷 2012年2月27日
初版五刷 2012年4月24日
ISBN 978-986-6570-71-1